EXPLORE 探索神秘的
海洋世界

神奇的海洋动物

司洁◎主编

黑龙江科学技术出版社
HEILONGJIANG SCIENCE AND TECHNOLOGY PRESS

图书在版编目（ＣＩＰ）数据

神奇的海洋动物 / 司洁主编． -- 哈尔滨 ： 黑龙江
科学技术出版社，2024.1
（探索神秘的海洋世界）
ISBN 978-7-5719-2149-1

Ⅰ．①神⋯ Ⅱ．①司⋯ Ⅲ．①海洋生物－少儿读物
Ⅳ．① Q178.53-49

中国国家版本馆 CIP 数据核字（2023）第 193393 号

探索神秘的海洋世界　　神奇的海洋动物
TANSUO SHENMI DE HAIYANG SHIJIE　SHENQI DE HAIYANG DONGWU

司洁　主编

项目总监	薛方闻
策划编辑	沈福威　顾天歌
责任编辑	回　博
插　画	文贤阁
排　版	文贤阁
出　版	黑龙江科学技术出版社
	地址：哈尔滨市南岗区公安街 70-2 号　邮编：150007
	电话：（0451）53642106　传真：（0451）53642143
	网址：www.lkcbs.cn
发　行	新华书店
印　刷	三河市南阳印刷有限公司
开　本	880 mm×1230 mm 1/32
印　张	3
字　数	48 千字
版　次	2024 年 1 月第 1 版
印　次	2024 年 1 月第 1 次印刷
书　号	ISBN 978-7-5719-2149-1
定　价	138.00 元（全 8 册）

　　海洋是浩瀚的，我们站在海边远望，看不到边际；海洋是神秘的，海洋中有许多人类没有涉足的区域；海洋也是丰富多彩的，五光十色的海洋生物营造出一个美丽的世界。我们的生活离不开海洋，海洋为我们提供了丰富的食物、种类繁多的矿产。没有海洋，世界商品的运输将会受阻，各国间的贸易成本将会大大提升；没有海洋，我们吃不到美味的海鲜，也不能享受漫步海滩的浪漫。

　　人类对于海洋的探索，从来都没有停止过。从郑和下西洋到哥伦布发现新大陆，从新航路的开辟到世界海洋贸易的繁荣，从低效的海洋渔业到充满科技元素的海水养殖，从对海洋的一无所知到如今发达的海洋科技，我们对神秘海洋的探索仍在继续。孩子们对

海洋是不是也充满了好奇？我们精心编写的这套《探索神秘的海洋世界》，描绘了美丽的蓝色海域，介绍了生动有趣的海洋动物和海洋植物，让孩子们通过本套书领略奇妙的海洋景观，揭开神秘的海洋之谜，懂得海洋资源的宝贵，知晓海洋灾害带给人类的危害，最终树立开发和保护海洋的正确观念。

本套书能够满足孩子们对知识的渴望，培养孩子们的求知欲，提高孩子们的学习兴趣。希望本套书引领更多的孩子走向科学，让他们在开阔视野的同时，也能放飞梦想。

目录

第三章　棘皮动物

第四章　节肢动物

第五章 鱼类动物

第六章 哺乳动物

第一章

海洋动物概述

海洋动物的种类

　　一提到海洋，我们就会用"无边无际""深不见底"等词语来形容。那么如此大的海洋中，都有哪些海洋动物呢？一般情况下，我们将海洋动物分为3类，即海洋原生动物、海洋无脊椎动物和海洋脊椎动物。

海洋原生动物

　　海洋原生动物是海洋中最低等的一类动物，它们是体形微小、结构简单的原始单细胞生物。虽然它们仅由一个细胞组成，但是这个唯一的细胞是一个完整的有机体，它具备一个动物个体所应有的基本生存功能。科学家在分类的时候把它们归为一个门，即原生动物门。海洋原生动物分布广泛，从赤道热带海域到两极寒冷水域都有分布，大多数属于海洋浮游生物，其中最具代表性的是有孔虫和放射虫。

海洋无脊椎动物

　　无脊椎动物是海洋动物中数目最多的，种类也最丰富，有腔肠动物、海绵动物、扁形动物、线形动物、环节动物、软体动物、节肢动物、原索动物和棘皮动物等。其中较为常见的是软体动物、节肢动物和棘皮动物。软体动物因有着十分柔软的身体而得名，种类繁多，如乌贼、章鱼、扇贝等。节肢动物的身体分为头、胸、腹三部分，故名节肢动物，包括虾、蟹等。棘皮动物是指表皮上长着棘刺的动物，如我们熟悉的海星、海胆等。

海洋脊椎动物

海洋脊椎动物包括鱼类、爬行类、鸟类和哺乳类动物。鱼类是海洋里的主要"居民"之一，给大海带来无限生机。它们用鳃呼吸，用鳍游泳，身体表面长着鳞片。海洋哺乳动物也被人们叫作"海兽"。它们是哺乳动物中适应海栖环境的特殊类群。海洋里的哺乳动物种类很多，主要包括鲸目、海牛目和鳍脚目。

知识"爆料"馆

★ 原索动物 ★

介于海洋脊椎动物和海洋无脊椎动物之间还有一种海洋原索动物，海洋原索动物分为口索动物、头索动物和尾索动物三类。口索动物也叫"半索动物"，身体呈蠕虫状，左右对称，只有接近口腔背面有一条短的原始脊索，如柱头虫和玉钩虫等。头索动物身体呈鱼形，头部分化不明显，终生具有脊索，如文昌鱼等。尾索动物是脊索动物中最为低等的一类，它们的脊索仅存在于尾部，如海鞘等。

海洋动物的分布

海洋中到处存在着生命，明亮的透光层里有，若隐若现的弱光层里有，黑暗的无光层里也有。

透光层

透光层为海面至水下 200 米的空间，这里阳光充足，能够为水中生物提供基本能量，植物可利用光合作用摄取海水中的营养物质。这里生存着大量的浮游生物、鱼类、海洋无脊椎动物、海洋哺乳动物、海洋爬行动物等。

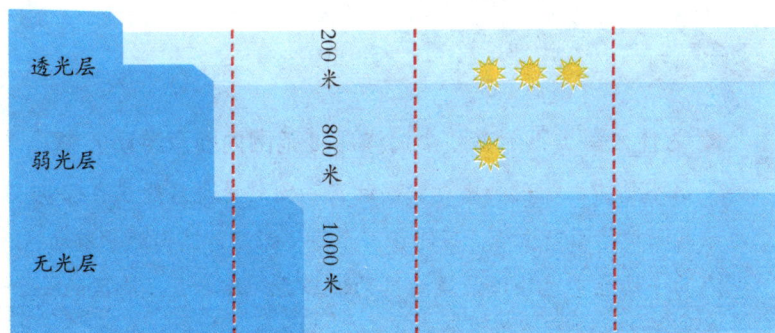

透光层	200 米
弱光层	800 米
无光层	1000 米

弱光层

　　弱光层为水下 200 米至 1000 米的地方，这里几乎没有光线，海水的温度急剧下降，海藻已经无法适应这里的环境，食物也极其匮乏。这里生活着浮游动物、虾和鱼等，它们以其他生物的排泄物或尸体为食。这里的生物大部分长有大大的眼睛和发光器官，其中部分动物白天会藏匿在弱光层，夜晚则到浅层水域觅食。

无光层

　　无光层为水下 1000 米以下的地方，由于太阳的光线已无法穿透，这里终年处在黑暗之中，越往下，海中的生物就越少。

知识"爆料"馆

　　★ 为什么鱼类不能在整个海洋深度范围内随意游动？ ★

　　海水压力随深度而增加，因此，不同的鱼类只能在自己能适应的深度范围内生活，不能在整个海洋深度范围内随意游动。深海的一些鱼类无法适应浅海区的低压力；反之，浅海区的一些鱼类亦不能适应深海区的高压力。

第二章

软体动物

海中"仙子"——水母

动物名片		
名　　　称	水母
食　　　物	浮游生物等
类　　　别	腔肠动物门
分布区域	世界各海域

水母是浮游生物，身形如同一把伞，晶莹透明，五颜六色，漂亮极了，被人们称为海中"仙子"。

简单的身体构造

水母没有心脏、血液、鳃和骨骼。水母的最外层是表皮层，最内层是胃皮层。胃皮层构成了一个简单的体腔，只有一个开口，兼具口及排泄的功能。表皮层与胃皮层之间则是中胶层。水母触手中间的细柄上有一个小球，里面有一粒小小的听石，这是水母的"耳朵"。水母的身体分为上伞面和下伞面，无缘膜，伞缘有一圈触手。不同种类的水母的触手数目不同，触手有的实心，有的空心，且长短不一，也有少数水母没有触手。

藏有毒液的触手

水母触手的表面分布着大量刺细胞，刺细胞内有刺丝囊，刺丝囊中藏着毒液和一盘细长的刺丝。当猎物或敌害接触水母时，刺丝就会立即翻出，刺向对方，同时，刺丝囊里的毒液从空心的刺丝中注射出去，像打针那样进入对方的体内。人类一旦被它蜇伤，就会出现疼痛、皮疹、瘙痒、红肿、血压降低等症状，若中毒严重，还会出现呼吸困难、昏厥、休克等症状，甚至危及生命。

知识"爆料"馆

🌟 发光的奥秘 🌟

水母会发光，但与其他动物的发光系统不同，它们借助一种蛋白质——埃奎林发光。埃奎林一旦与钙离子结合便可产生强烈的蓝色光，而海水中富含钙离子，这就给水母发光提供了保障。水母身体发出蓝色的光芒，触手形成长长的光带，在海水中自在地漂游，就像仙子在水中起舞，美丽极了。

海洋里的"兔子"——海兔

动物名片		
名　　称	海兔，又名海蛞蝓
食　　物	藻类等
类　　别	海兔科
分布区域	世界各暖海

　　有一种奇异的海洋生物，当它静卧在海底时，活像一只趴在地上的小兔子。因此，海洋生物学家给它取了个形象的名字：海兔。

像兔耳朵的触角

　　海兔体形很小，体长在10厘米左右，体重约130克。海兔是一种特殊的螺类，它的贝壳很不发达，薄而透明，仅有一层角质层。这个贝壳完全覆盖在外套膜之下，从外表根本看不到。海兔的头颈部有两对触角，前边的一对较短，是触觉器官；后边的一对较长，是嗅觉器官。在海兔爬行时，后边的一对触角向前及两侧伸展；在海兔休息时，则直直地向上伸展，恰似兔子的两只耳朵。海兔的足很发达，由其后侧部向背部延伸，形成侧足。它利用发达的足部在海滩上或在水下爬行，有时还可以利用侧足进行短时间的游泳。

独特的技能

海兔的第一个绝技是它的"隐身术"。当它想吃某一种颜色的海藻时，摇身一变就可以变成那种海藻的颜色；当想吃海带时，它又可以变成海带那种棕褐色。海兔这种高超的变色本领，使它能在危机四伏、弱肉强食的海底世界安然无恙地生活和繁衍。海兔的第二个绝技是它的"化学战"本领。它体内藏着两种战术武器，即两种特殊的腺体，一种是毒腺，遇到敌害来犯，它便施放出带酸味的乳状液体，麻痹对手的神经，从而不战而胜；另一种是紫色腺，当遇到强大的对手时，紫色腺会迅速"扣动扳机"，放出紫红色的"烟幕弹"，将海水染成紫红色，迷惑敌人的视线。这时，海兔便趁机溜之大吉。

知识"爆料"馆

★ 海兔的繁殖方式 ★

　　海兔作为一种雌雄同体的软体动物，其交配方式与其他动物有所不同。春季是海兔的繁殖季节，每到这时，海兔就会聚集，通常约有十只海兔连成一排进行交配，这一排海兔以雌体开始，以雄体结束，中间的每一只海兔都充当前面一只海兔的雄体和后面一只海兔的雌体。产卵则发生在交配的过程中或是交配完成后的几小时。

海洋"建筑师"——章鱼

动物名片		
名　　称	章鱼，又名八爪鱼	
食　　物	软体动物、甲壳类等	
类　　别	章鱼科	
分布区域	热带及温带海域	

章鱼又名八爪鱼，属于海洋软体动物。全世界有几百种章鱼，它们大小不一，最大的可达几米，最小的仅几厘米。

章鱼的结构

章鱼的躯体十分柔软，它没有骨骼，也无硬壳。但是，它有8条强壮、灵活的触手，触手的长度是其躯体的3倍，每条触手上都长有许多吸盘，这些吸盘有着极强的吸附能力，章鱼会用这些吸盘捕食一些小生物。章鱼的触手不但灵活，还分工明确。章鱼睡觉时，会将柔软的身体藏到石缝中，然后将触手缩在一起，只留下一两条触手在海水中摆动，以防其他生物来犯。

求生手段

章鱼的主要敌人是海鳗、鲨鱼和海豚。为了对付这些掠食者，保护自己，它会溜进裂缝，与岩礁融合在一起（变成和岩礁一样的颜色）或将自己埋在沙里。此外，章鱼还有一个求生手段，就是像其他头足类海洋生物一样，放出墨汁逃脱。章鱼使用这种计策的方式非常特殊：在放出墨汁之前，章鱼身上的颜色变得非常暗，排出墨汁后，章鱼的身体变得苍白。这种计策扰乱了掠食者，墨汁使海水变黑，分散了掠食者的注意力，使章鱼有足够的时间逃脱。当章鱼躲在洞穴里时，几乎不可能被袭击，它会从它的虹管里射出水柱，给难缠的掠食者一个惊吓。有些章鱼还会卷起它的触手堵在门口，或用石头堵住洞口。

建造"城池"

章鱼有着高超的建筑技巧，它可以建造出美丽的"城池"。它灵活的触手能够搬运贝壳、石块、玻璃等，别看章鱼个头小，它有时可以运走比自己重好几倍的大石头。章鱼经常出没的地方存在着漂亮的"章鱼城"，这些"城池"星罗棋布，让人叹为观止。

知识"爆料"馆

⭐惊人的变色能力⭐

章鱼是海洋中的"变色龙"，能够随时变换皮肤的颜色。章鱼之所以能够变色，是因为它皮肤里含有很多色素细胞，色素细胞内有各种颜色的液体，还长有扩张器。章鱼通过控制色素细胞的大小，从而改变皮肤的颜色。章鱼的皮肤平时呈褐紫色，生气时呈红褐色，受到惊吓时呈灰白色，有时还会呈现出棕色或斑点，非常奇妙。

游泳冠军
——乌贼

动物名片		
名　　称	乌贼，又名墨鱼	
食　　物	甲壳类、软体动物等	
类　　别	乌贼科	
分布区域	热带和温带海域沿岸	

　　乌贼又叫墨鱼，但它并不属于鱼类，而是贝类，近亲是牡蛎、贻贝。

样貌和习性

　　乌贼的身体分为头、足和躯干3个部分，它的足已经进化成了腕，这些腕伸缩自如，长满吸盘，是乌贼捕食和作战的武器。乌贼喜欢栖息于远海的深水中，主要吃甲壳类动物、小鱼或其他软体动物。乌贼每年会由深海游向浅水湾内产卵，产卵时间为4—6月，一般将卵产在海藻及其他物体上，9月下旬开始，孵化的幼体将游返南方过冬。

水中"火箭"

乌贼在水中的游动速度非常惊人，它并不是像鱼类一样靠鳍游动，而是靠肚皮上的漏斗管喷水的反作用力进行游动。在游动时，乌贼会将头朝后，尾部朝前，触手紧贴在身体尾部，身体呈流线型。触手的基部中间有口，水就是从这里流入，然后通过躯体的收缩形成强大的水流，从腹部下面的一个漏斗状管子喷射而出。此时会产生强大的反作用力，如同火箭发射一般，这种喷射力度有时能使乌贼从深海跃出水面 7～10 米，让人瞠目结舌！

迷惑术

乌贼是海洋中的"伪装大师"，喜欢运用迷惑术。乌贼的腹内生有墨囊，墨囊内含有墨汁。当乌贼遇到危险时，它就会喷出一股股墨汁，墨汁使周围海水变黑，使敌人辨不清方向；同时还具有麻醉作用，让敌人暂时动弹不得，这样乌贼就能轻轻松松地逃跑了。不过，有时也会碰到一些劲敌，它们并不会中乌贼的迷惑术，如海豚和抹香鲸就不惧怕迷惑术，让乌贼在劫难逃。

知识"爆料"馆

⭐ 大王乌贼 ⭐

大王乌贼又叫巨型乌贼，是世界上最大的无脊椎动物，也是乌贼家族中个头最大的。它一般在大西洋的深海水域活动，体长 20 米左右，常捕食鱼类和无脊椎动物。大王乌贼生性凶猛，力气极大，在体积庞大的巨鲸面前，它也毫无惧色，敢与其搏斗。

第三章

棘皮动物

拥有"超能力"的生物——海参

动物名片		
	名　称	海参，又名海黄瓜
	食　物	浮游生物、藻类等
	类　别	海参科
	分布区域	世界各海洋

海参的身体呈圆柱状，背上生有圆柱状肉刺，一般呈褐色，看起来像腌黄瓜一样，所以人们叫它"海黄瓜"。就是这看起来呆头呆脑的海参，却拥有高超的求生手段。

反常的休眠

海参是生长在海洋底层岩石上或海藻间的一种棘皮动物。海参深居海底，但不会游泳，只能用管足和肌肉在海底蠕动。

陆地上有些动物，如蛇、蝙蝠、青蛙、刺猬、熊等都有冬眠的习性，海参却反其道而行之，偏偏选择在食物丰盛的夏季休眠。就拿刺参来说，当水温升至20℃时，它便不声不响地转移到深海的岩礁暗处，潜藏至石底，背面朝下，一睡就是三四个月。这期间它不吃不动，整个身子萎缩变硬，待到秋后才苏醒过来恢复活动。

"变色"躲避敌人

海参的躯体细长而圆、肉多而肥厚，它生来没有眼睛，更没有震慑敌人的锐利武器。不过，海参能像对虾一样，随着周围环境的变化而变换体色。生活在岩礁附近的海参，体色为棕色或淡蓝色；居住在海带、海草中的海参则为绿色。海参这种可变化的体色能有效帮它躲过天敌的伤害。

求生妙术

海参遇到天敌追捕时，会把"五脏六腑"一股脑儿喷出来让天敌吃掉，然后趁这个空当逃跑。当然，我们不必担心海参会因为没有内脏而死掉，经过一段时间它会重新长出一副内脏，真是一种神奇的求生本领。

"分身"与"自切"

海参像海星一样有"分身"本领。将海参切为数段，投入海里，经过 3 ~ 8 个月，每段又会长成完整的活参。

口（沙嘴，周围有触手）

肉刺

内部有海参肠（弯曲）和
海参筋（较直）

肛门

有的海参还有"自切"本领，当海参感到外界环境不适宜时，能将自身分成数段，以后每段又会长成新的个体。渔民捕到海参时，若不及时加盐、矾加工，海参便会溶成一摊水。

知识"爆料"馆

⭐ 海参身体中的好朋友 ⭐

　　人们在海参的体腔内常常可以看到寄生的潜鱼，体形小，皮肤光滑，它会钻进海参的体内觅食或者躲避危险。潜鱼在海参体内时不时地进进出出，会对海参的消化系统造成一定的损伤，但海参好像并不拒绝潜鱼，它们彼此和睦共处。

海洋里的"刺猬"——海胆

动物名片		
名　　称	海胆，又名海刺猬、刺锅子
食　　物	软体动物、藻类等
类　　别	球海胆科
分布区域	世界各海洋

对海底的"居民"来说，海胆是难以侵犯的，因为它全身武装着硬刺，是海中有名的"刺客"，没有哪个莽撞的家伙敢去碰它。

海中"刺客"

海胆属于无脊椎动物棘皮动物门的一纲，又叫海刺猬、刺锅子，分为胆壳和棘，胆壳呈球形、盘形、心形等。由于它浑身长满刺，所以人们叫它"海中刺客""海底树球""龙宫刺猬"。海胆种类繁多，常见的有紫海胆、马粪海胆、光棘球海胆、心形海胆等。

古老的生物

海胆是现存最古老的生物之一，近亲有海星、海参。有关专家表示，海胆早在上亿年前就存在于地球上了。在我国的西藏高原，就曾发现过海胆的化石。它分布广泛，世界各大海洋中都有它的身影，尤其是印度洋和太平洋，是海胆的聚集地。海胆喜欢盐度高的海域，所以人们很难在接近江河入海处和盐度较低的海水中发现它的踪迹。

独特的刺

海胆有一层精致的硬壳，壳上布满刺状的东西，叫棘。这些棘长短不一，短的几厘米，长的可达十几厘米，密密麻麻，看上去令人害怕。这些棘能带着海胆缓慢移动，还能帮助海胆保持外壳清洁，以及挖掘泥沙。另外，海胆也能借助棘来防身。这些棘有再生的本领，中间是空的，容易碎裂，但碎裂后又会长出新的来。

凶猛的"刺客"

当海胆遇到危险时，它会竖起坚硬的棘来保护自己。海胆的棘呈螺旋状排列，棘尖上长有倒钩。刺中对方后，海胆会将毒液注入其体内，而细刺也就断在对方的皮肉中，让对方陷入麻痹状态，然后海胆趁机逃命。如果人类被海胆刺中，会出现局部皮肤红肿、疼痛的情况，更有甚者会出现心率过快、全身抽搐等症状。

知识"爆料"馆

★ 海胆的生殖过程 ★

海胆是群居性动物，到了繁殖的季节，一个海区的海胆常常聚集在一起，一旦某只海胆排出精子或产出卵子，其他海胆像是接收到信号一样也随即排精或排卵。

海洋之星
—— 海星

动物名片		
名　　称	海星，又名星鱼	
食　　物	贝类等	
类　　别	海盘车科	
分布区域	世界各海域	

在海边漫步的时候，偶尔可以见到一些被冲上沙滩的海洋动物，其中有一种像五角星的动物，它就是海星。

奇特的形状

　　海星是棘皮动物门的一纲，人们也称其为"星鱼"。海星的形状十分奇特，它并不是左右对称的，而是由几根臂足构成的，从身体中心向外呈放射状。海星的这种体形没有前后之分，它每次移动时，任何一根臂足都可以充当先锋，带领其他臂足朝同一方向前进。海星一般有 5 个腕，而且颜色并不相同，看上去十分漂亮。

奇特的捕食方法

海星的捕食方式十分奇特，当它用腕和管足把食物抓牢后，并不是送到嘴里"吃"，而是把胃从嘴里翻出来，包住食物进行消化，待食物消化后，再把胃缩回体内。海星吃贝类时，还要加一道工序，即先用腕和管足把贝类包起来使其窒息而死，然后再翻出胃来吞食。那些消化不了的贝壳，在海星饱餐之后就被抛弃掉了。

"分身"绝招儿

海星的绝招儿是它的"分身术"。若把海星撕成几块抛入海中，每一个碎块会很快重新长出失去的部分，从而长成几个完整的海星。例如，沙海星保留 1 厘米长的腕就能长出一个完整的海星。而有的海星本领更大，只要有一截残臂就可以长出一个完整的海星。由于海星有如此惊人的再生本领，所以断臂缺肢对它来说是件无所谓的小事。目前，科学家们正在探索海星再生能力的奥秘，以便从中得到启示，为人类寻求一种新的医疗方法。

知识"爆料"馆

⭐ 海星的眼睛 ⭐

很多人以为海星没有眼睛，其实它是有眼睛的。它的眼睛就是长在它的棘皮皮肤上的那些微小的晶体。这些晶体如同透视镜一样，监视着周围的环境。这些晶体有着极强的聚光性能，能很好地捕获来自四面八方的信息，其功能与人类生产出的透镜不相上下，因此若是有敌人想要从背后袭击它，怕是徒劳无功了。

海洋"百合花"——海百合

动物名片		
名　称	海百合，又名五角百合	
食　物	浮游生物等	
类　别	五角海百合科	
分布区域	大多栖息在浅海底	

海百合是一种古老的无脊椎动物，它有多条腕足，身体呈花状，因为长得像植物，所以人们叫它"海百合"。

神奇的"网"

海百合有着柔软的身体，"茎秆"上有许多节，每节都会生出枝，每枝的顶端都生长出一朵将要开放的"花骨朵儿"。实际上，那并不是花，而是海百合用来捕食的"网"。海百合的每条腕足上还会长出羽毛状的细枝，鱼、虾一旦闯入，便会被那些细枝挡住，无法逃走，从而成为海百合的美食。海百合通常以浮游生物为食。到了要进食的时候，它就会举起自己的腕，静待食物自己送上门来。等到饱餐一顿后，它就会将腕收拢，然后进入休息状态。

海百合家族

海百合根据外部形态可分为有柄海百合和无柄海百合。有柄海百合一般附着在海床上生活，而无柄海百合可以在海水中自由游动。有柄海百合借助细长的柄将自己固定在海床上。柄上长有一个"花托"，海百合的内部器官就长在那里。它的腕像鸡毛掸子一样，只要在海水中轻轻一摇，路过的小鱼、小虾便会被它抓住。

　　无柄海百合没有细长的柄，取而代之的是几条小根或腕，口和消化管长在花托状结构的中间。无柄海百合不仅能自己游动，还能附着在一处，游动时腕收拢，停留时就借助腕将自己固定在海底的其他物体上。

知识"爆料"馆

★ 坚韧的无柄海百合 ★

　　在竞争激烈的海底，无柄海百合也常常会被鱼群"踩蹋"，有的"茎"被咬断，那些只剩下"花儿"的无柄海百合侥幸存活下来，四处漂荡，人们把它称为"海中仙女"，它还有另外一个美丽的名字——羽星。

第四章

节肢动物

像虾又像蟹
——鲎

动物名片		
名　　称	鲎（hòu），又名东方鲎	
食　　物	甲壳类、软体动物等	
类　　别	鲎科	
分布区域	太平洋	

鲎的长相既像虾又像蟹，人称"马蹄蟹"，是一类与三叶虫（现在只有化石）一样古老的动物。

活化石

鲎的祖先出现在地质历史时期古生代的泥盆纪，当时恐龙尚未出现，鱼类的数量和种类开始增多。随着时间的推移，与它同时代的动物或者进化，或者灭绝，唯独鲎从4亿多年前出现后，至今仍保留着其原始而古老的相貌，所以鲎有"活化石"之称。

生殖器盖　书鳃

尾椎关节腔

额叶器官

螯肢　　步足

独特的体形

鲎的体形很大，这一点在它自我防卫时成为优点，使其不易落入捕食者之口。鲎的外壳呈拱门状，这不仅可以使它承受巨大的压力，还为它提供了偌大的空间来装载很多东西。鲎的身体由头胸、腹部、尾部构成，没有触角，长在头胸部的第一对附肢呈螯状，故而被称为螯肢，一般在摄食的时候发挥作用。这些都是其他节肢动物所没有的形体特征。

栖息环境

鲎多爬行或潜行于泥沙中，其栖息区域通常是沙质浅水海域。鲎的栖息场所受年龄的影响，通常来说，年幼的鲎会在海岸泥滩地生活，随着逐渐长大，其栖息地会慢慢向外海移动。冬天，鲎一般会栖息在较深的海域，等到水温回升的时候，它才会往浅水域迁移以寻找食物或到沙岸产卵。

仿生学"明星"

鲎共有四只眼睛，两只眼睛长在头胸甲前端，这对眼睛的作用是感知亮度，对紫外光最敏感。另外两只眼睛位于鲎的头胸甲两侧，是一对由若干个小眼睛组成的大复眼。科学家发现鲎的复眼有一种独特的功能，即能让物体的图像更加清晰，这叫作侧抑制现象。科学家由此受到启发，将这一原理应用到电视和雷达系统中，使电视成像更为清晰，雷达的显示灵敏度得到了提高。为此，鲎这种长期以来没有太多存在感的古老动物突然"晋升"为近代仿生学中一颗耀眼的"明星"。

知识"爆料"馆

★ 海底鸳鸯 ★

鲎对爱情忠贞不渝，一旦成为"夫妻"，便会一直生活在一起。雌鲎比较肥大，雄鲎较为瘦小，雌鲎会背着雄鲎缓慢行动，因此它们被称为"海底鸳鸯"。

营养珍品 ——磷虾

动物名片		
名　　称	磷虾
食　　物	浮游植物等
类　　别	磷虾科
分布区域	南极海域

　　磷虾是一种浮游动物，在海洋中数量大，分布范围广，是鲸和许多鱼类的主要饵料之一，也是渔民们的捕捞对象。磷虾多爱聚集在一起，晚上通常在水面上活动，等到第二天太阳出来，它们便会回到水里。

磷虾名字的由来

　　南极海域有非常丰富的磷虾，它是一种体形似虾的海洋无脊椎动物，有明显的集群性。磷虾有着粉红色的身体，并且可以发光。它们的眼柄、胸部及腹部上有球形发光器，不过发光原理十分简单，是因为它们体内含有一种能发光的物质——磷，"磷虾"之名也正是来源于此。

活动特点

磷虾在夏天产卵。雌磷虾产下许多虾卵后，并不会承担孵化工作，而是由虾卵自己逐渐下沉并孵化，小磷虾在这个过程中得以成形。之后，小磷虾又会慢慢上浮，同时不断摄取食物。等浮到上层海域时，小磷虾也长大了。

为了更好地生存，磷虾常常成群结队地洄游。它们的队伍可达数百米，阵势浩大，引人注目，使海水的颜色变得丰富多彩：白天，海水显示的是浅褐色；晚上，成群的磷虾游来游去，仿佛彩色的飘带在舞动，十分美丽壮观。

世界未来的食品库

磷虾体内含有非常丰富的营养，是所有生物中含蛋白质最高的。并且，其体内还含有大量的维生素 A，是极受欢迎的营养佳品。南极海域盛产磷虾，南极磷虾每年制造的生物质能达 5 亿吨以上，有"世界未来的食品库"之赞誉。

在南大洋生物的食物链中，如果磷虾灭绝或大大减少，则捕食磷虾的巨鲸和其他鱼类等也将灭绝或减少，南大洋生态平衡也会随之被打破。因此，如何保护和适量捕捉磷虾，是保护南极生态平衡的关键问题之一。

知识"爆料"馆

★ 有趣的磷虾 ★

磷虾是龙虾和对虾的祖辈，它进化很慢，不善游泳，在海洋中过着漂游的生活。南极磷虾的虾群非常有趣，虾群中每只磷虾的头都朝着同一个方向，犹如队列中的"向前看齐"。

海洋"武士"——龙虾

动物名片		
名　　称	龙虾，又名龙头虾
食　　物	藻类等
类　　别	龙虾科
分布区域	热带海域

龙虾一般长 20～40 厘米，个体通常重 1～1.5 千克，大的可达 3～4 千克，最大的可达 5 千克，堪称"虾中之王"。

威风凛凛的外形

龙虾是虾族中体形最大、最威风的，它有着坚硬的外壳，上面还长着许多尖刺。龙虾的头部和胸部较为粗大，身体呈粗圆柱形，"头盔"的样子像龙冠，还有两条长长的触鞭，仿佛古代将军头冠上的装饰，看起来神气十足、威风凛凛。

换壳生长

  龙虾的一生要经过多次换壳，刚换的新壳不仅很薄，还很软，称为软壳，过了几天之后，软壳才能变硬。

  龙虾从出生就开始经历换壳，这种行为会一直持续到龙虾死亡。在出生的第一年，龙虾会换 10 次壳；从第二年到成熟，大概每年经历一次换壳；成熟之后换壳的频率又会降低，约 3 年换一次。刚经历换壳的龙虾身体很柔软，此时是它快速长大、增重的时机。所以龙虾每经历一次换壳，就会长大、增重很多。

奇特的能力

龙虾的适应能力很强，耐低氧，在湖泊、河流、池塘、水渠以及水田中都能生存，甚至在一些鱼类难以存活的水体中也能生存，当水体缺氧时还能爬上岸用鳃呼吸。龙虾还会"隐身"，它身体的颜色和它栖息的环境非常相似，不容易被发现。有的龙虾喜欢安静地潜伏在海藻丛中，不仅能够使自身颜色和海藻的颜色混为一体，甚至连身上的纹理都能变得和海藻一模一样。

知识"爆料"馆

★ 好斗的龙虾 ★

龙虾生性好斗，经常为了争夺食物斗得头破血流。它的触角和身体相互摩擦会产生尖锐的声音，遇到敌人的时候，它就会这样做来把对方吓退，看起来威风极了。不过，它可不是永远这么威风，实际上，龙虾欺软怕硬，如果对方是打不过的强敌，它就会摆着尾巴悄悄地溜走，看起来又十分胆小。

野蛮的"强盗"——寄居蟹

动物名片		
	名　称	寄居蟹，又名寄居虾
	食　物	鱼、虾等
	类　别	寄居蟹科
	分布区域	世界各海域

　　每种动物都有栖息的地方，大多数动物都会用心搭建自己的"房子"，把自己的住处收拾得很舒适。有的动物的住处甚至十分奇妙，令人称奇。然而，寄居蟹并非如此，它从不自己动手建造"房子"，一生都居住在其他动物的"房子"中。

"借" 壳生活

寄居蟹是一种既像蟹又像虾的节肢动物，身上总是背着一个大螺壳，这个螺壳可不是天生就有的，而是捡来的，甚至是把螺壳主人杀死、吃掉后抢来的。寄居蟹的腹部非常柔软，不像身体其他部分那样有甲壳保护，因此非常害怕敌人的攻击，所以才会"借"来螺壳当房子，增强自己的防御能力。螺壳对寄居蟹的作用很大，如果它遇到可怕的敌人，就把身体缩进坚硬的螺壳中，使敌人无可奈何。

霸占"房子"

寄居蟹会住在海螺壳、贝壳、蜗牛壳里，在环境极为恶劣的情况下，它甚至会把瓶盖当作自己的"房子"。寄居蟹长大后，为了给自己找一个合适的住处，就会袭击海螺，把海螺弄死、撕碎，自己再钻进去，将螺壳作为自己新的居所。

与海葵共生

即使有了"房子"，有时还是难免被凶狠的海洋动物吃掉，于是，聪明的寄居蟹还学会了其他自保手段。海葵是一种非常美丽的海洋动物，它长着很多触手，上面有许多刺细胞，还能分泌剧毒。但海葵自身不能移动，靠"守株待兔"的方法觅食，难免饥一顿，饱一顿，这样它就需要有一个同伴背着它遨游大海，以获取丰富的食物。寄居蟹借助海葵来抵挡敌害，海葵也利用寄居蟹这个"坐骑"在大海中自由旅行。于是，它们生活在一起，互相利用，相依为命，这种现象在生物学上叫作"共栖"或"共生"。

知识"爆料"馆

★ 椰子蟹 ★

在我国的台湾和南海诸岛，有一种叫椰子蟹的寄居蟹。它常常爬到椰子树上去，用它那强壮有力的螯打开坚硬的椰子壳，取食椰肉。

小小"观潮家"——招潮蟹

动物名片		
名　称	招潮蟹	
食　物	藻类	
类　别	沙蟹科	
分布区域	热带、亚热带的潮间带	

在潮涨潮落的沼泽和沙滩上，生活着一群善于变色的小蟹，人们称它们为"招潮蟹"。

招潮蟹名字的由来

招潮蟹的身体是深褐色的，头胸呈梯形，有着较窄的额部和较宽的眼眶，眼睛凸出，样子如火柴棒般，眼柄细长。雌蟹的两只螯大小一样且比较小。

招潮蟹的生活习性完全受潮汐的支配：涨潮时，它通常会在潮水涌来的10分钟之前，安全地藏到洞穴里；

退潮时，在港湾、河口的泥滩上，常常可以看到许多奇异的蟹跑来跑去，忙忙碌碌，非常活跃，那是招潮蟹在觅食。正因为这种蟹的活动同海水的涨潮、落潮密切相关，故名"招潮蟹"。

"招潮"的动作

招潮蟹最大的特点就是"招潮"的动作，不过这个动作并不是字面上的招潮，而是一种用来吓唬敌人或求偶的行为。若有动物侵犯招潮蟹的领域时，它就会摇晃大螯来警告对方，或者利用大螯与对方进行争斗。另外，招潮蟹的小螯也不是摆设，主要用于进食。招潮蟹能通过小螯把淤泥表面的小颗粒食物刮取下来并送进嘴里。极为有意思的是，一旦招潮蟹失去了大螯，其伤口处就会长出一个小螯，而原本的小螯则会长大变成大螯。

招潮蟹的"家"

招潮蟹通常采取穴居生活，并且有专一的洞穴，不过并不稳定，过几天就会换新的住处。招潮蟹生活在洞穴中，一方面能躲避水陆各种捕食者的进攻，另一方面能避免被太阳晒干。在涨潮前，招潮蟹会用淤泥把洞口堵好，这样做既能防止泥沙侵入洞穴，又可使洞穴内存有空气以便呼吸。

知识"爆料"馆

⭐ 螃蟹吐泡泡 ⭐

螃蟹是生活在水里的甲壳类动物，用鳃呼吸。螃蟹的鳃由很多鳃片组成，鳃片里储存了很多水分，这样，螃蟹离水后也能呼吸。因为螃蟹吸进的空气过多，鳃和空气接触的面积较大，鳃里含有的水分和空气一起吐出，就形成了无数气泡。

第五章

鱼类动物

"京剧演员" —— 小丑鱼

动物名片		
名　称	小丑鱼，又名海葵鱼
食　物	浮游生物、海藻等
类　别	雀鲷科
分布区域	印度洋和太平洋海域

小丑鱼是一种热带咸水鱼，爱好群居生活，通常一个家族里有几十条小丑鱼，这些小丑鱼在家族中也会分长幼尊卑。

小丑鱼名字的由来

小丑鱼长约 11 厘米，鳍一般为黑色，身体颜色不一。大多长着白色的条纹，好似京剧中的丑角，所以俗称"小丑鱼"。事实上，小丑鱼有各种各样的颜色，橙白条纹、黑白条纹、黑红条纹等，都非常鲜艳可爱，真的一点儿都不丑！

小丑鱼和海葵

海葵是一种能释放毒素的海洋生物，很多海底鱼类因为害怕海葵触手上的毒刺，都会远远地避开它们。小丑鱼却喜欢生活在海葵丛中，是海葵的"好朋友"。那么，小丑鱼是怎样与它共生的呢？小丑鱼身体表面有一种特殊的黏液，不怕海葵的毒刺。生活在海葵丛中，小丑鱼不仅能避免受到其他大鱼的攻击，同时海葵吃剩的食物也可供给小丑鱼。小丑鱼还能利用海葵的触手，安心地筑巢和养育后代。

对海葵而言，小丑鱼的进出能帮助它吸引其他鱼类靠近，从而增加捕食的机会。同时，小丑鱼还可以除去海葵的坏死组织和寄生虫。此外，小丑鱼的游动可以减少残屑沉积到海葵丛中，是海葵的免费"清洁工"。

知识"爆料"馆

⭐ 神奇的雌雄之变 ⭐

小丑鱼有一项神奇的技能，就是可以变性。每个小丑鱼家族中都有一个地位较高的"首领"，并且这个"首领"是雌性。一旦这条占主导地位的雌鱼失踪或死亡了，其配偶雄鱼就会经过激素变化，变成雌鱼，而且会拥有雌鱼的生理机能。接着，这个新的雌鱼"首领"又会在家族中挑选自己的雄性配偶，一般是选择最强壮的雄鱼。

海中 "花蝴蝶" ——蝴蝶鱼

动物名片		
名　　称	蝴蝶鱼
食　　物	藻类等
类　　别	蝴蝶鱼科
分布区域	世界各温带、热带海域

　　蝴蝶鱼也叫热带鱼，生活在热带珊瑚礁中，由于外形与蝴蝶相似而得名。蝴蝶鱼对爱情十分忠贞，一般都成双入对，互不分离，如同鸳鸯。

漂亮的外表

　　蝴蝶鱼体色鲜艳，就像生活在陆地上的蝴蝶一样，有着缤纷的色彩和美丽的图案。每种蝴蝶鱼都有自己独特的体色和花纹，而且即便年龄增长，基本上也不会发生太大改变，最多是少一些线条。

独特的本领

蝴蝶鱼生活在五光十色的珊瑚礁的礁盘中，具有一系列适应环境的本领，其艳丽的体色可随周围环境的改变而改变。蝴蝶鱼的体表有大量色素细胞，在神经系统的控制下，可以展开或收缩，从而使体表呈现不同的色彩。蝴蝶鱼改变一次体色通常要几分钟，但当遇到紧急情况时，仅需几秒钟。

蝴蝶鱼的小鱼仔儿头部长着许多刺，实质上是一种骨质的"头盔"，是自我防御的工具。小鱼仔儿漂到礁区以后就会变成幼鱼。即使变成幼鱼，它们的抵抗力也没有变得多强，而且游泳也慢，所以不少幼鱼有着极巧妙的伪装术。它们的眼睛通常藏在穿过头部的黑色条纹中，而在尾柄处或背鳍后留有一个非常醒目的伪眼，捕食者往往误认为这是其头部。当敌害向其伪眼发起袭击时，蝴蝶鱼就会逃之夭夭。

知识"爆料"馆

⭐ 忠贞的蝴蝶鱼 ⭐

生物学家经过观察发现，蝴蝶鱼是"一夫一妻制"，忠贞专一，大部分都出双入对地在珊瑚礁中游弋、戏耍，总是形影不离，当其中一条摄食时，另一条就在其周围警戒。

海中"飞机"——飞鱼

动物名片		
名　　称	飞鱼
食　　物	浮游生物等
类　　别	飞鱼科
分布区域	热带和温带海洋

飞鱼，顾名思义，是一种会飞的鱼。说起飞行的生物，大家脑海中浮现的通常是鸟类或者飞虫，但其实生活在温带和热带海洋中的飞鱼也具有滑翔能力。

奇特的结构

飞鱼的长相很奇特，身体近似于圆筒形，它虽然没有昆虫那样善于飞行的翅膀，也没有鸟类那样搏击长空的双翼，但是它有非常发达的胸鳍，长度相当于身体的2/3，看上去有点儿像鸟的翅膀，并向后伸展到尾部。它的腹鳍也比较大，可以用来辅助滑翔。它的尾鳍呈叉形。飞鱼凭借自己流线型的优美体形，在蓝色的海面上破浪前进、时隐时现。

滑翔本领

飞鱼的"飞行"其实只是一种滑翔。科学家们发现飞鱼实际上是利用它的"飞行器"——尾巴摆动产生的冲力起飞的。飞鱼在出水之前，先在水下调整角度快速游动，快接近海面时，将胸鳍和腹鳍紧贴在身体的两侧，然后用强有力的尾鳍向左右急剧摆动，划出一条锯齿形的曲折水痕，依靠强大的冲力，像箭一样破水而出。飞出水面时，飞鱼立即张开又长又宽的胸鳍，迎着海面上吹来的风滑翔。

飞鱼为什么要"飞行"

那么飞鱼是出于什么原因"飞行"的呢？科学家认为，飞鱼之所以要"飞行"，是因为有鲨鱼、剑鱼、金枪鱼等凶猛的鱼类对它进行了追逐，或者它被离得较近的船只吓到了。飞鱼属于中小型鱼类，是鲨鱼、剑鱼、金枪鱼等凶猛的大型鱼类争相捕食的对象。长期生活在这种环境中，飞鱼为了躲避敌害、逃离危险海域，便逐渐进化出滑翔技能。不过，飞鱼这种独特的自卫技能也不能保证它一定能安全逃脱危险，因为它是在海面上滑翔，尽管摆脱了海里面敌人的追捕，但也很有可能会被军舰鸟当作食物。

知识"爆料"馆

★ "飞鱼岛国" ★

位于加勒比海东端的珊瑚岛国巴巴多斯盛产飞鱼，故有"飞鱼岛国"之称。这里的飞鱼有近百种，小的飞鱼不过手掌大，大的有2米多长。

海中"慈父"
——海马

动物名片		
名　　称	海马
食　　物	甲壳类等
类　　别	海龙科
分布区域	热带海洋

在浩瀚的海洋中，有一种十分有趣的小动物，它就是海马。海马性情懒惰，经常挂在海藻上到处漂流。海马游泳的姿势也很独特，是直立的，十分与众不同。

怪异的长相

海马的头部弯曲，与身体近似形成直角，很像"马头"。吻呈长管状，尖尖的，不能张合。头两侧有两个鼻孔。头上方有两只眼睛，大大的，看上去炯炯有神。它们的双眼可以同时注视不同的方向，一只搜寻食物，另一只则注意敌人的动向。海马有一个背鳍，由鳍条组成。尾巴像猴尾又像蝎尾，可以自由卷曲，它们就是利用尾巴钩住海藻等物体的。

"爸爸"生宝宝

在海马家族中，一般由海马爸爸负责孵育宝宝。在繁殖期，雌海马会通过一根长长的产卵管把卵产在雄海马腹部的育儿囊里，然后由"爸爸"进行孵化。把几百颗卵孵化成小海马，要经过 6 ~ 7 个星期。

雄海马"生产"时，身体会不停地弯曲伸展，好像在忍受着"生产"的煎熬。当育儿囊的开口处扩大时，一只小海马便从开口处挤了出来。一会儿的工夫，许多小海马便三五成群地"生"出来了。雄海马的育儿囊是小海马最安全的"避难港"，当它们遇到敌害时，便惊慌失措地钻进"爸爸"的育儿囊里躲避。

第一体环

胸鳍

龙骨

突出的体棱

侧部体棱

第三条体棱

背鳍

最后一节体环

第一节尾骨

知识"爆料"馆

⭐ 海马的"亲戚" ⭐

海龙也叫杨枝鱼，它跟海马是"亲戚"，虽然二者的身体很相似，但海龙带有类似树叶的身体组织，所以很容易区分。

水下"魔鬼"——蝠鲼

动物名片		
名　　称	蝠鲼，又名魔鬼鱼
食　　物	浮游生物、小型鱼类等
类　　别	蝠鲼科
分布区域	热带及亚热带海域

蝠鲼有着"魔鬼鱼"的外号，与凶猛的鲨鱼是"亲戚"。然而，蝠鲼的性情与鲨鱼截然不同，它们十分温和沉静，经常独自遨游在大海中，像孤独的旅行者那样四处游历。由此看来，"魔鬼鱼"的外号完全不适合它们。

独特的外形

蝠鲼有着独特的外形，身体呈不规则椭圆形，头部扁平而宽大，尾巴像鞭子那样细长，嘴巴也较大。它们的身体两侧长有肥厚的胸鳍，看起来像翅膀一样，头部两侧长有头鳍。蝠鲼的背部皮肤呈灰蓝色或黑色，腹部皮肤呈灰白色，上面散布着一些深色斑点。蝠鲼的体形较大，再加上还有一条细长的尾巴，因此有人把它们比喻为"海上风筝"。

"魔鬼"行为

蝠鲼是一种生活在热带地区的鱼类，体形庞大，力量也很惊人，如果它们用那强壮有力的"翅膀"拍打人类，那么人类的骨头就会断裂，甚至危及生命。正是由于力量惊人，蝠鲼才被人们叫作"魔鬼鱼"。蝠鲼还很喜欢"恶作剧"，它们有时会跟在小船后面，把自己的头鳍挂在锚链上，然后拖拽小船，使其在海上四处漂流，不知情的渔民还以为有"魔鬼"在作祟呢！

凌空飞行

蝠鲼能够凌空飞行，这项绝技让人赞叹不已。蝠鲼在凌空飞行前，会在海里旋转着身体向上游动，其间游动速度和旋转速度都会不断加快，最后跃出海面，在空中飞行一段时间，有时还会一边飞行一边空翻，看上去就像在跳舞。

知识"爆料"馆

⭐ **温和的蝠鲼** ⭐

虽然蝠鲼的外表令人望而生畏，但是它们的性情是非常温和的，通常只吃一些小鱼、小虾和甲壳类动物。蝠鲼用一对头鳍来驱赶猎物并把猎物拨入口中吞食，这对头鳍位于头部前方，可以自由转动，看上去就像两只"肉足"。

温柔的大家伙
——鲸鲨

动物名片		
名　　称	鲸鲨，又名大憨鲨
食　　物	浮游生物、藻类等
类　　别	鲸鲨科
分布区域	热带和温带海洋

鲸鲨又叫大憨鲨，体形庞大，身长可达 20 米，是世界上最大的鱼类。鲸鲨性情温和，有时还会与潜水员互动，场面温馨有趣。它们有时会在水中保持不动，然后将白白的肚皮翻到水面上进行日光浴。

奇特的长相

鲸鲨的名字中虽然有一个"鲸"字，但它并不是鲸，而是鲨鱼。它靠鳃呼吸，是鱼类中身体最长的，一般约 10 米。鲸鲨的身体呈圆柱状，有灰褐色或青褐色两种颜色。它的脑袋很大，嘴也特别大，约有 1.5 米宽。鲸鲨因为其身体的侧面有许多黄色或白色的小斑点和一些窄窄的横条纹，所以又得名"金钱鲨"。每种鲸鲨的斑点是不同的，人们可根据这些斑点来鉴别鲸鲨的种类。

游速很快

鲸鲨不耐寒，常生活在热带和温带海洋中，有时也会洄游到近海觅食。鲸鲨在大西洋、印度洋和太平洋海域均有分布，我国南海、东海和黄海也有鲸鲨的身影。

鲸鲨的游速很快，它有时会像鹰一样向海底俯冲，迅速潜到深海里。

嘴最大的鱼

鲸鲨的嘴是鱼类中最大的，它游动时习惯张着嘴，以浮游生物、大型海藻、磷虾等为食。鲸鲨觅食时会张大嘴巴，将海水也吸进去，然后嘴巴闭上，最后将海水从鳃排出，而食物则会进入鲸鲨的肚子里。鲸鲨的嗅觉很灵敏，通常依靠嗅觉来觅食。

由于鲸鲨的捕食难度并不大，所以它并不会为生计而忙碌，它在海中生活得很悠闲。

知识"爆料"馆

⭐ 鲨鱼的天敌 ⭐

鲨鱼虽然看起来凶狠，却害怕海豚。海豚常常会聚集在一起，有计划地对鲨鱼进行攻击，它们会用鼻子轮番撞击鲨鱼身体的一侧。因为鲨鱼骨骼很软，所以无法很好地保护内脏，聪明的海豚利用这一点，拼命地撞击鲨鱼，鲨鱼的内脏很快就会被撞坏，接着就会在海豚的围困中毙命。

第六章

哺乳动物

海上"救生员" —— 海豚

动物名片		
名　　称	海豚，又名真海豚
食　　物	鱼、虾、蟹等
类　　别	海豚科
分布区域	世界各海域

　　海豚是一种非常可爱的动物，它不仅聪明、学习能力强，还十分友善，经常救助海上遇难的人类，所以素有"海上救生员"的美称。

海洋精灵

　　海豚种类繁多，各个种类的大小有所区别。海豚身体呈纺锤形，体表圆滑、流畅，背部有钩状的鳍。有的海豚的体表有着鲜艳的彩色图形，有的则颜色单一。海豚一般以鱼、乌贼、虾、蟹等为食，广泛分布在海洋中，一般在陆架附近的浅海里生活，有一些也能够在淡水中生存。

成群捕食

海豚喜欢成群活动，成员之间会相互合作、共同捕食。生活在海洋沿岸的海豚群较小，这可能和它们捕食的猎物的分布数量有关。远离海岸处的海豚群看上去犹如一条带子，宽20米到数千米不等。一般小的海豚群喜欢并入大的族群。当较大的鱼群出现时，海豚会立即聚集起来进行捕食活动，虽然表面上看它们的行动杂乱无章，但实际上是在通力合作，它们将小鱼群一点点聚集起来，形成一个密集的大鱼群，然后一口接一口地吞食。

救人行为

　　海豚非常友善，常常救助在海里溺水的人。研究表明，海豚救人与它的习性有关。幼海豚出生后，母海豚会将它拖出水面一段时间，有的可达几小时，有的甚至数天之久。海豚喜欢玩耍，经常做推动海面漂浮物体的游戏，而且它们对人很友好，甚至会主动找人玩耍。因为海豚具有这些特点，所以当它们遇到溺水的人时，会误以为是一个漂浮的物体，本能地将其托起，并推上岸去，从而使人得救。

回声定位

　　海豚的视力很差，所以判断方位主要靠耳朵。海豚在海中游动的时候，会先向前方发出声波，声波在水中进行传播，当遇到鱼群或者障碍物时就会反射回来。不同物体反射回来的声波是不一样的，海豚根据声波的不同来判断前方的物体是什么，以及自身距前方物体的距离。

知识"爆料"馆

⭐ 聪明的海豚 ⭐

　　海豚的大脑沟回复杂，它非常聪明，能学会很多复杂的动作，还很喜欢与人类相处，所以，经过训练海豚能顶篮球、跳火圈等，有的海豚经过特殊的培训，还能执行领航、救生等难度高的军事任务。

动物明星 —— 海豹

动物名片

名　　称	海豹，又名港海豹
食　　物	鱼类等
类　　别	海豹科
分布区域	世界各海域

　　海豹主要以鱼类为食，也吃甲壳类和贝类，是一种肉食性的海洋动物。它的名字中有一个"豹"字，但它没有豹子跑得快。这主要是因为海豹的脚与鱼鳍相似，所以它在陆地上行走得十分缓慢。它常常生活在寒冷而黑暗的深海中，有着高超的游泳技能。

憨态可掬

　　海豹属于哺乳动物，体长约 1.5 米，身体呈纺锤形，背部黄灰色，有暗褐色斑点点缀其中，尾巴很短，两只后脚往后伸，就像潜水员的两只脚蹼。它在海中游动时，靠两只脚在水中左右摆动来推动身体前进。海豹的头类似家犬，所以很多沿海居民叫它"海狗"。近几年，由于人类滥捕滥杀，海豹数量骤减，国家为了保护它，已经将它列为国家二级保护动物。

捕猎和游泳高手

虽然海豹憨态可掬，它的捕猎技能却不容小觑。它靠脸上的长须来判断水中猎物的方向，所以海豹即使闭上眼睛也能轻松地猎到食物。海豹不仅是捕猎高手，还有高超的游泳本领。它很擅长潜水，一般可潜到水下 100 米左右，在较深的海域潜水深度可达 300 米左右。但它潜水的时间不能太长，否则身体机能需要休息两小时才能恢复如常。它的游泳速度极快，为每小时 20 ~ 30 千米。

动物"明星"

海豹非常聪明，擅长模仿各种动作，经过训练，它很快就会学会接皮球、水中芭蕾、跳圈等各种运动。海洋馆里常常设有它的表演，会引来观众的喝彩声与欢呼声。它是海洋馆里的"明星"。

不畏严寒

海豹一般生活在寒冷的两极海域，它之所以能抵御寒冷，是因为它独特的身体构造。海豹的皮下有一层很厚的脂肪，所以它在寒冷的水中游动时也不会被冻伤，而且这些脂肪还能为海豹提供食物储备。

知识"爆料"馆

★"海豹之乡"★

南极洲是海豹的理想家园，所以有"海豹之乡"的称号。南极洲的海豹种类繁多，数量庞大。去南极洲考察的科学家发现，南极半岛海域的海豹发出的声音比麦克默多海峡海域的同种海豹发出的声音音调更低，时间更短。

水中"除草机"——海牛

动物名片		
名　　称	海牛	
食　　物	水草等	
类　　别	海牛超科	
分布区域	大西洋温暖水域	

　　海牛是海牛超科动物的统称，身体呈椭圆形，头较大，嘴唇上长有胡须，是人们常说的美人鱼的原型。它虽然其貌不扬，但性格很温和，是水中的"温柔巨人"，从来不欺凌弱小。

大象的远亲

　　海牛是海洋哺乳动物。海牛的眼睛非常小，并且视力不太好，嘴巴跟河马相似，有厚厚的上嘴唇，嘴唇上面还长了许多粗短的硬毛。有关专家表示，海牛原先是陆生动物，是大象的远亲。近 1 亿年前，由于环境发生剧变，为了生存，海牛才被迫下海，从此成为海洋动物中的一员。因为长时间生活在水中，其相貌与体形都发生了变化，所以与大象并没有太多相似之处，但在一些方面仍有共同点，如身体庞大，肤色、皮层的厚度都很类似，而且它们都以草为食。

水中"除草机"

前面已经说过海牛跟大象一样，以草为食，它特别喜欢吃海洋里的各种水草。由于海牛躯体庞大，所以每天需要消耗大量水草，以满足身体需要。它吃水草时会成片成片地吃，就像地毯式切割一样，因此人们叫它"水中除草机"。在一些热带和亚热带地区的海域，有时会发生水草泛滥的状况，这时海牛就成了解决这个问题的好帮手。

"美人鱼"的传说

海牛直立在海面上时，从远处看，与传说中的美人鱼非常相似。那是因为母海牛有着一对丰满的乳房，当它露出水面给海牛宝宝哺乳时，在暮色中或者有月光的夜晚，远远看起来就像一个正在哺乳的美人，后来就有了"美人鱼"的传说。

知识"爆料"馆

⭐ 海里的"双胞胎" ⭐

海牛与儒艮长得非常像，所以常被认错。其实最好辨认的是它们的尾巴，儒艮的尾是分叉的，而海牛的尾是圆盘形的。

海洋中的小个子——海獭

动物名片	
名　　称	海獭
食　　物	贝类、鱼类等
类　　别	鼬科
分布区域	北太平洋的寒冷海域

海獭是一种生活在海洋里的哺乳动物，体形较小，能够借助工具进食。海獭大部分时间是在水中度过的，只有休息和生育时才到陆地上来。

海獭的外形

令人难以置信的是，生活在陆地上的黄鼠狼，竟然与生活在海洋中的海獭是"亲戚"。海獭和黄鼠狼体形都较小，不过两者相比较，海獭更大一些。海獭的头部较小且浑圆，前肢比较短小，后肢比较宽大，这种宽大的后肢能帮助它们在水中较为快速地游泳。海獭的尾巴呈扁平状，这不仅有利于它们在水中保持平衡，还能减小游泳阻力。

生活习性

海獭是群居动物，经常成群结队地在海里觅食、嬉闹。尽管海獭经常在海洋中活动，但是它们的游泳速度较慢，只能达到每小时 10 ~ 15 千米。海獭一般在水下 3 ~ 10 米的地方活动，为了觅食偶尔才会下潜到更深的地方。

与海藻为伍

海藻是一种海洋植物，根部在海底，有时能向上生长到海面附近。海獭很乐意与海藻为伍，因为海藻是它们栖息的"温床"，是守护它们安全的"卫士"。海獭往往在海藻丛生的地方睡觉。它们常常在海藻上面嬉戏，有时还会像风度翩翩的诗人那样仰卧在海藻上观察天空，十分悠然闲适。海藻也能保护海獭免受天敌的伤害。遇到天敌逼近时，海獭就会躲入茂盛的海藻丛中，丛生的海藻无疑是极好的御敌屏障。海獭的大小、形状、颜色都与水中浮木相近，在海藻的掩护下，很难被天敌发现。

爱"打扮"的海獭

海獭吃饱喝足后，往往会精心"打扮"自己，它们会花上很多时间用爪子梳理皮毛。梳理时十分仔细，头、尾和四肢都不落下，胸腹部这个"餐桌"也清理得干干净净。事实上，它们只是出于生存的需要才这么做的。原来，海獭的皮下脂肪不厚，保暖只能依靠自己的皮毛。一旦皮毛脏污杂乱，海水就会与海獭的皮肤接触，影响它们的体温，严重者甚至会因此被冻死。

知识"爆料"馆

⭐ 高智商海獭 ⭐

海獭能够使用简单的工具捕食，相比于自然界大多数动物，它们的智商可以说非常高了。海獭抓住海胆后，一般会翻身仰卧，在肚皮上放一块石头，然后用前肢抓住海胆砸向石头，等到砸破海胆的壳，就能享用美餐了。

海中"巨人" —— 蓝鲸

动物名片		
名　称	蓝鲸，又名剃刀鲸	
食　物	磷虾、鱼类等	
类　别	须鲸科	
分布区域	世界各大洋	

　　蓝鲸是目前地球上体形最庞大的动物，在陆地上和海洋中都找不到其他动物能与其媲美，是名副其实的海中"巨人"。

用肺呼吸

　　蓝鲸是一种海洋哺乳动物，全身呈淡蓝色或蓝灰色，流线型，背部有细碎的斑点，头部有两个喷气孔。蓝鲸虽然生活在海洋里，但是用肺呼吸。蓝鲸呼吸时，必须先将肺内的二氧化碳等废气从喷气孔喷出体外，当这股强有力的灼热气流冲出喷气孔时，喷射的高度可达 10 米，并把附近的海水也一起卷出海面，形成壮观的水柱，同时还伴随着犹如火车汽笛一样响亮的声音。

"大胃王"

蓝鲸的食量惊人，各种虾类、小鱼、水母、浮游生物都在它们的"菜谱"之中，其中，生活在海洋中的磷虾是它们最喜爱的食物。蓝鲸一次吃掉的磷虾约有 200 万只，每天能吃 4 ~ 8 吨的食物，要是胃里的食物不足 2 吨，它们就会感到饥饿，可见蓝鲸的确是"大胃王"。

蓝鲸处境十分危险

鲸鱼的脂肪具有巨大的经济利益，因此人类才会大量捕杀鲸鱼。蓝鲸的脂肪含量极高，而且体形十分庞大，其具有的经济价值特别大，这使得捕鲸人把蓝鲸当作优先捕杀的目标。目前，地球上蓝鲸的数量越来越少。早在 1932 年，国际社会就已经规定了每年允许捕杀蓝鲸的数量，然而这并未改变蓝鲸的危险处境，它们仍需要人类的大力保护。

知识"爆料"馆

★"大力士"蓝鲸★

蓝鲸是罕见的"大力士"，几乎没有其他动物能比得上它。一头成年蓝鲸的力量相当于一辆火车头，能够和一台功率达 1700 马力的发动机媲美。一头成年蓝鲸能把一艘 800 马力的轮船拖走，即使在轮船倒开的条件下，蓝鲸也能以每小时 4～7 海里的速度持续拖拽轮船几小时。

海洋霸主 ——虎鲸

动物名片		
名　　称	虎鲸，又名逆戟鲸
食　　物	鱼类、海豚、海豹等
类　　别	海豚科
分布区域	世界各大洋

虎鲸性情凶猛，体形庞大，有着"杀人鲸"的称号。虎鲸的捕猎能力很强，尖锐锋利的牙齿是它们的得力武器，也是猎物的噩梦。

巨大的背鳍

虎鲸十分强壮，动作敏捷，游泳速度很快，可达每小时 30 海里左右。雄鲸长着约 1.8 米高的背鳍，在海中游泳时，背鳍会突出在水面上，形似中国古代的一种武器——戟。正因如此，虎鲸又被称为"逆戟鲸"。

凶猛的"海洋杀手"

虎鲸的头部浑圆，身体很胖，皮肤大部分是黑色的，其中夹杂着几块白色，与憨态可掬的大熊猫有些类似。但是，外表可爱的虎鲸其实是令人闻风丧胆的"海洋杀手"，无论是娇小的鱼类、海龟、乌贼，还是庞大的海豹、海狮，甚至是其他鲸类，都是虎鲸的美味佳肴。虎鲸的性情如此凶猛，难怪被称为"杀人鲸"了。

独特的捕猎本领

虎鲸在猎食鱼类时会发出一种能够震慑鱼类的声音，鱼类在这种声音的影响下会变得行为混乱，逃离虎鲸巨口的机会就大大减少了。虎鲸可以发出一种超声波，利用回声搜寻鱼群的踪迹，并通过回声感知鱼群的大小、判断鱼群前进的方向。虎鲸有着出色的捕猎能力、强壮的身体和聪明的大脑，因此海洋生物都十分惧怕它们。

知识"爆料"馆

⭐ 互帮互助的虎鲸 ⭐

虎鲸是群居动物，懂得照顾受伤的同伴，相互之间非常团结。虎鲸在睡觉时也会围成一圈，避免落单而遭遇危险。虎鲸每天都要在海面上待一段时间，它们经常跃出海面，用身体、尾鳍或胸鳍拍击海面。如果周围空气凉爽，它们还会朝天空喷出水柱。

EXPLORE

探索神秘的
海洋世界

有趣的海洋植物

司洁◎主编

黑龙江科学技术出版社
HEILONGJIANG SCIENCE AND TECHNOLOGY PRESS

图书在版编目（CIP）数据

有趣的海洋植物 / 司洁主编 . -- 哈尔滨 ：黑龙江
科学技术出版社，2024.1
（探索神秘的海洋世界）
ISBN 978-7-5719-2149-1

Ⅰ．①有… Ⅱ．①司… Ⅲ．①海洋生物－水生植物－
少儿读物 Ⅳ．① Q948.885.3-49

中国国家版本馆 CIP 数据核字（2023）第 193392 号

探索神秘的海洋世界　　有趣的海洋植物
TANSUO SHENMI DE HAIYANG SHIJIE　YOUQU DE HAIYANG ZHIWU

司洁　主编

项目总监　薛方闻
策划编辑　沈福威　顾天歌
责任编辑　刘　杨
插　　画　文贤阁
排　　版　文贤阁
出　　版　黑龙江科学技术出版社
　　　　　　地址：哈尔滨市南岗区公安街 70-2 号　邮编：150007
　　　　　　电话：（0451）53642106　传真：（0451）53642143
　　　　　　网址：www.1kcbs.cn
发　　行　新华书店
印　　刷　三河市南阳印刷有限公司
开　　本　880 mm×1230 mm 1/32
印　　张　3
字　　数　48 千字
版　　次　2024 年 1 月第 1 版
印　　次　2024 年 1 月第 1 次印刷
书　　号　ISBN 978-7-5719-2149-1
定　　价　138.00 元（全 8 册）

　　海洋是浩瀚的，我们站在海边远望，看不到边际；海洋是神秘的，海洋中有许多人类没有涉足的区域；海洋也是丰富多彩的，五光十色的海洋生物营造出一个美丽的世界。我们的生活离不开海洋，海洋为我们提供了丰富的食物、种类繁多的矿产。没有海洋，世界商品的运输将会受阻，各国间的贸易成本将会大大提升；没有海洋，我们吃不到美味的海鲜，也不能享受漫步海滩的浪漫。

　　人类对于海洋的探索，从来都没有停止过。从郑和下西洋到哥伦布发现新大陆，从新航路的开辟到世界海洋贸易的繁荣，从低效的海洋渔业到充满科技元素的海水养殖，从对海洋的一无所知到如今发达的海洋科技，我们对神秘海洋的探索仍在继续。孩子们对

海洋是不是也充满了好奇？我们精心编写的这套《探索神秘的海洋世界》，描绘了美丽的蓝色海域，介绍了生动有趣的海洋动物和海洋植物，让孩子们通过本套书领略奇妙的海洋景观，揭开神秘的海洋之谜，懂得海洋资源的宝贵，知晓海洋灾害带给人类的危害，最终树立开发和保护海洋的正确观念。

　　本套书能够满足孩子们对知识的渴望，培养孩子们的求知欲，提高孩子们的学习兴趣。希望本套书引领更多的孩子走向科学，让他们在开阔视野的同时，也能放飞梦想。

目录

第一章 认识海洋植物

第二章 各种各样的海藻

第三章 海藻的代表植物

第四章 高等海洋植物

第五章 海洋植物的价值

认识海洋植物

认识藻类植物

　　海洋植物是生长在海洋中，利用叶绿素进行光合作用以生产有机物的自养型生物。海洋植物属于初级生产者，可以为其他物种提供食物，从低等的蓝藻门、原绿藻门到高等的种子植物等，总计13门，据统计有1万多种。海藻的分布范围比较广，从热带到两极，都可以找到它的足迹。

什么是藻类植物

　　藻类是含有叶绿素和其他辅助色素的低等自养型植物，没有根、茎、叶的分化，整个植物呈现叶状，因此，藻类植物也叫叶状体植物。

　　海藻是海洋植物的主体，它们有的在海水中随波逐流，有的固着生长，有的形如马尾，有的飘如彩带。海藻在食品工业中有广泛的应用，目前可用来加工食品的海藻有100多种。

　　海藻除了可当食物外，还能制造氧气，大气中50%的氧气是藻类通过光合作用释放出来的。

藻类的形态结构

　　藻类的形态构成非常简单。有的只有一个细胞，如浮游微藻；有的则由多个细胞构成，形状多种多样，有球状、盘状、丝状、管状、叶状以及枝状等。虽然藻类没有根，但是一些大型的海藻有固着器，它们可以牢固地攀附在泥沙、岩石等基质上。

藻类的颜色

　　与陆地上五光十色的植物一样，藻类植物也是五彩斑斓的。不同的藻类由于所含色素成分及其比例不同，呈现出各种色彩。藻类名字的由来也跟它们的颜色有很大的关系，例如，蓝藻、红藻、绿藻、黄藻、金藻、褐藻等，都是由它们的颜色来命名的。尽管不同的海藻颜色不同，但都含有叶绿素。

藻类的价值

　　藻类和一般的高等植物一样，在生态系统中扮演着初级生产者的角色，是鱼、虾等的食物来源。同时，藻类也为人类提供了各种各样的食品，在能源、医药、材

单细胞绿藻

叶绿体

蛋白核

隔膜

细胞核

线粒体

料、肥料等方面也具有广阔的开发前景。近年来，利用海藻加工食品在我国已逐渐兴起，如海藻可以直接加工成果冻，也可以作为辅助原料用于糖果、罐头、冰激凌等的加工。

知识"爆料"馆

⭐ 藻类植物可以分为哪些门类？ ⭐

目前，科学家们把藻类分为 12 个门，分别是蓝藻门、红藻门、轮藻门、黄藻门、金藻门、隐藻门、甲藻门、硅藻门、褐藻门、原绿藻门、裸藻门（眼虫藻门）和绿藻门。

海洋中的高等植物

海洋中的植物虽然以藻类为主，但也生长着一些能够真正开花、结实的绿色维管植物。海洋维管植物分为草本和木本植物两类，包括红树植物及半红树植物、海草、盐沼植物和其他海岸耐盐植物。这些植物与海藻不同，它们是通过种子来繁殖后代的。

分布

受海洋的深度影响，流、浪、潮等的冲击，以及海水盐度等环境条件的限制，真正能在大海中生活的高等植物的种类数量非常少，它们分布的范围也十分小，基本上被限制在河口、海湾、潮间带、浅海和滨海湿地等海域内。

分类

生长在海洋中的高等植物可根据其所处生态环境和组成类型分为四类：海草、盐沼植物、沙生植物和红树林。海草与禾草的外形相似，主要分布在海洋中，常见的海草有大叶藻、海神草、海菖蒲等；盐沼植物一般生活在土壤盐碱化比较严重的地区，主要是河流入海口地区，常见的植物有碱蓬、大米草、海边月见草等；沙生植物多生长在海岸边的沙地上，能起到固沙保土、改善盐碱环境的作用，常见的有珊瑚菜、野生玫瑰、烟台补血草、单叶蔓荆、滨海前胡、筛草；红树植物是热带、亚热带植物，国际红树林组织依其繁殖类型把它分为真红树植物、半红树植物和红树伴生植物，常见的真红树植物有红海榄、红树、木榄、海莲、海桑等，半红树植物有白莲叶桐、玉蕊、黄槿等。

耐盐性

海洋高等植物之所以能够生活在岸边或者海洋中，与它们的共同特性——耐盐性是分不开的。这些植物有的有专门储存盐分的细胞，有的有泌盐细胞，有的有耐盐基因等。

知识"爆料"馆

★ 什么是种子植物？ ★

种子植物，又叫显花植物，它可分为裸子植物和被子植物。裸子植物的种子没有果皮包被，被子植物的种子有果皮包被。世界各地均能找到种子植物，它们是植物界最高等的类群，最主要的特征就是能用种子进行繁殖。

第二章

各种各样的海藻

分布极广的蓝藻

植物名片		
名　　称	蓝藻，又叫蓝绿藻、蓝细菌、蓝绿菌、黏藻	
界　　门	植物界蓝藻门	
习　　性	喜高温、强光，大多出现在盐度较低的池塘	
分布区域	广泛分布于自然界	

　　蓝藻是原核生物，又叫蓝绿藻、蓝细菌。它们之所以被称为蓝藻，并不是因为它们是蓝色的，而是因为它们都含有一种特殊的蓝色色素。蓝藻是单细胞生物，能够运动。

蓝藻的颜色

　　蓝藻虽然都含有一种特殊的蓝色色素，但蓝藻并不都是蓝色的，不同的蓝藻含有蓝色色素的量是不同的，蓝藻常含的色素的种类有叶绿素、叶黄素、胡萝卜素、藻蓝素、藻红素。蓝藻呈现的颜色一般有草绿色、蓝绿色、橄榄色、黄色、橘红色、红色、粉红色、紫红色、紫色、棕色及黑色等。红海就是由于水中含有大量含藻红素的蓝藻，而使海水呈现出红色。

蓝藻的分布

蓝藻的分布范围非常广，在淡水、海水、内陆盐水、湿地、沙漠均有分布。蓝藻的生命力极强，无论是在高温温泉中，还是在寒冷的冰雪中，它们都能生长。与其他藻类相比，蓝藻喜欢生长在高温和强光的淡水中，能在高温环境下不断大量繁殖，形成水华。

形成水华的蓝藻

我们知道，蓝藻在环境适宜的情况下能够大量快速繁殖，形成水华，但并不是所有的蓝藻都能形成水华。据观察，形成水华的蓝藻主要有微囊藻、鱼腥藻、色球藻、螺旋藻、拟项圈藻、腔球藻、尖头藻、颤藻、裂面藻、胶鞘藻、节球藻、束毛藻等。其中微囊藻水华是最常见的。水华严重威胁着水中动植物的生命安全，破坏水体生态平衡，不利于渔业的发展。

知识"爆料"馆

⭐ 什么是水华？ ⭐

水华，又称藻花、水花，是淡水水体中藻类大量繁殖所引起的一种自然现象，较容易引起水华的有束毛藻、微囊藻、鱼腥藻等。引起水华的主要原因是水体富营养化。

种类繁多的褐藻

植物名片		
名　　称	褐藻	
界　　门	植物界褐藻门	
习　　性	多喜较冷水域	
分布区域	广泛分布于北太平洋西部	

　　褐藻种类繁多，小部分种类生活在淡水里，大部分种类生活在海洋中，是重要的海洋植物。褐藻藻体内含有多种色素，如叶绿素、胡萝卜素、墨角藻黄素和叶黄素等。有些种类的褐藻之所以呈褐色，就是因为褐藻细胞中含有墨角藻黄素。

大小

　　褐藻中的大多数种类，个体都很大，长度可达60米。虽然褐藻没有根茎叶的分化，但是它有类似根茎叶的组织，可以起到固定和输送营养物质的作用。其中，有些种类形成了气囊状的组织，这种组织可以使褐藻庞大的身体漂浮起来，有利于充分接受阳光的照射，进行光合作用。褐藻光合作用的产物主要为淀粉和甘露醇。

褐藻一般分布在寒温带的海洋中，生活在淡水中的褐藻种类比较少。褐藻由于体型比较大，能够形成特有的"海底森林"奇观。在我国的黄海地区，自然分布的海带、裙带菜、马尾藻等褐藻种类个体稍小，虽然没有"海底森林"壮观，但规模也很庞大。

食用价值

褐藻产量大，营养价值高，是海水藻类养殖的主要品种，其中，海带养殖是我国海水养殖业的支柱产业。自 2017 年以来，随着我国海带养殖技术的不断改进和完善，海带养殖的产量也呈现出稳步增长的趋势。数据显示，2021 年我国海带养殖的产量从 2017 年的 148.66 万吨增长至 174.24 万吨。

除了食用外，褐藻还可以用来提取藻胶。比较常见的褐藻有巨藻、海带、裙带菜、水云、索藻、黏膜藻、海蕴、酸藻等。其中大部分可以食用，而酸藻则是海水养殖中的害藻，它分泌的酸性物质会毒害其他藻类，使其他藻类腐烂。

知识"爆料"馆

⭐ 可以治疗甲状腺肿大的褐藻 ⭐

甲状腺肿大，俗称"大脖子病"，是因人体缺乏碘元素引起的。而褐藻中碘元素含量十分丰富，经常食用海带，患大脖子病的概率会大大降低。

色彩鲜艳的红藻

植物名片		
名　称	红藻
界　门	植物界红藻门
习　性	喜阴植物，多生于岩石的背阴处、石缝或石沼中
分布区域	绝大多数分布于海水中

红藻中绝大部分是海生的，跟它的名字一样，它的颜色是红色的，主要原因是它的细胞内含有较多的藻红素。另外，它还含有叶绿素、胡萝卜素、叶黄素等。不过，并不是所有的红藻都是红色的，因为那些含有较少藻红素的红藻，可能因为含有其他色素较多而呈现出绿色或蓝色。

生长与分布

红藻的生长范围十分广泛，遍布世界各地，无论是在极地还是在热带海域，都能看到它的身影。光线在透过海水的时候，波长较长的红、橙、黄光会很容易被海水吸收，只有蓝光和绿光能透入海水深处。而红藻体内的藻红素就可以吸收进入海底深处的蓝绿光，进行光合作用。所以，与其他藻类植物相比，红藻能在比较深的海水中生长。

生物价值

红藻具有很高的食用价值，它不仅是鱼、甲壳类动物、蠕虫和腹足类动物的食物，也可以为人类提供食物来源，如紫菜、麒麟菜、石花菜等。紫菜可以用来制作美味的寿司和各种零食；工业上，角叉菜作为明胶的代用品被用于布丁、牙膏、冰激凌及保藏食品中；爱尔兰苔藓，又名卡拉胶，是一种添加剂，可用于布丁和一些饮品如坚果奶和啤酒等的生产中。

红藻也被用来生产琼脂，琼脂是一种凝胶状物质，可用作食品添加剂和科学实验室培养细菌、真菌的培养基。红藻富含钙，有时被用作维生素补充剂。

知识"爆料"馆

⭐ 什么是琼脂？ ⭐

琼脂是从海藻中提取的多糖体，它在食品、医药、日用化工、生物工程等方面应用得十分广泛。琼脂因为具有凝固性、稳定性，在食品工业中可以作为增稠剂、凝固剂、悬浮剂、乳化剂、保鲜剂和稳定剂等。由于琼脂能改变食品的品质，所以它被广泛用于制造各种饮料、果冻、冰激凌、糕点、软糖、罐头、肉制品、八宝粥、银耳燕窝羹类食品、凉拌食品等。

形态各异的甲藻

植物名片		
名　称	甲藻，又名双鞭甲藻	
界　门	植物界甲藻门	
习　性	喜欢生长于碱性高的水体，喜静水	
分布区域	广泛分布于淡水、半咸水、海水中	

甲藻是一群形态各异的微小浮游植物，可以进行光合作用，种类众多，全世界有1000多种，数量仅次于硅藻。

分布及影响

甲藻的分布范围十分广泛，海水和淡水中均有分布，多数种类生活在海洋里，是海洋浮游生物的一个重要类群。甲藻含有叶绿素、胡萝卜素、藻黄素等光合色素，能进行光合作用，制造有机物，是海洋众多小型浮游动物的饵料。但某些甲藻是形成赤潮的主要生物，使海水缺氧，导致动物窒息死亡。还有些甲藻会分泌毒素，使鱼、虾、贝类大量死亡。

特性

大多数甲藻是单细胞，细胞为球形或者长椭圆形。甲藻的细胞有的没有细胞壁，细胞裸露。有的甲藻细胞具有很厚的细胞壁，由于细胞壁的主要成分是纤维素，外形像甲片，所以被命名为甲藻。甲藻的这些甲片形态多种多样，主要作用是辅助甲藻漂浮，使其适应浮游生活。

有些甲藻能够像动物那样捕食，有类似动物的生活习惯。甲藻在水中游动，要靠它身上的鞭毛不停地摆动，所以它还有个名称叫双鞭毛虫。通常，浮游微藻的鞭毛都着生在前端或者后端，但是甲藻的鞭毛有一条缠在甲藻细胞的中部，叫作横鞭；另一条长在尾部，像尾巴一样，叫作纵鞭。甲藻的横鞭能使藻体旋转，而纵鞭则能使藻体前进。在浮游藻类中，甲藻的运动速度是比较快的。

与其他藻类不同，甲藻还能够发光，其中最为常见的就是夜光藻。夜光藻在我国的黄海海域十分常见，密集的时候会发出淡蓝色的光。

知识"爆料"馆

⭐ 细胞壁 ⭐

细胞壁是细胞最外面一层较厚、较坚韧并略具弹性的结构，主要起支撑和保护作用，主要成分是纤维素。

海洋的草原——硅藻

植物名片		
名　　称	硅藻
界　　门	植物界硅藻门
习　　性	喜欢生活在水体中下层
分布区域	温带和热带海区

　　硅藻是一类具有色素体的单细胞植物，常由几个或很多个细胞个体连接成各式各样的群体。

　　在光合作用下，硅藻可产生叶绿素、胡萝卜素、岩藻黄素、硅藻素等，所以硅藻的颜色通常为黄绿色或者黄褐色。硅藻属于不等长鞭毛类类群，在食物链中属于生产者。它的一个主要特点是细胞外覆硅质的细胞壁。

分布

　　硅藻是一类非常重要的浮游植物，它的分布极其广泛，不管是海洋中还是淡水里均可发现它的踪迹。土壤中也生活着少量的硅藻。在海洋中，硅藻大部分生活在开阔的远洋水域，也有部分生活在海底砂砾上。因为硅藻种类多、数量大，因而被称为海洋的"草原"。但也不是所有的地区都适合硅藻生长，季节、水温、盐度都会对它的分布产生影响。

形态结构

　　硅藻的种类繁多，达 11 000 多种。虽然它只有一个细胞，但它的细胞有细胞壁，而且它的细胞壁的组成成分跟其他植物细胞壁的组成成分很不一样。硅藻的细胞壁由大量的硅质组成，分为上下两部分，上面的盖叫作上壳，下面的底叫作下壳，上壳套住下壳，上下壳面上有非常精美的纹饰图案。硅藻主要有以下几种：球形直链藻、有槽直链藻、偏心圆筛藻、线形圆筛藻、辐射圆筛藻和盒形藻等。

作用

硅藻利用太阳光和水中的无机物来进行光合作用产生氧气。硅藻产生的氧气，对地球氧气的含量影响巨大。据统计，浮游生物每年可制造约 360 亿吨氧气，占地球大气氧含量的 70% 以上，而硅藻产氧量又占浮游生物总产氧量的 60% 以上。由此可以推断，如果地球上没有了硅藻，地球上的氧气很快就会被消耗完，那么，人类和动物也就无法呼吸了。由此可见，硅藻对于人类来说非常重要。

硅藻除了能制造大量氧气外，也是虾、贝、鱼类的主要饵料，它与其他植物一起构成了海洋的初级生产力。

硅藻死后，它们坚固多孔的外壳——细胞壁不会被分解，而是沉于水底，经过亿万年的积累和地质变迁，成为硅藻土。硅藻土在工业上有很广泛的用途，可用于制造工业用的过滤剂以及隔音、隔热材料等。

危害

硅藻是赤潮生物，如果海洋环境受到富营养污染，某些硅藻如骨条藻、菱形藻、盒形藻、角毛藻、根管藻、海链藻等繁殖过盛，就会形成赤潮，使水质变得恶劣，给渔业及其他水产动物带来严重危害。有些硅藻（如根管藻）繁殖太盛，并密集在一起，会阻碍或改变鲱鱼的洄游路线，降低渔获量。

知识"爆料"馆

⭐ **浮游生物** ⭐

浮游生物泛指生活在海洋、湖泊及河川等水域，自身没有移动能力，或者有也非常弱，因而不能逆水流而动，而是浮在水面上生活的一类生物的总称。它包括浮游植物和浮游动物。

结构简单的绿藻

植物名片		
	名　称	绿藻
	界　门	植物界绿藻门
	习　性	对温度敏感，适宜生长温度为15～20℃
	分布区域	淡水中分布最多，海水中和陆地上的阴湿处也有分布

　　绿藻是一种形态结构比较简单的藻类植物，约有6700种，多分布在淡水环境中，生活在海洋中的绿藻约占其总量的10%。

　　绿藻的细胞壁由两层纤维素和果胶质组成。与生活在陆地上的绿色植物一样，生活在海洋中的绿藻，也有细胞核和叶绿体，能够进行光合作用，产生淀粉。因为绿藻的色素中叶绿素的含量比较高，所以绿藻呈现绿色。绿藻藻体的大小差别很大，形状也多种多样。有的绿藻只有一个细胞，有的绿藻则为由一个个细胞排列连成的丝状体，有的绿藻则为由多个细胞排列成的叶片状的结构，还有的绿藻为泡状、鹿角状、羽毛状等各种形态。

绿藻的游动细胞上有 2 或 4 条等长的顶生尾鞭型鞭毛，鞭毛是绿藻的运动器官。海洋中的绿藻喜欢生活在水温比较高的热带，所以在北方比较冷的海域，绿藻种类要少一些。绿藻多数生长在潮间带的岩石、珊瑚礁及泥沙滩涂的石砾、砂粒或贝壳上。

　　绿藻的经济价值很高，其藻体中贮藏的营养物质主要为淀粉和油类。绿藻中的石莼、礁膜、浒苔等历来是沿海人民广为采捞的食用海藻。

知识"爆料"馆

★ 什么是光合作用？ ★

　　光合作用是指绿色植物吸收太阳的光能，把二氧化碳和水合成为有机物并释放氧气的过程。植物通过光合作用产生的有机物除了能满足植物自身的需求外，还能供动物和人类食用。可以说，没有光合作用，人类就无法生存。

第三章

海藻的代表植物

赤潮祸首
——红海束毛藻

植物名片		
名　　称	红海束毛藻
科　　属	颤藻科，束毛藻属
习　　性	易大量繁殖，形成赤潮
分布区域	全世界海域

　　在人们的印象中，海洋都是蔚蓝色的，但是在亚洲西部的阿拉伯半岛和非洲大陆之间，出现了一片红色的海域，这究竟是怎么回事？原来，这是因为海水中漂浮着大量的红海束毛藻。

形成赤潮

　　红海束毛藻属蓝藻类，单个的红海束毛藻很细小，但是体内含有大量的藻红素，在条件适宜的情况下，它们会大量繁殖。当大量的红海束毛藻漂浮在海面上的时候，海水就会呈现红色。红海也因此而得名。

红海束毛藻的群体容易死亡分解，产生具有腥臭味的有害气体，威胁到海水中动植物的生长，蛏、蛤之类的软体动物会因此而被毒害致死，也会给海水养殖带来灾难，形成赤潮。

毫无疑问，赤潮是一种生态异常现象，浮游植物、原生动物和细菌在有机物和营养盐过剩的情况下会大量繁殖，破坏生态环境，使海洋动物大量死亡。据统计，可引起赤潮的生物有60多种，红海束毛藻只是其中的一种。

对我国的危害

在我国南海、东海沿岸地区，也经常会出现红海束毛藻，其大量繁殖的时间一般在每年的秋冬季节。因为由红海束毛藻形成的赤潮来自太平洋东面，所以福建沿海的渔民称它为"东洋水"。

知识"爆料"馆

⭐ 赤潮都是红色的吗？ ⭐

赤潮，从名字上看应该是红色的，但实际上赤潮还有其他颜色，这跟引起赤潮的生物种类有关。比如，由某些双鞭毛藻引起的赤潮，呈绿色或褐色；由某些硅藻引起的赤潮，则呈黄色或红褐色。

生长最快的巨藻

植物名片		
名　称	巨藻	
科　属	巨藻科，巨藻属	
习　性	喜生长在水深流急的海底岩石上	
分布区域	美洲西部及大洋洲、南非沿岸	

巨藻，人称海藻王，是海藻中个体最大的一类，堪称植物之最。巨藻主要生长在北美洲西海岸外浅海区，另外，在澳大利亚、新西兰、秘鲁、智利及南非沿岸浅海区也有分布。

个体巨大

巨藻由固着器、柄和叶子三部分组成，每个部分都能吸收水分和养料，进行光合作用。巨藻的固着器有点像陆生植物的根，但不是真正的根，只起固定作用，直径一般为 30 ～ 100 厘米。上面长有许多柄，每根柄的直径是 0.6 ～ 1.9 厘米，长度可达 100 多米。柄上长有许多叶片，每个叶片的叶柄中央都有圆筒状气囊，正是由于有这些气囊，巨藻可以漂浮在海面上，而不是堆积在一起。一棵巨藻长数十米，有的可达 100 多米，最长可达 300 米，重达 180 千克。

生长迅速

巨藻叶片表面粗糙，边缘呈锯齿状。它的光合作用效率比其他植物高，能够储存更多的能量，所以它的生长速度很快，一天可生长 60 多厘米，一年可长到 50 多米长。巨藻的生产力惊人，如果每公顷海域有 100 棵巨藻，那么每年可产鲜藻 750 ～ 1200 吨。巨藻可以覆盖几百平方千米的海面，深度可达 100 ～ 200 米，是许多鱼类和其他浅海生物良好的栖息场所。

知识"爆料"馆

⭐ 巨藻的食用价值 ⭐

巨藻有很高的食用价值，它富含蛋白质、维生素和矿物质，既可以作为食品添加剂，也可以被加工成饲料，用来喂养牲畜和鱼类等，还可做药用，提取碘、褐藻胶和甘露醇等。

海上庄稼
——海带

植物名片		
名　　称	海带	
科　　属	海带科，海带属	
习　　性	冷水性海藻，喜欢生长在水流通畅、水质肥沃的环境中	
分布区域	主要分布在北太平洋，大西洋也有分布	

　　海带属于褐藻，是我们比较熟悉的一种藻类植物，用海带做成的凉拌海带丝就是一种美味的凉菜。海带原产于日本海，目前，我国沿海地带普遍栽培海带，我国的海带产量位居全球第一。

分布

　　海带属于亚寒带藻类，是北太平洋特有的地方种类，在南半球分布得很少。太平洋西北部是海带的集中生长地，那里集中了世界上绝大部分的海带种类，其中，经济价值最高的海带分布于俄罗斯鞑靼海峡西部沿岸、彼得大帝湾和日本北海道等沿海海区。自然生长的海带，一般生于海边低潮线下 2 米深度的岩石上，而人工栽培的海带，则生长在绳索或竹材上。海带的生长主要受温度、光照强度、营养盐和植物激素等因素的影响。

海带的结构

海带藻体分为固着器、柄部和叶片三部分。固着器为树状分枝，可以附着于海底岩石上。海带因形状像带子而得名。海带藻体呈橄榄褐色，干燥时为黑褐色，有光泽。长度可达 7 米，宽度为 20 ~ 30 厘米。海带的叶子中间有两条浅沟，叫中带部，比较厚，边缘有较薄的褶子。

海带栽培

海带栽培的成本很低，且营养丰富，是一种重要的海生资源。与在陆地上种庄稼类似，在海上栽培海带可以分为三步，第一步是在室内培育海带苗，第二步是将培育好的海带苗夹在棕绳上，第三步是将绑有竹筒或空心玻璃球的棕绳吊挂在海面上。海带随着海浪起伏，宛如一片漂在海上的麦田。与田里的庄稼不同，海带不靠根而是靠叶片吸收养分，向海底生长。

20世纪50年代，我国开始进行海带栽培。自从开展海带人工筏式栽培以来，先后试验与生产过秋苗、夏苗、早秋苗、度夏苗、春苗和二年苗，在苗种生产中积累了丰富的经验。海带的主要育苗技术可以分为常规育苗技术和海带配子体育苗技术。底质、水深、水流、风流、透明度、营养盐和污水情况等，均会影响海带的栽培。

知识"爆料"馆

⭐ 能降血压的海带 ⭐

研究发现，吃海带能够降低血压，因为海带含有褐藻酸钾和氨基酸，可以排出多余的钠离子，降低血浆中胆固醇的含量，所以患高血压的人经常吃海带，有助于病情的缓解。

形状像裙带的裙带菜

植物名片		
名　　称	裙带菜	
科　　属	翅藻科，裙带菜属	
习　　性	暖温性海藻，生长于风浪不太大、水质肥沃的海湾内	
分布区域	在我国，主要分布于山东、福建、浙江、辽宁等沿海地区	

裙带菜，别名海芥菜，藻体呈黄褐色，外形像裙带，长度一般为 1 ~ 1.5 米，有时可达 2 米以上，宽可达 5 ~ 10 厘米。藻体明显可分为叶片、柄部和固着器三部分。

生长繁殖

在大海里生长的裙带菜是一种一年生植物，它的一生是短暂的。在每年的 4 ~ 5 月，裙带菜逐渐进入繁殖期，它的茎下方有个木耳状的重叠结构，这个结构叫作"孢子叶"，它是裙带菜的生殖器官，俗称"耳朵"，里面形成的孢子囊可以产生数量众多的孢子。

5~6月，孢子叶开始逐渐成熟，孢子囊破裂后，大量的游孢子进入海水中，裙带菜进入成熟期，生长停止，藻体的梢部开始溃烂脱落。

6~7月是裙带菜游孢子放散的高峰期。一般1克裙带菜孢子叶可以放散10万~1000万个游孢子。游孢子依靠鞭毛的摆动能在海水中自由游动，遇到岩石或其他物体后就会附着在上面，继续生长发育。

7～8月，海水的温度比较高，裙带菜的配子体为了避免高温带来的伤害，开始进入休眠期。

从12月到次年4月，裙带菜开始进入快速生长期，最大的藻体长度可以达到3米以上。进入4月后，裙带菜又开始了下一轮的生殖循环。5月前后，裙带菜可以收获了，人们在餐桌上就能吃到美味的裙带菜了。

食用和药用价值

裙带菜能够忍受高温，所以在暖流海区生长较好，在我国辽宁、山东、浙江等沿海地区都能生长。我国自然生长的裙带菜主要分布在浙江省的舟山群岛及嵊泗岛，它们生长在风浪较大的低潮带及低潮线以下1～3米或更深的岩石上。

裙带菜含有多种营养成分，如蛋白质、脂肪、糖类以及维生素等。裙带菜被开水烫后会变成绿色，凉拌食用味道比海带鲜美，被人们称为"海白菜"。

裙带菜不仅是一种可食用的经济褐藻，而且可作为提取褐藻酸的原料。裙带菜的黏液中含有的褐藻酸和岩藻固醇，具有降低血液中胆固醇含量的作用。另外，裙带菜在防止脑血栓发生、改善和强化血管、防止动脉硬化及降低高血压等方面也有积极的作用。

裙带叶

裙带梗

知识"爆料"馆

⭐ 什么是孢子？ ⭐

孢子是一种生殖细胞，它一般为单细胞，也可能是多细胞的繁殖体。它能直接或间接发育成新个体。通过孢子繁殖后代的生物一般为比较低等的藻类植物、苔藓植物、蕨类植物。

备受人们喜爱的食物——紫菜

植物名片		
名　　称	紫菜	
科　　属	红毛菜科，紫菜属	
习　　性	多生长在潮间带，喜风浪大、潮流通畅、营养盐丰富的海区	
分布区域	我国沿海均有分布	

　　紫菜，红毛菜科紫菜属的藻类植物，它含有的藻蓝素比其他红藻多，在海里或晒干之后呈紫色，所以被称为紫菜。紫菜长 10 ～ 20 厘米，宽 3 ～ 13 厘米，由 1 层或 2 层细胞构成薄叶状，生长期为 11 月至次年 3 月。

分布与种类

　　紫菜是一类生长在潮间带的海藻，它的分布范围涵盖了寒带、温带、亚热带和热带海域，在中国主要分布在黄海、渤海到东南沿海的潮间带，少数分布在台湾和海南岛沿海。北方常见的紫菜有甘紫菜、条斑紫菜和边紫菜；南方常见的紫菜有坛紫菜、圆紫菜和长紫菜等。其中，条斑紫菜是太平洋特有的品种，在我国黄海沿岸非常常见，是我国北方紫菜养殖的主要种类。

食用价值

紫菜不仅含有丰富的膳食纤维，而且含有多种维生素及钙、钾、镁等元素。另外，紫菜特有的藻胆蛋白也具有很高的营养价值。

我们经常吃的海苔，其实就是紫菜加工后的食品。紫菜经过漂洗，清除杂质、有害物质后，再去水烘烤，就变成了海苔。因去水干燥，海苔浓缩了很多营养物质，口感变得更好，是可以直接食用的小零食，特别受孩子的喜爱。

知识"爆料"馆

★ 紫菜的药用价值 ★

紫菜营养丰富，不但可以凉拌、爆炒做成美食，还可以制成中药，具有化痰、清热利水、补肾养心的功效。

藻中"珊瑚"——珊瑚藻

植物名片		
名　称	珊瑚藻
科　属	珊瑚藻科，珊瑚藻属
习　性	丛生，多生于中潮带岩石上
分布区域	全世界海域

　　与生活在热带海域的腔肠动物——珊瑚虫不同，珊瑚藻是一类在海洋中广泛分布的大型钙化藻类。它的全身粗糙而坚硬，与海洋中的动物珊瑚虫有几分相像，以至于著名的博物学家林耐曾把它错误地当成动物。

　　研究表明，珊瑚藻身体里虽然充满了钙质，但细胞内却含有叶绿素，能通过光合作用为自己提供养分，而不是像动物那样以其他生物为食。

分类

生物学家根据珊瑚藻的外部形态，将珊瑚藻分为有节珊瑚藻、无节珊瑚藻、壳状珊瑚藻、薄壳状珊瑚藻、红藻石/球等。

形态特征

珊瑚藻一般高度为 5 厘米左右，它的基部固着在珊瑚礁上或浅海的岩穴内。藻体数次重复叉状分枝，并排列成羽状。

科研价值

因为珊瑚藻的藻体是钙质的，所以科学家要研究珊瑚藻，必须先用酸性物质使其脱钙变软，然后才能进行相关的后续研究工作。珊瑚藻的钙质藻体在古生物学和地质学的研究上都具有特殊的意义。珊瑚藻藻体的钙质化，使得珊瑚藻在漫长的地质变迁中变成了可供后人研究的化石，而不是像其他藻类一样，消失得无影无踪。我国的科学工作者在珠穆朗玛峰区域进行科学考察时，在第三纪岩层中发现了一种珊瑚藻化石。由此可以推测，珠穆朗玛峰区域可能曾是一片海洋。

知识"爆料"馆

⭐ **珊瑚藻的药用价值** ⭐

珊瑚藻有很高的药用价值，它杀虫的功效明显，对蛔虫、蛲虫等寄生虫有杀灭作用。科学研究表明，珊瑚藻的驱蛔虫效果比海人草还要好。

珊瑚礁的贡献者 —— 虫黄藻

植物名片		
名　　称	虫黄藻	
科　　属	虫黄藻科，共生藻属	
习　　性	与珊瑚虫互惠共存，可影响珊瑚礁的形成	
分布区域	全世界海域	

虫黄藻属于海藻，它是一种与珊瑚虫共生的单细胞植物，属于涡鞭毛藻的一种。

与珊瑚虫的共生关系

虫黄藻是自养生物，它可以通过光合作用制造自身生长所需的营养物质，也能为珊瑚虫提供葡萄糖、甘油、氨基酸等光合作用的产物。它为珊瑚虫提供的能源支持高达 90%，同时，珊瑚虫也可以保护虫黄藻，为它提供栖息的场所，以及光合作用所需要的氮、磷和二氧化碳等。

　　珊瑚虫通过对养分、光线的吸收及对过剩细胞的驱逐，可以控制虫黄藻的数量，防止虫黄藻过度繁殖。除了珊瑚虫，虫黄藻也能在其他原生动物和一些无脊椎动物身体里居住。但是珊瑚虫对虫黄藻非常依赖，因为造礁珊瑚生活在透光区，要迅速生长发育就需要大量的氧气，这些氧气一部分来自海水，另一部分则需要虫黄藻提供。

影响

　　虫黄藻不仅为珊瑚虫提供营养物质和氧气，而且可影响珊瑚虫石灰质骨骼的形成。有生物学家曾经做过这样一个实验：将虫黄藻从珊瑚虫的身体内全部分离出来，并人工供给珊瑚虫氧气。实验结果是珊瑚虫虽然活下来了，但它的骨骼却得不到正常发育。实验证明：如果没有虫黄藻，那么，珊瑚虫就很难造就珊瑚礁。互利共生是生物界的一种常见现象，但虫黄藻与珊瑚虫的这种共生关系却很独特，它们共同创造了遍布世界海域的珊瑚礁，不仅增加了海底的美丽色彩，也为千千万万的海底动物提供了生活的场所。进一步说，虫黄藻在海洋中生活的范围也影响了珊瑚虫的垂直分布。虫黄藻只有在太阳光的照射下才能进行光合作用，释放氧气，制造有机物，为造礁珊瑚提供氧气和营养。如果水深超过80米，光线会变得很弱，虫黄藻难以正常生长，珊瑚虫在这种条件下也会停止发育。所以，只有在阳光充足的浅海水域，尤其是在 10 ~ 20 米水深处，光合作用强烈，珊瑚虫才能够充分发育，加速珊瑚虫骨骼的形成，从而造出珊瑚礁。因此，我们看到的所有造礁珊瑚的垂直分布，仅限于深度 80 米以内的浅海。

知识"爆料"馆

★ 造礁珊瑚 ★

　　我们都知道珊瑚礁是由珊瑚形成的，但并不是所有的珊瑚都可以形成珊瑚礁，能形成珊瑚礁的珊瑚我们称其为造礁珊瑚，不能形成珊瑚礁的珊瑚我们称其为非造礁珊瑚。造礁珊瑚一般生长于浅海床的透光区，有 70 多种，种类虽然不多，但地理分布范围十分广泛。造礁珊瑚主要分布于温暖、透明度高的热带浅海水域。海洋中有许多岛屿是由珊瑚礁构成的，如我国的西沙群岛等。

释放酸性物质的酸藻

植物名片		
名　　称	酸藻	
科　　属	酸藻科，酸藻属	
习　　性	一般生活在中、低潮带的岩石上	
分布区域	在我国的青岛、烟台、威海等地有分布	

酸藻属于褐藻门酸藻科酸藻属，之所以叫作酸藻，并不是因为它的味道是酸的，而是它能释放出一种酸性物质，这种酸性物质能对其他藻类和小动物造成极大的伤害。

形态特征

酸藻在活着时是淡黄色的，死后变成浅蓝色或蓝绿色，高 30 ~ 100 厘米。它的主干呈圆柱状，分枝繁密，数回近羽状分枝，向上分枝渐细成细毛状，各分枝有中轴，分枝呈亚圆柱形，主轴扁，固着器盘状。

危害

酸藻生活在中、低潮带岩石上，在青岛、烟台、威海等地都有分布。酸藻的繁殖能力很强，常常大面积生长，对养殖区域的海带、裙带菜的危害极大，可导致海带、裙带菜大面积减产。

知识"爆料"馆

⭐ 什么是pH？⭐

pH 一般指氢离子浓度指数，它是由丹麦生物化学家在1909 年提出的。符号 p 的意思是"浓度"，H 代表氢离子。氢离子浓度指数可通过使用 pH 指示剂、pH 试纸来定性，而定量的 pH 测量需要使用 pH 计。

用途极广的石莼

植物名片		
名　　称	石莼
科　　属	石莼科，石莼属
习　　性	一般生活在海岸潮间带，海湾内中、低潮带的岩石上
分布区域	在我国东海、南海分布多，黄海、渤海分布稀少

　　石莼，属于绿藻门，俗名海白菜、海青菜、海莴苣，属常见海藻。石莼生活在温带海域，除中国沿海外，还分布在日本、朝鲜、越南、马来半岛沿海等地。

　　石莼外形为片状，藻体呈鲜绿色，多在中潮区与低潮区及大干潮线附近的岩石上或石沼中生长。因地理分布不同，生长、繁殖季节各异。孔石莼在中国北方常年都能生长。

石莼是一种薄平、长有固着器的绿藻植物，边缘有时为褶边开裂，叶没有柄，通常长至 18 厘米或更长，横截面长至 30 厘米。石莼为有两个细胞厚度的柔软、半透明的叶状体，通常依靠圆盘状固着器固定，色呈绿色至深绿色，叶序不规则排列。叶绿体为 1 ~ 3 个蛋白核，呈杯状排列。其他石莼属的植物也有相似的特征。

人工培养石莼的方法是把石莼采集回来，用淡水浸泡 2 个小时，去除有害物质，去掉基部，然后切成长为数厘米的碎片，在阳光充足、通气以及按时换水、施肥的条件下，在室内水槽中培养。每吨水体投放 0.5 千克碎片，两星期后即可收获。在水温 12℃下，可收获投放量的 3 倍；若水温达 25℃，则可收获投放量的 8 倍。这种培养方法主要用来解决鲍鱼苗种饵料不足的问题。

营养及药用价值

石莼聚糖可以锁住水分，促进营养物质的运输。水分在维持肌肤弹性和防止干燥脱皮方面可起到重要作用。

硫酸软骨素含有葡萄糖醛酸，类似石莼聚糖，具有保湿、舒缓肌肤、加强细胞外基质的作用。石莼味甘，性平，无毒，具有利水消肿、软坚散结、清热解毒之功效，可用于水肿，颈淋巴结肿大，瘿瘤，高血压，喉炎，疮疖，急、慢性肠胃炎等的治疗。

知识"爆料"馆

⭐ 石莼属的植物有哪些？ ⭐

石莼属包括30余种，中国约有6种。石莼的多数种类分布在温带至亚热带海洋中，生长在高潮带至低潮带以及大干潮线附近的岩石上或石沼中。常见的种类有孔石莼、石莼、砺菜、裂片石莼等。

能自行发光的夜光藻

植物名片		
名　称	夜光藻	
科　属	夜光藻科，夜光藻属	
习　性	不能通过光合作用制造营养，细胞受到刺激时就会发光	
分布区域	世界各海域均有分布	

　　夜光藻，藻体比较大，细胞大小约有1毫米，肉眼可以看到，呈单细胞球形或者肾脏形，能够在夜晚发光，是常见的发光甲藻。它介于动物和植物之间，繁殖的方式类似于藻类，生活习性与原生动物有些类似，所以又叫夜光虫。

生物形态

　　夜光藻的细胞没有外壳包被，不属于典型的具甲类的甲藻。夜光藻的两条鞭毛也退化了，但它有一条灵活的触手。与其他藻类最大的不同是，夜光藻不能通过光合作用制造营养，只能通过细胞前端灵活的触手将外界小型浮游植物或有机物颗粒送入胞口内，在细胞内形成食物泡进行消化。夜光藻的猎物包括甲藻、硅藻、海洋细菌等，有时鱼卵、幼小贝类等海洋生物也可以成为它的食物。

发光特性

夜光藻在受到外界刺激的时候会发光。夜晚，当船只划过有夜光藻的水域时，船桨的周围会发光，海浪撞击海岸也会产生鳞光闪闪的浪花。人们看到这种情景，没有不称奇的。

危害

夜光藻的分布很广，是典型的赤潮生物。夜光藻密集时，海水会呈现橘红色。它会消耗水中的氧气，使海水严重缺氧；也会黏附在鱼鳃上，使鱼类因不能正常呼吸而死亡。同时，夜光藻在死亡分解的过程中会产生有害的化学物质，使海水变质，危害水体生态环境，导致鱼、虾、贝类大量死亡，继而腐烂、发臭。

　　另外，夜光藻也能诱发其他赤潮生物大量繁殖。因为夜光藻能渗出高浓度的氮和磷，可诱发有毒的赤潮生物——微型原甲藻大量繁殖，它所形成的赤潮危害程度更大。

　　在世界范围内，由夜光藻带来的环境灾害数不胜数，其中80%以上的赤潮都是由夜光藻引起的。

知识"爆料"馆

★ 赤潮生物 ★

　　赤潮生物包括浮游生物、原生动物和细菌等。其产生的生物毒素可以通过食物链传递到其他动物体内或人类体内。除此之外，还会通过身体接触引起皮肤感染等。

绿潮制造者 —— 浒苔

植物名片		
	名　　称	浒苔
	科　　属	石莼科，浒苔属
	习　　性	生长在中潮带滩涂、石砾上，受水体温度、光照强度和营养盐含量等因素影响
	分布区域	在各沿海国家近海海域广泛分布

　　浒苔的藻体呈绿色，是一种无毒，有食用、药用价值的绿藻。它广泛分布在各沿海国家的近海海域，在中国主要分布于辽宁、山东、江苏和福建等近海海域。

形态特征

　　浒苔的生长、繁殖受水体温度、光照强度和营养盐含量等因素影响，在低光照、低温等不利条件下，浒苔微繁殖体也可以存活。浒苔由单层细胞组成，围成管状或黏连为带状，基部由假根丝组成盘状固着器。它的主枝明显，分枝细长，高可达1米。

繁殖方法

浒苔可以通过产生配子体、孢子体进行有性或无性生殖，有时也会通过有丝分裂进行营养生殖。所以，浒苔适应环境能力和繁殖能力都很强，在一定条件下可以短时间内大量繁殖。

危害

浒苔是制造绿潮的罪魁祸首。大量繁殖的浒苔能阻塞航道，影响航运；大面积漂浮在海面的浒苔，可使海底的其他生物得不到阳光。另外，浒苔大量堆积死亡后会腐烂，发出难闻的气味，影响海洋的生态环境，对沿海的渔业和旅游业的发展也会形成极大的威胁。与赤潮一样，绿潮也是非常严重的海洋灾害。

我国是受绿潮危害比较大的国家，从2007年起，我国多次发生绿潮灾害。2008年6月中旬，大面积的浒苔从黄海中部海域向青岛附近海域漂移，严重影响到2008

年夏季奥运会帆船比赛场地的准备，为了比赛顺利进行，政府清除了百万吨以上的浒苔。

在黄海中、南部海域都曾发生过大面积的绿潮灾害。目前，治理绿潮、赤潮最有效的办法就是不让海水富营养化。

知识"爆料"馆

★什么是富营养化？★

富营养化是指植物生长所需要的氮、磷含量过高，植物不受控制地疯狂生长，进而影响水质的现象。不向河流中排放污水，可以有效防止水体的富营养化，保护水域生态环境。

第四章

高等海洋植物

海洋生物的守护神
——海草

植物名片		
名　　称	海草
界　　门	植物界被子植物门
习　　性	喜光照，不能生活在海水较深、阳光照射不到的海域
分布区域	暖温带到热带海域沿岸的浅海

　　海草是一种单子叶植物，全球已知海草的种类有70多种，我国现有22种。海草生活在热带和温带海域的浅水中。

形态

　　海草的根系特别发达，能与浅海中的沉积物紧密结合，不仅可以稳定沉积物，还可以过滤海水中的悬浮物，提高海水的透明度，抵御风浪对海岸的侵蚀。海草的叶子中含有通气的空隙或气道，有助于叶子漂浮在水面上，便于与外界进行气体交换，叶表皮含有叶绿体，可进行光合作用。

海草的花非常小，多为淡白色，着生在叶簇的基部，很难被观察到。花粉可释放到海水中，随着海水的流动进行传粉。

作用

海草场普遍存在于世界上的浅海水域，是一种具有极高生产力的海洋生态系统。它通过光合作用吸收大量的二氧化碳，释放氧气到海水中，可以增加海水中的氧气含量，改善鱼类等海洋动物的生存环境。

更重要的是，海草还是很多海洋生物的重要食物和栖息地，那些经济价值非常高的水生动物的育苗场所，通常都在海草生长茂盛的地方。

随着对海草研究的不断深入，人们发现海草与我们人类的生活息息相关。首先，海草含有丰富的营养元素，已经在渔业生产中得到了应用。其次，晒干后的海草具有抗腐蚀和保温耐用的特点，常被加工为编织、隔音及保温材料；在我国北方地区，沿海的渔民常将海草作为建造屋顶的材料，其保温和防雨的效果非常好。

保护

虽然海草的作用很多，但自然环境的变化和人为的破坏也严重威胁到海草的生长，所以我们要增强保护海草的意识，建立海草床资源保护区。让海草资源成为一种旅游资源，既保护了环境，也发展了旅游经济。

知识"爆料"馆

⭐ 常见的海草有哪些？ ⭐

常见的海草有大叶藻、海神草和海菖蒲，它们都是多年生草本植物，多生于近岸边浅海中，既可有效抵御风浪对近岸底质的侵蚀，也为海洋动物提供了栖息的场所和食物来源。

可做屋顶的大叶藻

植物名片		
名　　称	大叶藻	
科　　属	眼子菜科，大叶藻属	
习　　性	大叶藻为潮下带的种类，可向潮间带延伸一定范围	
分布区域	广布于太平洋及北大西洋地区，北达北极圈	

　　大叶藻，又名鳗草，为眼子菜科大叶藻属的一种分布很广的海草，太平洋及北大西洋地区的欧亚、北非、北美沿海，南至北纬35°左右，北至北极圈内，均有分布。

　　在中国，大叶藻主要分布于辽宁、河北、山东沿海，多生于近岸边浅海中。

形态特征

大叶藻的根茎匍匐，营养枝短，生殖枝长，叶子呈丝带状，叶片组织疏松，空隙很多，具有通气的作用。

它的根状茎十分发达，可以向水平方向延伸，新的植株可以从这种根状茎上长出来。通常很多棵大叶藻的茎紧密连在一起，可以牢固地固着在海底。

大叶藻种子存在三种休眠类型，即生理休眠、形态休眠和环境休眠（物理休眠）。水温、雨水以及光照条件均能影响它的种子的休眠状态。

现状保护

由于常年滥采乱挖，用作园林观赏，再加上生存环境遭到破坏，大叶藻野生种群面积急剧减少。因此，大叶藻海草床在世界范围内出现严重退化，且退化速率加快。大叶藻海草床的退化消失将直接影响近岸生态系统的不稳定性或脆弱性，因此大叶藻海草床的保护与修复备受关注。

生态作用

大叶藻可以完全生活在水下环境中，它发达的根状茎能够稳定海底的沉积物、底泥以及抵御风浪对海岸的侵蚀。另外，大叶藻也可以对悬浮在海水中的物体进行吸附清理，能够有效改善水质，提高水体的透明度。

在海洋生态系统中，大叶藻能够进行光合作用，把太阳能转化为可供利用的有机物储存起来，为海洋的各种生物提供食物来源。大叶藻床生态环境良好，很多海洋动物会选择在这里栖息和繁殖。

用大叶藻搭建的屋顶具有冬暖夏凉、百年不腐的特点。我国胶东半岛的居民就有用大叶藻做屋顶的习惯，这是当地民居的一大特色。

知识"爆料"馆

☆ 什么是多年生草本? ☆

多年生草本指能存活两年以上的草本植物。有些植物的地下部分为多年生，如宿根或根茎、鳞茎、块根等器官，而地上部分每年死亡，待第二年春又从地下部分长出新枝，开花结实，如藕、洋葱、芋、甘薯、大丽菊等；另外，还有一些植物的地上和地下部分都为多年生，经开花、结实后，地上部分仍不枯死，并能多次结实，如万年青、麦门冬等。

"胎生"的红树植物

植物名片		
名　　称	红树
科　　属	红树科，红树属
习　　性	根系发达，能在海水中生长
分布区域	生长在热带、亚热带海岸潮间带

红树是热带、亚热带植物，常绿灌木至小乔木，它生长于陆地与海洋交界带的滩涂浅滩，常形成群落，即红树林，是陆地向海洋过渡的特殊生态系统。

分类

红树的名字源于红树科植物体内含有的一种特殊化学物质，这种化学物质在空气中氧化后会使树的枝干呈现红褐色。

　　红树植物，即热带沿海海岸红树林植物群落中所有木本植物的总称。国际红树林组织根据红树植物的生育类型，把红树植物分为真红树植物、半红树植物、红树伴生植物。真红树植物是只出现在河口潮间带的木本植物，具有为适应环境而演化出的气生根和胎生现象，常见的真红树植物有红海榄、红树、木榄、海莲、海桑等。半红树植物是指既能在潮间带生长，也能延伸到陆地的植物，比较常见的半红树植物有玉蕊、黄槿和海杧果等。红树伴生植物多为草本植物、蔓藤植物和灌木，常见的有马鞍藤、冬青菊、苦林盘等。

特殊的根系

红树植物拥有密集而发达的根系，它不仅能抵抗盐分，还可以从海水中吸收养分。一般可以将其根分为支持根和呼吸根两大类。呼吸根由主干和较低的分枝长出，向下生长，进入泥土后长成支持根，可以进行呼吸并起到支持作用。与支持根不同，呼吸根外表有粗大的皮孔，内部有海绵状的通气组织，可以满足红树植物对空气的需求。

可以排盐的叶片

红树植物的叶子与其他植物的叶子不同，它的叶子比较硬，表面具有很厚的蜡质表皮和反光结构，所以体内的水分不易被蒸发掉。另外，它的叶片中还有一种特殊的结构——排盐腺，它可以把多余的盐分从体内排出，以调节组织中的盐分。

胎生现象

红树植物最奇妙的特征是"胎生"，很多红树植物的种子在还没有离开母体的时候就已经在果实中萌发了，最后形成具胚芽和根的胎生苗。这些幼苗挂在枝条上，可以从母株中吸取养分。幼苗发育到一定程度后脱离母树，掉落到海滩的淤泥中，掉落几小时后就能在淤泥中扎根，逐渐生长成为幼树。那些掉落下来却未能顺利插入泥中的幼苗，由于细胞间隙比较大，能漂浮在水面上，甚至随着洋流在大海上漂流数月，最后在离母树几千千米外的海岸扎根生长。

环境意义

红树林在净化海水、防风消浪、固碳储碳、保护生物多样性等方面发挥着重要作用，有"海岸卫士""海洋绿肺"的美誉，不仅能改良热带沿海动物的生存环境，而且对海防的意义也很大。我国的红树林分布在广东、广西、海南、福建、浙江等省区。

知识"爆料"馆

⭐ 中国红树林自然保护地的分布 ⭐

2019年红树林专项调查结果显示，中国有红树林分布的自然保护地共52处（不包括港澳台），包括自然保护区、湿地公园、海洋特别保护区等类型。在这些保护地中，红树林面积为15 944公顷，占中国红树林总面积的55%以上。从保护级别看，国家级自然保护地内的红树林有9800公顷，占中国红树林总面积的34%；地方级自然保护地内的红树林有6144公顷，占中国红树林总面积的21%。

第五章

海洋植物的价值

海洋植物的生态价值

海洋植物对生态系统的物质循环和能量流动有重要的作用，其自身的生理活动也会对周围的环境产生巨大影响。

海洋动物的食物来源

海藻是海洋植物的主要组成部分，它们的生长也受到海洋环境的限制。相对于整个海洋空间，它们仅占有极小的一部分，但是它们通过光合作用产生的有机物为海洋中各种各样的动物提供了充足的食物来源，被形象地称为海洋世界的"肥沃草原"。

调节大气中二氧化碳的循环

　　海洋植物在全球二氧化碳循环过程中可以起到调节的作用。海藻可以通过光合作用把海水中的二氧化碳转化为氧气，增加海水中的溶氧，满足海洋动物和海洋微生物对氧气的需求。如果海洋植物大面积减少，它们吸收二氧化碳的能力就会相应下降，那么海洋动物产生的大量二氧化碳就会被释放到空气中，使大气中的二氧化碳含量增加。

　　大气中二氧化碳的含量增加会加剧温室效应，使地表与低层大气温度增高，进而导致冰川融化，海平面上升，这样一些海拔较低的陆地就会被海水淹没，原有的生物群落也会因此而发生很大的变化。

知识"爆料"馆

⭐ 生态系统中的碳循环 ⭐

碳在生态系统中主要以二氧化碳的形式进行循环。绿色植物在光合作用下吸收二氧化碳合成有机物，一部分有机物又通过植物的呼吸作用被消耗掉，这部分有机物中的碳被转化为二氧化碳释放到空气中。那些没有被植物通过呼吸作用消耗掉的有机物，通过食物链进入其他生物体内，再通过这些生物的呼吸作用和分解作用产生二氧化碳释放到大气中。

海洋植物的经济价值

海洋植物种类多、分布广，与我们的生产和生活有着密切的关系。它们不仅可以为人类提供绿色食品、工业原料、农业肥料，还是制造药物的重要原料，在国民经济中占有重要地位。

在各行业中的应用

海藻有重要的食用和药用价值。紫菜、海带、裙带菜等都可以被加工成美味的食品。海藻富含多糖、纤维素、生物活性碘、天然色素等，还具有药用价值。另外，大型海藻既可以为鱼类、贝类等海洋动物提供饵料，也可以为它们提供产卵和栖息的优良场所。海藻死亡后沉入海底，可以形成肥沃的海底淤泥。海藻在纸张、纤维板、建筑材料、滤过剂、磨光剂等的生产中也有广泛应用。海藻工业广阔的发展前景，吸引了众多的科研机构和开发公司加入其中，现在无论是微藻的生产还是大型海藻的加工利用，都处于蓬勃发展之中。

我国的经济藻类

我们通常把那些具有开发利用价值的海藻称为经济藻类。据统计，我国的经济藻类有 100 多种，目前用于工业生产的主要为褐藻、绿藻、红藻等。

褐藻具有十分广泛的用途，它可以作为生产食物、燃料、肥料以及其他产品的原料。用褐藻生产出来的褐藻胶，在工业上有广泛的用途。我国常见的褐藻除了海带、裙带菜、巨藻之外，还有马尾藻、鹿角菜、海蒿子、海黍子、羊栖菜等。

红藻除可食用外，也可以作为医学及纺织、食品等工业的原料。我国常见的红藻有红毛藻属、紫菜属、石花菜属等。

绿藻繁育快，产量高，含有蛋白质、糖类和多种维生素，具有很高的经济价值。如石莼、礁膜、浒苔等，历来是沿海人民广为采捞的食用海藻，另外，我们还可以从绿藻中提取蛋白质、脂肪、叶绿素和维生素 B_2 等多种物质。

知识"爆料"馆

⭐ 多功能的海藻 ⭐

海藻对人体有多种功效，能够降血压、降低人体内的胆固醇，还可以为人体补充多种矿物质。海藻中含有丰富的碘，且易被人体吸收，通过食用海藻补碘，可以治疗甲状腺肿大等疾病。另外，海藻中含有大量的褐藻酸，能将重金属离子清除出体外。

责任编辑　刘　杨
特约策划　世纪朝旭
封面设计　陈玉军

走进海洋世界，揭开深海的神秘面纱，
领略海洋生物的多样有趣，发现海洋资源的丰富宝贵，
知晓海洋灾害的巨大威力，树立开发和保护海洋的正确观念。

探索神秘的
海洋世界

《探索神秘的海洋世界》生动地向孩子们介绍了海洋动物、海洋植物、海洋奇观、海洋之谜、海洋资源、海洋灾害、海洋的开发与保护等多方面的海洋知识。内容全面，知识丰富，条理明晰，图文并茂，多角度、多视点地为孩子们揭秘海洋深处的奇妙世界，激发孩子探索海洋世界的无限乐趣，让孩子从小了解海洋生物，知晓宝贵的海洋资源，认识到保护海洋的重要性。

上架建议：科普读物

ISBN 978-7-5719-2149-1

9 787571 921491 >

定价:138.00元(全8册)

EXPLORE

探索神秘的

海洋世界

惊人的海洋奇观

畅游奇幻的海洋世界
一览深海的壮阔与惊奇

司洁◎主编

黑龙江科学技术出版社
HEILONGJIANG SCIENCE AND TECHNOLOGY PRESS

EXPLORE 探索神秘的
海洋世界
惊人的海洋奇观

司洁◎主编

黑龙江科学技术出版社
HEILONGJIANG SCIENCE AND TECHNOLOGY PRESS

图书在版编目（ＣＩＰ）数据

惊人的海洋奇观 / 司洁主编 . -- 哈尔滨 ： 黑龙江
科学技术出版社，2024.1
（探索神秘的海洋世界）
ISBN 978-7-5719-2149-1

Ⅰ . ①惊… Ⅱ . ①司… Ⅲ . ①海底—少儿读物 Ⅳ .
① P737. 2-49

中国国家版本馆 CIP 数据核字 (2023) 第 193394 号

探索神秘的海洋世界　　惊人的海洋奇观
TANSUO SHENMI DE HAIYANG SHIJIE　JINGREN DE HAIYANG QIGUAN

司洁　主编

项目总监	薛方闻
策划编辑	沈福威　顾天歌
责任编辑	刘　杨
插　　画	文贤阁
排　　版	文贤阁
出　　版	黑龙江科学技术出版社
	地址：哈尔滨市南岗区公安街 70-2 号　邮编：150007
	电话：（0451）53642106　传真：（0451）53642143
	网址：www.lkcbs.cn
发　　行	新华书店
印　　刷	三河市南阳印刷有限公司
开　　本	880 mm×1230 mm 1/32
印　　张	3
字　　数	48 千字
版　　次	2024 年 1 月第 1 版
印　　次	2024 年 1 月第 1 次印刷
书　　号	ISBN 978-7-5719-2149-1
定　　价	138. 00 元（全 8 册）

海洋是浩瀚的，我们站在海边远望，看不到边际；海洋是神秘的，海洋中有许多人类没有涉足的区域；海洋也是丰富多彩的，五光十色的海洋生物营造出一个美丽的世界。我们的生活离不开海洋，海洋为我们提供了丰富的食物、种类繁多的矿产。没有海洋，世界商品的运输将会受阻，各国间的贸易成本将会大大提升；没有海洋，我们吃不到美味的海鲜，也不能享受漫步海滩的浪漫。

人类对于海洋的探索，从来都没有停止过。从郑和下西洋到哥伦布发现新大陆，从新航路的开辟到世界海洋贸易的繁荣，从低效的海洋渔业到充满科技元素的海水养殖，从对海洋的一无所知到如今发达的海洋科技，我们对神秘海洋的探索仍在继续。孩子们对

海洋是不是也充满了好奇？我们精心编写的这套《探索神秘的海洋世界》，描绘了美丽的蓝色海域，介绍了生动有趣的海洋动物和海洋植物，让孩子们通过本套书领略奇妙的海洋景观，揭开神秘的海洋之谜，懂得海洋资源的宝贵，知晓海洋灾害带给人类的危害，最终树立开发和保护海洋的正确观念。

　　本套书能够满足孩子们对知识的渴望，培养孩子们的求知欲，提高孩子们的学习兴趣。希望本套书引领更多的孩子走向科学，让他们在开阔视野的同时，也能放飞梦想。

目录

第一章 大海与海峡奇观

第二章 海岛奇观

第三章 海岸奇观

第四章 海底奇观

大海与海峡奇观

珊瑚遍布的珊瑚海

珊瑚海位于太平洋西南部海域，因有大量珊瑚礁而得名，它是世界面积最大的海，非常适合珊瑚虫生长，每年都有大量珊瑚虫在这里繁殖，形成了众多的珊瑚礁。我们能看到的只是珊瑚礁的一小部分，大部分礁石隐没在水下。辽阔的海面上，散落着许多五彩斑斓的岛礁，构成了一片绮丽秀美的热带风光。世界上最大的三个珊瑚礁群——大堡礁、塔古拉堡礁和新喀里多尼亚堡礁都位于这里，其中以大堡礁最为著名。

大堡礁

　　大堡礁位于澳大利亚东北部，如同一条漂在海上的长丝带，长约 2000 千米，最宽处可达 240 千米，面积约 20.7 万平方千米。这里的 500 多个珊瑚岛，如同夜空中的星斗，点缀在 900 多平方千米的海面上，像一座座巍峨雄壮的城堡，守卫着澳大利亚的东北海防。

　　大堡礁的礁石上布满了海藻和软体动物，退潮时露出海面，五光十色，意趣盎然；涨潮时被海水淹没，浪花飞舞。岩礁上还生长着椰子、香蕉、木瓜等树木，翻滚的海浪还带来了各种贝类、小鱼、小虾。这里既像是一座巨大的水生博物馆，又像是一个生机盎然的水中花园。

各种各样的珊瑚

珊瑚海中有各种各样的珊瑚。珊瑚是珊瑚虫的外壳，由珊瑚虫的分泌物构成。珊瑚虫是海洋里的一种低级动物，一块珊瑚上往往聚集了成千上万个珊瑚虫。珊瑚色彩鲜艳，绚丽夺目，被称为"海底之花"。珊瑚礁由造礁珊瑚的石灰质遗骸和钙藻、贝壳等长期聚结而成，其中白色珊瑚礁最为常见。

知识"爆料"馆

★ 不是所有的珊瑚都能造礁 ★

不是所有的珊瑚都能造礁。造礁需要石灰质的参与，像石珊瑚、鹿角珊瑚、多枝蔷薇珊瑚等体内含有石灰质的珊瑚才能形成珊瑚礁。除了石灰质，造礁还需要虫黄藻的参与，珊瑚虫体内的虫黄藻是一种个头很小的单细胞藻，它在阳光下通过光合作用把氮、磷、钾变成有机物，为珊瑚虫的生长提供营养，使得珊瑚生机勃勃，光彩夺目。当环境变得阴冷，虫黄藻会因无法存活而逃走，珊瑚失去营养的供应，很快便会黯然失色，衰竭而死。珊瑚海至今还留有数量众多的珊瑚礁，这说明之前这里不仅有大量的造礁珊瑚，还有生长繁殖旺盛的虫黄藻。正是它们的完美合作，才使得今天的珊瑚海如此多姿多彩、生机勃勃。

与北冰洋相通的白令海

白令海位于太平洋最北端，海区呈三角形，北以白令海峡与北冰洋相通，南与太平洋相连。它将亚洲大陆（西伯利亚东北部）与北美洲大陆（阿拉斯加）分隔开，是典型的太平洋北部边缘海。

水温北低南高

白令海位于太平洋的北部边缘，并与北冰洋相通，海水在太平洋与北冰洋之间交换，使得白令海的海面水温北低南高。连接两个大洋的白令海峡水深仅有 30 ~ 50

米，削弱了太平洋与北冰洋的深层水的交换，使得表层水温的差异更加明显。水温的南北差异与气流的活动结合起来，使得白令海表层水的物理变化极为剧烈。

气候

白令海气候非常寒冷，海面上风暴频发，并且多浮冰。尤其在北部，冬季冰层厚达 1～2 米，因此白令海成为世界上航海最艰难的海域之一。9月份开始形成海冰，次年1月份结冰范围最大时可以达到200米等深线处，一直到最南的达布里斯托尔湾和堪察加近岸。到5月份时，海冰开始融化。

水产资源

白令海上栖息着数量众多的海鸟，也是世界上大叶藻产量最高的海域之一。白令海孕育着丰富的海洋生物。鱼类达 300 多种，鲑鱼、比目鱼、绿鳕、海胆等是渔民们最主要的捕捞对象。此外，这里还有海狗、海狸等捕捞价值很高的珍贵品种。大洋表层丰富的营养盐类，为浮游生物的生长繁殖提供了良好的条件，现已发现的浮游生物有 160 多种。另外，海底还蕴藏着丰富的石油、天然气、金矿和锡矿。所以白令海隐藏着无限潜力，有待人类的进一步开发。

知识"爆料"馆

⭐ 白令海的洋流 ⭐

白令海的表层流为气旋型环流。温暖的太平洋水通过阿留申群岛之间的各个海峡进入白令海，形成多个洋流，这些洋流构成了白令海的气旋型环流。在白令海峡的西侧，有时还会出现极地洋流向南流去。白令海表层的气旋型环流夏季强冬季弱，冬季在偏北大风的作用下，流入白令海的太平洋水势力逐渐减弱，极地流几乎遍及白令海峡和白令海区的西北部。

有"洋中之海"之称的马尾藻海

马尾藻海位于北大西洋环流中心的广大海区，是一个"洋中之海"，没有与大陆连接的部分。它的西边，宽阔的海域阻隔着它与北美大陆的连接，另外三面都是广阔的洋面，所以它是世界上唯一在大洋内部却被命名为"海"的水域。

透明的海

马尾藻海上漂浮着大量的藻类植物——马尾藻，马尾藻直接从海水中摄取养分，先分裂成片，再各自独立生长，蔓延开来。厚厚的一层马尾藻铺在无边无际的大海上，如同一片绿茫茫的海上草原。马尾藻海一年四季风平浪静，洋流微弱，各层海水几乎不对流，因此，浅水层的营养物质更新极慢，使得靠此为生的浮游生物很难在这里生存，以浮游生物为食的大型鱼类和海兽也几乎绝迹。

此外，马尾藻海是世界上公认的最清澈的海，海水透明度极高。海水像蓝水晶一样剔透，透明度达66.5米，个别海区可达72米。在晴朗的天气里，把相机底片放在1083米深处，底片仍然可以感光。马尾藻海中生活着一些独特的鱼类，如飞鱼、旗鱼、马林鱼、箭鱼、海龙、海马、马尾藻鱼等。它们大多以海藻为宿主，善于伪装、变色，外表变化得同海藻相似。其中最奇妙的是马尾藻鱼，它的色泽同马尾藻一样，一旦遇到天敌，就会吞下大量海水，使得身躯膨胀变大，以此威慑对方。它的眼睛可以变色，胸前有一对鳍，这对灵活得像手一样的胸鳍能抓住海藻。

死亡之海

在马尾藻海中，有一个形状如等边三角形的巨大海域，每边长约2000千米，一端在百慕大群岛，另外两端分别在佛罗里达海峡和波多黎各岛附近，被称作"百慕大三角"。在这个三角海区中，行驶的船舶和空中的飞机经常莫名消失。北大西洋环流夜以继日地奔流着，像一堵旋转着的墙壁阻隔着马尾藻海，使得马尾藻海的海水几乎静止不动，成为一个与世隔绝的世外桃源。马尾藻海看似平静，实则隐藏着可怕的危机。

知识"爆料"馆

⭐ 马尾藻海为什么被称为"魔藻之海"？⭐

　　风光绮丽的马尾藻海为何会有如此恐怖的名字？自古以来，误入这片海的船只大多不能平安驶离。在古代，行船驶入这片海域后，会被马尾藻死死地缠住，挣脱不开，只能在原地打转，船上的人大多因淡水和食品用尽而死。于是，人们把这片海域称为"魔藻之海"。

被半岛环抱的内海 —— 渤海

渤海位于中国大陆东部北端，它是我国纬度位置最北的一个海域，面积也不大，总面积 7.72 万平方千米。另外，它的海水深度比较浅，平均深度约 18 米。

笔架山

在台河口西边约 70 千米的地方，有相距 2.5 千米的大、小两座笔架山，其因形似笔架而得名。从海岸到笔架山有一条路，俗称"天桥"。"天桥"由潮汐冲击而成，

随着潮汐的涨落而时隐时现，景观绝妙，引人入胜。涨潮时，海水从两边向"天桥"夹击而来，海水深达3米多，可以载舟行船，撒网捕鱼。落潮时，海水慢慢地向两边退去，沙石带便像一条腾升的蛟龙从海水中浮现出来，直通笔架山，游人可沿此路登岛上山。

鲅鱼圈

鲅鱼圈位于辽宁省营口市南部。此地盛产鲅鱼，清代康熙年间渔民开始在此地打鱼，后逐渐聚居，形成村落，故得名鲅鱼圈。鲅鱼圈一带气候温和，三面环山，一面临海，山环水抱，相映成趣。月牙湾海滨浴场有20千米长的海岸线，沙白水蓝，是国内少见的"金沙滩"之一，犹如深邃夜空中的一弯新月，镶嵌在青山碧水之间，是集海、山、泉、林于一体的旅游胜地。

双台子河口自然保护区

双台子河口自然保护区位于辽宁省中部盘锦市，占地800平方千米，丰富的营养物质为野生动植物的繁育提供了良好的生态环境。双台子河口是珍禽丹顶鹤最南端的自然繁殖地，还是珍禽黑嘴鸥在全球最大的繁殖地。

河口生长着84万亩的沼泽芦苇，是世界最大的芦苇群落，景色优美独特。除此之外，辽宁碱蓬、灰碱蓬经海水浸泡后形成的红海滩，风景如画，美不胜收。绝美的景致让此地赢得了"渤海金环上的明珠"的美称。

知识"爆料"馆

⭐ 渤海的海市蜃楼 ⭐

海市蜃楼又称蜃景，古人认为是海中的巨兽——蜃吐气形成的。其实，海市蜃楼是一种光学现象，是远方景物的光线经过多层大气时，由于其密度、分布等连续发生异常，从而发生层层折射，出现在原本看不到这些景物的人的眼中，显得奇异至极。

海市蜃楼出现需要很多苛刻的条件，可遇而不可求。在渤海与黄海的分界线处的山东半岛上，有一个蓬莱角，上面坐落着名胜古迹蓬莱阁。在蓬莱阁以北的海面上，偶尔就会出现海市蜃楼，古人称之为"登州海市"或"渤海海市"，有幸目睹的人都有置身仙境的奇幻感受。

破纪录的"雾窟"——黄海

黄海位于我国与朝鲜半岛之间，是太平洋西部的一个半封闭边缘海。黄海因它的大片水域水呈土黄色而得名，因为黄河水注入黄海长达七八百年之久，黄海近岸的海水也就被黄河水中的泥沙染成了黄色。国际上通常沿用中国的称呼，也把这片海域称为黄海。

破纪录的"雾窟"

冬、春季和夏初，黄海沿岸多海雾，尤以 7 月最多。黄海西部成山角至小麦岛，北部大鹿岛到大连，东部从鸭绿江口、江华湾到济州岛附近沿岸海域为多雾区。黄海年均雾日为 83 天，最多一年达 96 天，最长连续雾日达 27 天，有"雾窟"之称。这与其气候有关，这里平均气温 1 月最低，为 –2 ~ 6℃，8 月最高，为 25 ~ 27℃，南北温差达 8℃。黄海年平均降水量南部约 1000 毫米，北部为 500 毫米；6 ~ 8 月为雨季，降水量可占全年的一半。

温跃层与盐跃层

　　黄海是中国近海温跃层最强而盐跃层最弱的区域。温跃层主要是由不同性质的水系叠置形成的跃层，也称"第一类跃层"。而盐跃层则主要是由两种不同来源的水团叠置形成的，也称"第二类跃层"。黄海的温跃层在 4 ~ 5 月份开始普遍出现，会在 11 月份基本消失。强温跃层区位于北黄海中部和青岛外海，温跃层强度为每米 2 ~ 3℃。强盐跃层区出现在长江冲淡水区和鸭绿江口外，中心值盐度每米为 0.5 左右。

知识"爆料"馆

★ 黄海的水团 ★

　　黄海中央水团分布在黄海中央水下洼地区域，其南端可进入东海。它是由进入大陆架浅海的外海水与沿岸水混合后，在当地水文气象条件的影响下形成的混合水团。

　　南黄海高盐水团也称黄海暖流水，位于黄海东南部，由流入黄海的对马暖流高盐水与黄海中央水团混合形成。冬季，呈现为高温高盐特征。夏季，由于混合水团上层中央水的扩展，上层消失，下层仍然位于黄海的东南部，保持着冬季的特征。

世界第三大陆缘海——南海

南海位于中国南部，南接大巽他群岛的加里曼丹岛，东邻菲律宾群岛，西面是中南半岛和马来半岛，是太平洋西部的边缘海，中国三大边缘海之一。南海海域辽阔，面积358.91万平方千米，海水平均深度1212米，最深可达5567米。

海底地貌

南海的海底地貌类型齐全，既有宽广的大陆架，又有较陡的大陆坡和辽阔的中央海盆，形成了复杂崎岖的海底地形。若穿行于南海的海底，会感觉像在翻越一座座山岭。海底地势西北高，东部和中部低。中央海盆位于南海中部偏东，形状呈扁菱形。大陆架沿大陆边缘和岛弧分别以不同的坡度倾向海盆中，其中北部和南部面积最广。在中央海盆和周围大陆架之间是陡峭的大陆坡，南海海盆处在长期的地壳变化之中。

"最深""最大"两顶桂冠

南海是中国近海中最深、面积最大的海，面积约等于中国的渤海、黄海和东海总和的3倍，也是仅次于珊瑚海和阿拉伯海的世界第三大陆缘海。南海的曾母暗沙是中国领土最南点，距中国大陆达 2000 千米以上，比广州到北京的路程还远。南海也是我国最深的海区。

知识"爆料"馆

★ 南海中的"郑和船队" ★

从 1405 年到 1433 年，伟大的航海家郑和奉明朝皇帝之命，先后七次率领庞大的船队从南京出发，入东海、下南海、穿越印度洋，最远到达了红海，一路拜访了 30 多个国家和地区，促进了中外经济、文化的交流。

为了纪念郑和下西洋的壮举，南海的一系列岛礁沙洲都与郑和船队相关。例如，郑和群礁、永乐群岛（永乐是支持郑和下西洋的明成祖朱棣的年号）、景宏岛（以与郑和一同领导船队的航海家王景弘的名字命名）、道明群礁（以支持郑和的三佛齐王梁道明的名字命名）、杨信沙洲（杨信是奉明成祖之命召梁道明到明朝进贡的使者）等，还有以郑和船队中的船只命名的宝船海丘、战船海丘和水船海丘等。

世界第一大暖流的发源地 —— 墨西哥湾

墨西哥湾，位于美国、墨西哥和古巴之间，是北美洲东南边缘大西洋的附属海，是世界第一大暖流的发源地。受地理位置和气候条件等因素的影响，墨西哥湾地区经常遭到飓风的侵袭，这些飓风风力强劲，风速可达每小时两百多千米，严重影响了当地人民的生产生活。

气候

墨西哥湾位于热带、亚热带地区，纬度较低，获得光照多，所以温度较高，在 8 月份表层水温可达 28℃ 以上。汇聚了大西洋暖水和加勒比海暖流形成的墨西哥湾暖流，使得墨西哥湾的水温通常高于周边海域的水温。高温使得海域上空形成一个低压区，在气压梯度力的作用下，冷、热空气向低压区汇集，密度差异大的冷空气和热空气在地转偏向力的作用下形成气旋。气旋逐渐发展成热带风暴，最终形成台风或飓风。

潮汐

墨西哥湾位于热带和亚热带，高温多雨，降水量多。墨西哥湾的潮汐是每天一涨一落的全日潮，潮差一般很小。在台风季节，台风使潮水陡升成为风暴潮，高达5米的水位严重威胁了沿岸洼地，风暴潮多发于湾北岸。

佛罗里达半岛

墨西哥湾的佛罗里达半岛，南北长600多千米，东西长200千米。西班牙人惊叹于半岛上盛开的绚丽多彩的鲜花，便将其命名为"佛罗里达"，这个名字在西班牙语中的意思是"鲜花"。这里是美国最温暖的地方，冬季最冷时也有15℃，是避寒和游览的胜地。

温暖的气候

墨西哥湾冬无严寒，一部分北赤道洋流和南赤道洋流以及被信风驱赶来的大西洋暖水都汇聚到墨西哥湾，加勒比海暖流穿过尤卡坦海峡流入墨西哥湾中形成顺时针洋流，使湾内水位比附近海面高得多，形成了墨西哥湾暖流。墨西哥湾暖流是世界第一大暖流，它的热水水量是世界其他河流总量的 120 倍。据估计，此湾流每年向西欧、北欧海岸输送的热量，每千米相当于燃烧 600 万吨煤炭释放的热量，因而西欧、北欧地区的气候变得温暖湿润。

科学研究的价值

墨西哥湾似乎成了一个巨大的自然实验室。20 世纪以前科学家几乎没有对墨西哥湾进行过科学研究，但之

后，因为墨西哥湾有多样的海洋动植物和动态变化的沿岸沙滩，很多地方如得克萨斯州、路易斯安那州和佛罗里达州建立了重要的海洋研究中心；由于墨西哥湾有着丰富的石油储量，地球物理学家和地震学家对墨西哥湾大陆棚的地层进行了更深入的研究；飓风与其他热带风暴的频繁发生，也使这里成为众多气象学家关注的焦点。

知识"爆料"馆

☀ 什么是飓风？☀

　　飓风严重威胁人们的生命财产安全，对民生、农业、工业等造成极大的冲击，是一种影响较大、危害严重的自然灾害。那么，什么是飓风呢？大西洋和东太平洋地区将强大而深厚（最大风速达 32.7 米 / 秒，风力为 12 级以上）的热带气旋称为飓风，也泛指风力达 12 级的任何大风。飓风中心有一个风眼，风眼越小，破坏力越大。飓风和台风都属于北半球的热带气旋，只不过因为它们产生在不同的海域，所以才被不同国家的人赋予了不同的称谓。一般来说，在大西洋上生成的热带气旋被称作飓风，而在太平洋上生成的热带气旋被称作台风。

连接欧亚非的 "水上走廊" ——曼德海峡

曼德海峡位于亚洲阿拉伯半岛西南端和非洲大陆之间，被称为连接欧亚非三大洲的"水上走廊"。曼德海峡呈西北—东南走向，连接印度洋的亚丁湾和红海，是从大西洋进入地中海，穿过苏伊士运河、红海通印度洋的必经之地。曼德海峡在阿拉伯语中的意思为"泪之门"。

"泪之门"

曼德海峡之所以叫"泪之门"，是因为这片水域自古以来就有很多舟覆人亡的惨剧发生。数量众多的暗礁，加上强劲的风力，使航行至此的船只常常因触礁而沉没。再加上惊涛骇浪拍击在海岸上发出骇人的声音，叫人不寒而栗，海峡也由此得名。

丕林岛

　　曼德海峡入口处有几个小岛，其中比较大的是丕林岛。曼德海峡被丕林岛分为小峡和大峡两部分。小峡在东边，水道宽 3.2 千米，深 30 米，是从红海出入印度洋的主要航道；大峡在西边，因为暗礁险滩多，所以不便通航。此外，人们把丕林岛周围海域叫作"死亡之海"，因为靠着非洲大陆海岸的岛和暗礁给船舰通航造成了很大的阻碍。曼德海峡周边的国家地处热带，高温少雨，属于热带沙漠气候，地形多为高原，大部分土地为沙漠和半沙漠所覆盖，是世界上最暖的热带海域之一。

丕林岛是海峡的天然良港。曼德海峡因为礁多滩险、海岸陡直，所以两岸优良港口比较少，因此位于峡口上的丕林岛发挥着重要作用，是重要的船只燃料补给站和海底电缆中继站，岛上还建有飞机场，是军事要地。在海峡外有亚丁湾和吉布提港两个港口。也门共和国的亚丁湾，是世界上规模较大的加油港；吉布提共和国的首都吉布提，是东非最大的现代化港口之一。"吉布提"在阿拉伯语中是"我的锅"的意思，源于地形形似一口锅。这里地处火山口，地壳不稳固，因此这里的楼最高只有两层。

知识"爆料"馆

⭐ 海峡是什么？ ⭐

海峡是指两块陆地之间连接两个海或洋的狭窄水道。这里的海水不仅很深，而且水流较急，底质多为坚硬的岩石或沙砾。一般是海上交通要道、航运枢纽。海峡内的海水温度、盐度、水色、透明度等变化较大。

地中海的通道 —— 直布罗陀海峡

直布罗陀海峡在西班牙最南端和摩洛哥最北端之间，是沟通地中海与大西洋的唯一通道，是世界海上船舰往来最繁忙的海区之一。

传说与奇景

相传，古希腊哲学家柏拉图的著作《对话录》中记载的神秘的亚特兰蒂斯就位于今天的直布罗陀海峡一带。法国地理学家科林那·吉亚德经过研究约 1.9 万年前人类从欧洲到北非的迁移史，认为在亚特兰蒂斯存在时期，直布罗陀海峡的陆地是高于海平面的，而亚特兰蒂斯大陆就位于今天西班牙的安达鲁西亚与摩洛哥之间。

直布罗陀海峡还有大量奇景。1804 年，摩洛哥一个小麦仓库被来自北非的一股龙卷风卷上天，在西班牙南部降下一场"小麦雨"；曾有龙卷风在直布罗陀海峡引起近千米高的水柱。

名胜古迹

直布罗陀是个典型的南欧城市，城里有历史遗迹，有古代城堡，还有大教堂和修道院。直布罗陀半岛南端有一条仅能通过一辆汽车的海堤。这里气候温暖，阳光充足。天朗气清之时，海峡犹如一泓平如镜面的池水，波澜不惊。游客可在水上泛舟游览沿岸风光，尽享幽美秀丽的海峡景观。在直布罗陀海峡北岸，除直布罗陀港外，还有阿尔赫西拉斯港，在南岸则有位于西口的丹吉尔港。南、北港口的两个灯塔，犹如海峡的一对眼睛，隔峡相望，夜以继日地守望着海峡，见证着海峡的历史变迁。阿尔赫西拉斯港，扼直布罗陀海峡北岸，地处大西洋与地中海之间的要冲，地理位置十分重要，是西班牙最大的集装箱港口和原油进口港。

丹吉尔是摩洛哥北部古城，为腓尼基人所建。隔直布罗陀海峡与西班牙相望，扼大西洋入地中海的要道。在漫长的历史中，这座古城留有不少名胜古迹。城中有早期的苏丹王宫，宫中的御座大厅和豪华客厅，迄今保存完整，具有珍贵的历史文化价值；有举世闻名的西迪·布阿比德清真寺，寺顶用彩陶砌盖，明艳绮丽，宏伟壮观，极具艺术价值。丹吉尔还有一条首饰街，各式各样的金银首饰炫彩夺目，令人眼花缭乱。

知识"爆料"馆

⭐ 直布罗陀海峡的军事意义 ⭐

直布罗陀海峡具有重要的军事意义，自古就是兵家必争之地。直布罗陀海峡是美国海军第六舰队和北约其余各国海军进出地中海的要道。西班牙罗塔海军基地是美国地中海舰队的根据地，美军可借此随时控制和封锁直布罗陀海峡。直布罗陀海峡也是俄罗斯黑海舰队出入大西洋的必经之地。英国在直布罗陀修建了海军和空军基地，其中包括一条军民两用机场跑道，还有一条35千米长的隧道，储藏了大量武器弹药。

第二章

海岛奇观

四季朦胧的法罗群岛

法罗群岛位于挪威海和北大西洋中间，在挪威西方约 602 千米、苏格兰西北方约 310 千米处。它是丹麦王国的一个海外自治领域。法罗群岛面积 1399 平方千米，由 17 个有人岛和 1 个无人岛组成。

气候与地形

法罗群岛属于温带海洋性气候，冬季气候并不酷寒，1 月平均气温 3.49℃，夏季气温偏低，7 月平均气温 10.3℃；多雨雾天气，年均降水量 1500 毫米，全年雾日 200 多天。无蟾蜍和爬虫类动物，也无土生的陆地哺乳动物。野兔、鼠均为外来物种。不过，这里海鸟云集，具有很高的经济价值。此外，这里还生长着野草、苔藓和山地沼泽植物，给岛上带来了生机。由于岛上经常刮大风，天然树林不宜生长。

法罗群岛有曲折的海岸线和峡湾，海岸线全长 1117 千米，岛屿间激流汹涌。岛屿地质主要为火山岩，地面上覆盖着冰川堆石或泥炭土壤，地势高耸崎岖，有险陡的峭壁。

法罗群岛多山，冰斗、U 形谷发育，最高点为斯莱塔拉山，海拔 882 米，平均海拔 300 米。

高原

法罗群岛有着高纬度地区的气候特征，周边的北大西洋对气候有着重要影响，上一秒还阳光明媚，下一秒就迷雾重重。得益于北大西洋暖流，法罗群岛的全年气

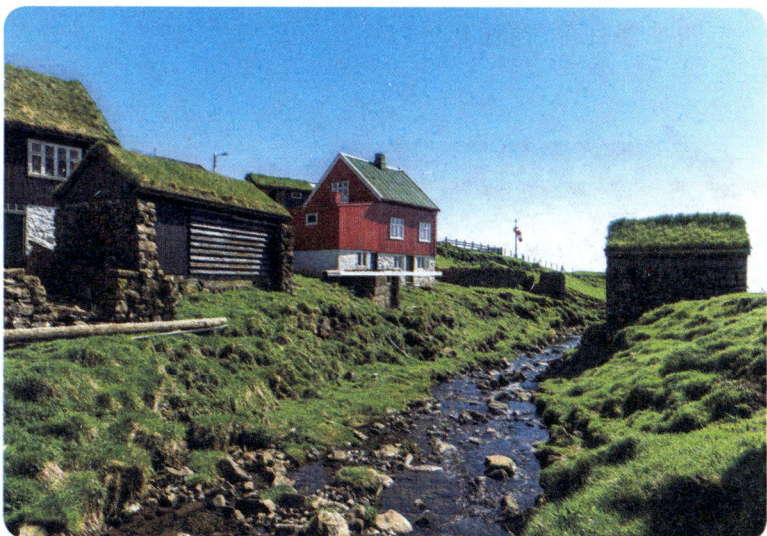

温为 3 ～ 11℃，港口及海域从不冻结；冬天的法罗群岛也会下雪，但很快便会融化。令人高兴的是，法罗群岛一年四季都有着清新的空气。

知识"爆料"馆

⭐ 法罗群岛主要由哪些岛屿组成？ ⭐

法罗群岛的主要岛屿有斯特勒姆岛、东岛、维格尔岛、南岛、桑岛和博罗伊岛，其中有一无人岛是小迪门岛。

并不寒冷的冰岛

冰岛位于大西洋北部，靠近北极圈，是欧洲第二大岛。8世纪末起，爱尔兰人和挪威人先后移民到冰岛。1918年独立，1944年冰岛共和国成立。

温湿的气候

由于冰岛地处北极附近，名字里又有个"冰"字，人们往往认为冰岛气候严寒。其实，冰岛并不寒冷。冰岛约有13%的土地被冰川覆盖，大小冰原和冰山有20多个。

冰岛冬暖夏凉，这是因为冰岛有200多座火山，是世界上火山最活跃的地区之一。冰岛最大的火山赫克拉火山，9个世纪中爆发了20多次，最长的一次长达13个月。白茫茫的冰川与烟火缭绕的火山交映，构成冰与火的绝妙风光。冰岛喷泉众多，有1000多个，遍布各处，其中最著名的是间歇喷泉，其喷水高度居冰岛各喷泉之首。

雷克雅未克

冰岛首都雷克雅未克，位于冰岛西南部的法赫萨湾。"雷克雅未克"在冰岛语中的意思为"冒烟的海湾"。首批来此的北欧人，将硫黄喷气孔和温泉喷发的水汽误认作烟，雷克雅未克便因此得名。受地热和温泉的影响，雷克雅未克天空湛蓝，市容整洁，几乎没有污染，故有"无烟城市"之称。雷克雅未克的建筑物大部分都围绕雷克雅未克湖而建。澄清的湖水倒映着小巧玲珑的建筑物，野禽在湖面上嬉戏，风景如画。在雷克雅未克东，有一个冰岛最大的风景区，即议会湖风景区，面积约80平方千米。这里湖水碧绿，群山环绕，别墅林立，瀑布飞泻，景致动人。著名的古议会会场就在附近的一条峡谷中。

阿库雷里

阿库雷里位于北极圈边缘，是冰岛的第二大城市，是一个终年不冻港。它背靠雪山，面临碧湖，被称为冰岛北部的"雅典"，是冰岛著名的渔业、工业中心。这里的植物园是地球最北的植物园，是冰岛有名的旅游区。园内花草树木达2000多种，因此，阿库雷里被誉为"北极圈边的花园城"。附近的米瓦登湖区色彩奇特，每年吸引了大量游客。米瓦登湖是冰岛第五大湖。湖中有丰富的鳟鱼和数以万计的野禽，还有奇形怪状的熔岩岛。在湖的周围，有冰岛最大的火山口，还有千奇百怪的熔岩林及温泉、热气田等，都是难得一见的景观。冰岛，冰与火完美地统一在一起，因而被称为"冰与火之岛"。

知识"爆料"馆

★ 冰岛为什么被称为"冰火之国"？ ★

冰岛上不光有冰，还有喷发的火山，有"极圈火岛"之称。冰岛共有火山200～300座，有40～50座活火山，主要的火山有拉基火山、华纳达尔斯火山、海克拉火山与卡特拉火山等。此外，冰岛温泉的数量居全世界之首，全岛约有250个碱性温泉，最大的温泉每秒可产生200升的泉水，冰与火交错的独特景观为冰岛赢得了"冰火之国"的称号。

世界最大的岛屿 ——格陵兰岛

格陵兰岛位于北美洲东北部，总面积216.61万平方千米，约等于4个法国或50个丹麦的面积，是世界上最大的岛屿。由于它疆域辽阔，在地理上形成了一个完全独立的区域，所以有人把它叫作格陵兰次大陆。

"格陵兰"在丹麦语中的意思为"绿色的土地"。据说，大约在1000年前，一些北欧的探险家驾船在北大西洋上航行时，在白茫茫的冰山中发现了一片绿色地带，不禁惊喜高呼："格陵兰！"这个称呼一直沿用至今。然而，"绿色土地"格陵兰实际上并不是一块绿土。

极地气候

格陵兰岛有80%的面积处在北极圈内，纬度高，终年严寒，冰冻和风暴频繁。冬季最冷时气温可达–50℃，北方气温则可达–70℃。雪山冰川把格陵兰岛装点成了一片银色世界。这里还有一种含有气泡的冰，人们称之为"万年冰"。这种冰可以作为冷饮，放在杯中会爆裂发出响声，是重要的出口物资。岛上有一狭长的无冰区，气候酷寒，干燥少雨，一片荒漠，有"北极撒哈拉"之称。西南沿海地带气候温暖，长满苔藓、地衣等苔原植物，遍地绿色；还生长着灌木丛和林地。这里夏季虽短，但也会呈现出一派生机勃勃的景象，各种鲜花争奇斗艳、候鸟群集、硕果飘香。想必当年就是因为此番景象，才引人发出了"格陵兰"的惊呼。

因纽特人

格陵兰岛的原住民是因纽特人，意思是"真实的人"。北美洲印第安人称他们为"爱斯基摩人"，意思是

"吃生肉的人"。他们常年生活在寒冷的环境里，皮肤较黑，身材矮小粗壮，性格爽朗，热情好客；在海岸边安家落户，主要靠猎捕海象、独角鲸等为生。

知识"爆料"馆

⭐ 格陵兰岛极昼、极夜的时间有多长？ ⭐

在北极圈以内，有一种很奇特的现象，那就是极昼和极夜。所谓极夜，就是一年中总有一段时间看不见太阳。另外，一些地区每年总有一段时间太阳不落下去，这就叫极昼。由于格陵兰岛处于北极圈内，所以格陵兰岛会出现极昼、极夜的现象。一年之中，格陵兰岛的极昼、极夜分别长达5个月。

"太阳燃烧的地方" ——斐济

斐济位于西南太平洋中心，由最古老的岛群组成。是太平洋中岛屿最多的国家之一，由330多个岛礁组成，其中106个岛有人居住，多为珊瑚礁环绕的火山岛，主要有维提岛和瓦努阿岛等。

瓦努阿岛

瓦努阿岛是斐济的第二大岛，面积5556平方千米。这里有山峰和峡谷，瀑布密布。多达20余处的热矿泉作为独特的景观装饰着岛屿，有的热矿泉的温度高达80℃，具有较高的医疗价值。当地人称此岛为"太阳燃烧的地方"。

斐济盛产蔗糖，因此被称为太平洋的"甜岛"。斐济是购物者的天堂，各国商品汇集此处，物美价廉，甚至本国生产出口再转卖到这里的东西，也比本国便宜。具有本土特色的手工制品，充满了浓浓的太平洋风情。

知识"爆料"馆

⭐ 斐济的宪法规定哪三种语言为官方语言？ ⭐

斐济的宪法规定了三种语言为官方语言，分别是英语、斐济语和印地语。英语是由英国殖民者带进来的，印地语是居住在斐济的印度族裔的主要语言，斐济语则是斐济本民族的语言。据斐济宪法规定，斐济公民有权利使用其中任何一种语言同政府机构沟通。

风景迷人的"花之岛" ——巴厘岛

巴厘岛，行政上被称为巴厘省，是印度尼西亚的一级行政区，也是旅游胜地。

美丽的花之岛

生性爱花的巴厘岛居民在岛上各处都种满了花，无论你走到哪里都像身处一片花海之中，因此，该岛赢得了"花之岛"的赞誉。岛上山地众多，全岛山脉贯穿。山脉地势东高西低，有四五座锥形的火山峰，其中阿贡火山（巴厘峰）是巴厘岛的最高点，海拔3142米，站在山顶便可俯瞰全岛风光，附近的巴都尔活火山曾在1963年喷发过。岛上最著名的三个海滩罗威那海滩、努萨杜瓦海滩和库塔海滩，海水清澈湛蓝，白沙细腻柔软，吸引着世界各地的游客。

旅游业的领头羊

巴厘岛是世界旅游胜地，也是印尼旅游业的领头羊，连续几年占印尼旅游收入的 45%，岛上 80% 的居民都从事旅游业。据统计，每年来巴厘岛的外国游客达 300 多万人次，酒店的入住率平均达到 90%。巴厘岛的外国游客在 2006 年前以澳大利亚、日本和欧美人为主，2006年以后，中国游客数量占据了外国游客总数的四分之一左右。

千寺之岛

巴厘岛居民多信奉印度教，但这里的印度教同印度本土的印度教不大相同，是印度教的教义和巴厘岛风俗习惯的结合，被称为巴厘印度教。

巴厘岛以庙宇建筑著名，教徒家里都设有家庙，家族组成的社区有神庙，村里有村庙，全岛有庙宇125 000多座。因此，该岛又有"千寺之岛"的美称。岛上有一座建于公元1世纪，用来祭祀海神的海神庙，海神庙建在海边的一块巨岩上。涨潮时，此庙四周环绕着海水，其与陆地连接的通道完全被淹没，只有等到落潮时才可以通行。巨岩下方岩壁的小穴中栖息着有毒的海蛇，据传寺庙和尚为避免寺庙毁于海浪的冲击，摘下腰带幻化成蛇，从此海蛇也成为寺庙的守护神，镇压风浪和阻挡其他入侵者。

知识"爆料"馆

⭐巴厘岛的历史文明⭐

10世纪时，印度文明经过爪哇岛传入巴厘岛，对巴厘岛的文学、艺术、社会组织和政治都产生了很大的影响。13世纪时，信奉印度教的爪哇人开始统治巴厘岛；1515年伊斯兰教势力入侵爪哇岛，导致大批印度教的僧侣、贵族、军人、工匠和艺术家逃亡巴厘岛。

太平洋上的"天堂岛"——瑙鲁

瑙鲁地处中太平洋，是密克罗尼西亚群岛中一个形状有点像椭圆形的、孤立的珊瑚礁岛，全岛面积 21.1 平方千米，水域面积 32 万平方千米。

风光旖旎的岛国

瑙鲁是一个风光旖旎的岛国，向来被称为"天堂岛"。其主要的旅游城市为亚伦，有湛蓝的大海、碧绿的椰林和洁白的沙滩，亚伦主要的旅游项目有深海垂钓、沙滩旅游和潜水。

瑙鲁最美丽的湖泊是布瓦达拉宫湖，是瑙鲁最知名的旅游景点。该岛东部的安尼巴惹湾，天空蔚蓝、海水清澈、沙滩柔软，为进行潜泳、冲浪等各种各样的水上活动提供了条件。

"鸟粪之岛"

瑙鲁全岛超过 85% 的面积都是峭壁上的台地，上面覆盖着由鸟粪淤积而成的磷酸盐岩。千万年间，有不计其数的海鸟飞到此岛，并将其作为栖息地，此岛也因此留存了许多鸟粪。年深日久，鸟粪发生了化学反应，变成了一层 10 米厚的肥沃养料，被人们称为"磷酸盐矿"。鸟粪堆积而成的磷酸盐层覆盖了 3/5 的土地。

磷酸盐即将枯竭

瑙鲁在 1968 年独立后就以富饶的磷酸盐产业为最重要的经济命脉。以前瑙鲁拥有非常丰富的磷酸盐矿资源，开采起来也很方便。全岛几乎到处都是厚厚的磷酸盐，只有西南部的布阿达湖周围除外，矿层厚 6～10 米，有的地方甚至达到了 15 米的厚度，并且矿石的品质很高，磷酸盐纯度达 84%，总储量大概有 1 亿吨，瑙鲁凭借这项优势成为世界重要的磷矿产地。可是经年累月的大力开采导致资源即将枯竭，产量迅速下降，现在不仅年产量仅有大概 4 万吨，品质也有所下降。

知识"爆料"馆

★ "没有首都的国家" ★

由于瑙鲁国土面积很小，有"无土之邦"的别称。正因为面积小，瑙鲁没有首都，仅仅将国土西南沿海的亚伦区设置为行政管理中心。亚伦有一家有 10 个床位的旅馆、1 家商店和 1 个邮局。亚伦人在丰厚工资和低生活消费环境的呵护下，生活十分悠闲，令其他太平洋岛国的人们甚为羡慕。

风景引人入胜的汤加群岛

汤加群岛位于太平洋西南部。汤加王国的领土就是整个汤加群岛。这里的人们以胖为美，男女都崇尚肥胖的体形，越胖越美，妇女最标致的身材是身体肥胖，脖子短粗，没有腰身。汤加人民至今保持着原始自然的生活方式，日出而作，日落而息，工业化程度低，没有机器产生的噪声和废料，环境宁静，空气清新，是世界上少有的没有污染的国家之一。

奇特风光

汤加群岛有着丰富的奇观异景，引人入胜。首先是海岸上千奇百怪的孔洞，因长期受海水侵蚀和冲击，孔洞曲折离奇，别具一格。浪涛拍岸时，海水穿过孔洞直冲云霄，飞到几十米的高空后转而直冲地面，在阳光的照耀下，五彩缤纷，绮丽夺目。有的洞内别有一番天地，景观离奇，如梦似幻，仿佛人间仙境。其次，汤加还有一些火山岛，风光独特。

火山岛

汤加著名的火山岛是托富阿岛，它的北部有一座面貌保存完整的活火山，这里也是汤加王国最高的地方。火山口积水成湖，湖水沸腾后会喷发形成热喷泉，热气四溢，水花飞溅。狂风暴雨之时，风暴掀起惊涛骇浪，翻滚的浪涛中跳动着燃烧的火苗，二者缠绕在一起，展现出难得一见的水火相融的奇特场面。

知识"爆料"馆

★汤加由哪些岛屿组成？★

汤加由汤加塔布、瓦瓦乌、哈派三大岛群和埃瓦、纽阿等小岛组成，共170多个岛屿，其中36个有人居住，但无河流。汤加塔布岛是汤加面积最大的岛，它是汤加群岛的主岛，也是汤加王国首都努库阿洛法的所在地。

天然的海洋公园——菲律宾图巴塔哈群礁

图巴塔哈群礁位于菲律宾西南部巴拉望岛普林塞萨港以东约180千米处，由两个珊瑚礁环和一个珊瑚台礁组成。图巴塔哈群礁面积为332平方千米，生物种类丰富，有超过1000种生物在此栖息，其中有许多种类已被确定为濒危生物。此岛是浑然天成的海洋公园。

鸟类的乐园

图巴塔哈群礁北部礁盘呈椭圆形，退潮时礁岛的一部分露出海面，高出海面1米左右，形成"鸟岛"。"鸟岛"上栖息着成千上万只各类水鸟，是棕色呆头鸟、赤足呆头鸟、普通燕鸥、乌黑色燕鸥和有顶饰燕鸥的聚居地。各地游客慕名而来，络绎不绝。在珊瑚礁沙滩上可以看到黑燕鸥和黑背燕鸥在这里安居筑巢，玳瑁龟、绿海龟在这里挖洞产卵。这里到处生长着马齿苋、狗尾草等植物，海水中的海藻众多，鱼类数不胜数，各种海洋景观令人眼花缭乱。

天然海洋公园

　　图巴塔哈群礁南部礁盘面积约 260 平方千米，生活着千姿百态、种类繁多的海洋生物，有蓝色醒目的长吻双盾尾鱼、闪着红色银光的银纹笛鲷鱼，还有海蛇，它们常常游到水面呼吸。此外，还有体长 1 米的大青鲨、

身上带有花纹的海豚，以及胸鳍长达 7 米，游泳时如同一张慢慢飞行的巨毯的蝠鲼。神秘奇异的海底世界让人心醉神迷，流连忘返。

知识"爆料"馆

★ 图巴塔哈群礁开发计划 ★

图巴塔哈群礁上并没有人定居，只有在捕鱼季节到来的时候，才有渔民到这里短暂休整，在岛上搭建临时帐篷。针对菲律宾对图巴塔哈群礁的开发和管理计划，联合国教科文组织也提出了如何通过长期治理来保护和利用图巴塔哈群礁资源的议题。

印度洋中的"小大陆" —— 马达加斯加岛

马达加斯加岛位于印度洋西南部，与非洲大陆之间隔着一条莫桑比克海峡，被称为印度洋中的"小大陆"。马达加斯加岛又称"红岛"，因其2/3的土地都为砖红壤和红壤所覆盖，土壤与河水都呈红色，从天空俯视，一片赭红。岛上土壤肥沃，含有大量火山灰，适宜耕种。东部的热带雨林，植被茂密，大树参天，是一个巨大的天然植物园，野生植物有六七千种，其中很多为当地所特有。

罗望子和旅人蕉

马达加斯加岛西部的热带草原中生长着一种有药用价值的植物——罗望子，其果实可以入药，具有清热解暑、消食化积的功效。

另外，还有一种极具实用和观赏双重价值的植物——旅人蕉。旅人蕉叶柄内贮存着大量清水，用小刀在其叶柄基部划开一个小口子，清水便喷涌而出，可解旅人之渴，旅人蕉因此而得名。旅人蕉叶子形如一个大扇子，造型飘逸奇异，所以经常被用来装饰庭院，颇具热带风情。此外，旅人蕉的叶子还可制成垫子，用作房屋的建盖。

其他动植物

马达加斯加岛上有 20 多万种动植物，有大壁虎等蜥蜴类动物和马岛灵猫、狐猴等特有品种。岛上的狐猴种类众多，占世界狐猴种类的 75%。树懒是宝贵的濒危物种。树懒被当地人叫作"哎哎"，因为它的叫声听起来像"哎哎"。马达加斯加是一个农业国，80% 以上的居民从事农业。岛上盛产咖啡，木薯是居民的主要食物，香草产量及出口量居世界第一。另外，岛上还生长着一种香料果子——华尼拉果，产量多，占世界总量的 80%。

知识"爆料"馆

★火山岩★

火山岩是岩浆经火山口喷出到地表后冷凝而成的喷出岩。喷出岩多具气孔、杏仁和流纹等构造，多呈玻璃质、隐晶质或斑状结构。与其他天然石材相比，火山岩性能优越，除具有普通石材的一般特点外，还具有自身的独特风格和特殊功能。比如，玄武岩与大理石等石材相比，具有低放射性，用它做室内装饰，更加安全舒适。

浪漫的度假胜地——马尔代夫群岛

马尔代夫群岛位于南亚的印度洋上，由 19 组珊瑚环礁的 1200 多个珊瑚岛屿组成。

星罗棋布的岛屿

马尔代夫群岛的 1000 多个岛屿纵列形成一条长长的礁岛群带。这些岛屿都是由古代海底火山喷发形成的，中央突起的成为沙丘，中央下陷的成为环状珊瑚礁圈。若搭乘飞机从空中俯瞰马尔代夫群岛，可看见一座座小岛如一圈圈花环装饰在广阔无际的海面上，星星点点，错落有致。

岛上绿意盎然，近岸的海水呈白色，从近岸到海的深处，海水逐渐由浅蓝变为湛蓝，铺陈开去。放眼望去，一座座绿岛犹如散落在海面上的翡翠，令人赏心悦目。

水上屋

水上屋就像一颗颗明珠散落在马尔代夫群岛附近的海面上。它的建造方式原始天然，别具一格。它的屋顶是由原生态的草制成的斜顶，屋体为木制，依靠钢筋或圆木柱固定在海面上。屋子距离海岸很近，通过木桥与岸边相连。有的水上屋没有与之相连的木桥，单独伫立在海面上，靠船只来往运输。索尼娃姬丽岛的水屋是世界上最奢华的水上建筑，由一位印度富商所建。坐在屋里，不用出门便能欣赏到色彩缤纷的热带鱼、绚丽多姿的珊瑚礁，还能聆听海鸟的鸣叫，岸边洁白剔透的沙滩和葱郁的椰树相映成趣，让人身心轻松，返璞归真。

满月岛

马尔代夫群岛中的蜜月胜地是满月岛。岛上生长着种类繁多的鲜花，五彩缤纷，争奇斗艳。无论是躺在屋前的沙滩上沐浴阳光，还是下海游泳冲浪，都能扫除一身的疲惫，放松身心，在碧海蓝天下尽情享受悠闲时光。

难以应对的威胁

不幸的是，现今马尔代夫群岛面临着被海水淹没的威胁，温室效应使得全球气温逐渐升高，加速了极地冰川的融化，从而导致海平面上升，马尔代夫群岛中有80%的岛屿是珊瑚礁岛，平均海拔不足1米。因此，可以说马尔代夫群岛所剩时日不多。在2004年的南亚大海啸中，马尔代夫群岛一度有2/3的面积被淹没。

知识"爆料"馆

★图瓦卢的厄运★

图瓦卢是南太平洋中一个由9个珊瑚环礁组成的国家，全国国土的平均海拔为1.5米。图瓦卢人民每天都能深切地感受到全球变暖对他们的生存造成的威胁。近20年来，海水不断侵蚀着这些由珊瑚礁形成的海岛，时间久了，土地变得满目疮痍，盐碱化的土壤无法培育粮食和蔬菜。尽管图瓦卢政府试图采取一系列措施，想要改变这一现状，但迫于无奈，最终不得不宣布放弃。

南海"蓬莱岛"
——广西涠洲岛

涠洲岛是由火山喷发堆凝而成的岛屿，它位于广西壮族自治区北海市北部湾海域中部，95%以上的地层是火山岩，有海蚀、海积及熔岩等景观，是中国最大、地质年龄最年轻的火山岛，也是广西最大的海岛。

石螺口海滩

石螺口海滩位于涠洲岛西部石螺口，是涠洲岛著名的观光景点。这里海水清澈，洁净细软的沙滩上混有五彩贝壳，蓝天白云之下浪花翻滚，海面上帆影点点，沿岸火山岩与海蚀岩丰富奇异。戴着斗笠织网的渔民、水中嬉戏的儿童、戴着墨镜享受日光浴的游客，与自然构成了一幅美妙和谐的风景画。

滚烫的月牙形翡翠

润洲岛南部地势高峻险奇，北部地势开阔平缓，由火山喷发堆积和珊瑚沉积形成。南面是南湾港，由古代火山口形成。港口呈圆椅形，东、北、西三面环山，东西环抱，犹如一只横卧于海上的巨大螃蟹。从高空俯瞰，涠洲岛像一枚月牙形的翡翠漂浮在广阔的海面上。涠洲岛终年气候温和，无酷暑和严寒，年平均气温为 23℃，年平均降水量 1863 毫米。涠洲岛风景绮丽秀美，被渺渺水烟笼罩。岛上植被茂密，海蚀、海积地貌千奇百怪，海水湛蓝碧透，珊瑚五光十色，还有千姿百态的火山熔岩，涠洲岛素有南海"蓬莱岛"之称。

知识"爆料"馆

⭐ 我国的火山岛有哪些？ ⭐

火山岛是由海底火山喷发物质（熔岩、火山灰等）堆积而成的。台湾海峡中的澎湖列岛（花屿等几个岛屿除外）是以群岛形式存在的火山岛。台湾岛东部陆坡的绿岛、兰屿、龟山岛及北部的彭佳屿、棉花屿、花瓶屿等岛屿，渤海海峡的大黑山岛，西沙群岛中的高尖石岛等都是孤立于海中的火山岛。

超脱凡尘的世外桃源 ——长岛

长岛，位于山东半岛和辽东半岛之间的渤海海峡，由 30 多个岛屿组成，海岸线长 142 千米，陆地面积 57 平方千米。长岛又名庙岛群岛，古有蓬莱、方丈、瀛洲海上"三神山"之称。据史书记载，秦始皇、汉武帝都曾不辞辛劳，跋山涉水来到此地，向神山祈求长生不老。许多文学作品都把这里写成虚幻缥缈、超脱凡尘的世外桃源，瑰丽的想象、奇幻的神话，为长岛涂抹了一层神秘色彩。

岛礁众多

珍珠门，宽约 1000 米，深约 20 米，矗立于波涛激流中高峻的山头上。三面环水，陡峭如削。九丈崖位于北长山岛西大山北侧，西临珍珠门。崖高 60 多米，若刀砍斧劈一般，嵯峨壮观。崖底礁石密布，如凳如床，形状各异。夏季到此野营，清凉幽静，甚是惬意。

　　长山列岛共有 10 个岛，南五岛和北五岛，10 个岛相邻，东、北、西诸岛围成一个很大的半圆；南面稍远，正好是古登州一带的海岸，天然形成一个阔大的海上塘湾。绿水碧波的中心是庙岛，庙岛在宋代被称为沙门岛，当时是犯人的流放地，此塘因此得名庙岛塘。如今，来到岛上的人，无不感到这里风景秀丽，别有情趣。你可以搭坐一艘小船，航行在碧海蓝波之上，感受着蓝天、海风的惬意；你也可以在海边赶海，体验收获海蛤、香螺等海鲜的快乐。

　　岛上的海礁千奇百怪，引人入胜。弥陀礁上窄下宽，酷似一座规整的巨型石碑；南隍城岛东口外一石形如老僧，令人叹为观止。有一座 3 米高的礁石孤立在西北深海中，酷似一个香炉。长岛盛产美石，其中盆景石深受文人雅客们的喜爱；砣矶砚石，可制作书法爱好者珍视的"金星雪浪砚"，还有月牙湾那满滩的美妙球石等。

候鸟中转站

黑山岛鸟类成群，是我国候鸟迁徙重要的中转站。经过此地的候鸟有丹顶鹤、天鹅、白鹤等珍禽，还有瑞典的东鸦、丹麦的云雀等 7 个国家的国鸟。长岛于 1984 年修建了一座候鸟馆用来观测鸟类，进行科学研究。馆里陈列的候鸟标本达数百种。

知识"爆料"馆

★ 海上"三神山" ★

《史记·秦始皇本纪》载："齐人徐市等上书，言海中有三神山，名曰蓬莱、方丈、瀛洲，仙人居之。"自此，"三神山"的说法登上了历史舞台，成为无数古人向往的世外桃源。后来，无数文人发挥想象，对"三神山"和山上仙人的生活进行刻画。但是，人们始终没有找到这三座神山。

根据相关传说推测，最有可能是"三神山"原型的就是长岛，这个美丽的群岛也不负"人间仙境"之名，值得去游览一番。

中国最大的近海渔场——浙江舟山群岛

舟山群岛位于浙江省东北部、长江口以南，隶属于浙江省舟山市，是中国沿海最大的群岛，古称"海中洲"。

中国第一大群岛

舟山群岛是我国沿海第一大群岛，岛礁众多，占我国海岛总数的20%，海域面积、陆域面积都很宽广。其中1平方千米以上的岛屿有58个，占该群岛总面积的96.9%。整个群岛呈北东走向。南部的岛海拔较高，排列密集；北部的岛地势较低，分布较散。主要岛屿有舟山岛、岱山岛、六横岛、普陀岛等，其中舟山岛最大，面积为469.3平方千米，为我国第四大岛。

胜地普陀山

普陀山即普陀岛，是舟山群岛中的一个小岛，南北狭长，面积约 12.76 平方千米，与九华山、峨眉山、五台山合称"中国佛教四大名山"，是全国最著名的观音道场、佛教圣地，其宗教活动可以追溯到秦朝。普陀山以山水秀美著称，岛上风光旖旎，洞幽岩奇，古刹林立，云雾缭绕，山海相连，充分彰显着大自然的绝美秀丽。

桃花岛

桃花岛位于现在的桃花镇，从宋朝至明朝洪武十九年（1386 年）属昌国县安期乡。桃花岛古称"白云山"。据说秦朝时，一个叫安期生的人因违抗圣旨逃至桃花岛，在此隐居，修道炼丹，他醉酒后将墨洒到了山石上，斑点晕染开来，形似桃花，故这里的石被称为"桃花石"，山被称为"桃花山"，岛被称为"桃花岛"。金庸先生所著《射雕英雄传》《神雕侠侣》中"东邪"黄药师所居住的小岛便以此岛为原型。

渔场

舟山渔场是中国最大的近海渔场，渔业资源丰富，与千岛渔场、纽芬兰渔场、秘鲁渔场齐名。四大渔产分别为大黄鱼、小黄鱼、带鱼和墨鱼。渔民习惯按各作业海域，把舟山渔场划分为大戢渔场、嵊山渔场、浪岗渔场、黄泽渔场、岱衢渔场、中街山渔场、洋鞍渔场和金塘渔场。

知识"爆料"馆

★ 普陀山的开山祖师 ★

公认的普陀山开山祖师是慧锷。相传，公元916年，日本僧人慧锷从五台山请得观音像乘船回国，船行至普陀莲花洋时，突然波涛汹涌，船不能行。慧锷认为这种现象表明观音不愿去日本，于是把观音像供奉在当地张姓居民家中。从此以后，普陀山便成了专门供奉观音的道场，慧锷也成了普陀山的开山祖师。

第三章

海岸奇观

水上运动的乐园——澳大利亚黄金海岸

黄金海岸位于澳大利亚东部海岸中段，布里斯班以南，由数十个美丽的沙滩组成，因沙滩为金色而得名，是度假胜地。

宜人的风景

黄金海岸属亚热带海洋气候，终年阳光普照，空气湿润，是澳大利亚的游乐胜地。这里一年四季都适宜旅游，但潜水的最好时间在每年的8月到次年1月，这段时间正值澳洲的夏季，明媚灿烂的阳光、连绵广阔的沙滩、清澈湛蓝的海水、郁郁葱葱的棕榈林，再加上在这里追逐嬉戏的游客，使得整个海岸呈现出一派生机勃勃、意趣盎然的景象。

旅游胜地

在黄金海岸，可以乘船欣赏沿岸美景，或是下海游泳嬉戏、打沙滩排球，也可以躺在沙滩上惬意地享受日光浴。宽广的水域使得这里可以举行滑水、滑翔、跳伞、帆船航行、冲浪、驾驶汽艇及滑浪风帆等各项水上运动，附近还有一流的购物中心，满足游客各种各样的购物需求，黄金海岸简直就是旅游者的人间天堂。

知识"爆料"馆

⭐ "黄金海岸"为什么被称为冲浪者的天堂？ ⭐

黄金海岸濒临太平洋，白沙细腻柔软，海水湛蓝透明，一望无际。其中连续海滩长达42千米，在42千米的转弯崖角处有一片礁石，层层的海浪从礁石崖头奔腾而过，汹涌澎湃，波澜壮阔，高度达2～3米。如果海上风浪兴起，更会掀起惊涛骇浪，声势浩大，景象壮观，令人惊叹，是冲浪者的乐园。

阳光明媚的海岸 —— 西班牙太阳海岸

太阳海岸位于西班牙南部的地中海沿岸，长200多千米，被誉为世界六大完美海滩之一，也是西班牙四大旅游区之一。

阳光充足

太阳海岸是欧洲最完整的海岸线，沿海地区有100多个海滩和许多城镇。这里气候温暖宜人，冬季平均气温达18℃，7、8月份的平均气温分别是20.9℃和24.4℃。蔚蓝的天空、清凉的海水、充裕的阳光，这些得天独厚的自然条件，每年吸引着无数游客前来休闲度假。

美食

太阳海岸有着各式各样的餐馆，世界各地的菜式应有尽有，花样繁多，令人目不暇接。游客可以根据自己

的需要，丰俭随意，尽情体验丰富多样的饮食文化。来到太阳海岸自然要品尝一下这里的鱼，此地有一道特色菜叫油炸面拖鱼，银鱼、红刀鱼、鱿鱼和青花鱼等都可以作为这道菜的食材；还有一道鲜烤沙丁鱼更是享有盛名。加里乌爱拉海滩是品尝这些美味佳肴的绝佳地点，来到这里，就会被林立的沙滩饭店包围，很难抵御美食的诱惑。

知识"爆料"馆

⭐ "太阳海岸"名称的由来 ⭐

太阳海岸以阳光明媚著称于世。这里气候温和，阳光充足，全年日照天数达 300 多天，故称"太阳海岸"。夏天，最高气温为 32 ～ 40℃，冬季最低气温为 14 ～ 16℃。

世界最佳旅游目的地 ——挪威峡湾

　　挪威以峡湾闻名，有"峡湾国家"之称。在挪威语中，"峡湾"的意思是"深入内陆的海湾"。挪威北海的海岸线以非常复杂的方式延伸到内陆，形成了峡湾。从北部的瓦伦格峡湾到南部的奥斯陆峡湾，蜿蜒曲折，连绵不绝。沿着峡湾有许多冰河遗迹，一同形成了壮美绮丽的峡湾风光。

挪威人以峡湾为荣，认为峡湾崎岖陡峭的自然风貌塑造着挪威人坚毅勇敢的性格，视峡湾为他们独特的精神象征。挪威峡湾景观原始秀美，集美景、生态、文化于一体，被《国家地理旅游者》杂志评选为保存完好的世界最佳旅游目的地，并被联合国教科文组织列入《世界遗产名录》。

峡湾动物

峡湾附近的居民也驯养家畜，多为马、牛和羊。壮阔静美的自然风光赋予了挪威人悠闲自在的性格特质，这里的动物也和挪威人一样喜爱独居，不喜群聚。它们各自划分出自己的领地，自由自在地吃着草，晒着太阳。

峡湾周围经常有熊、狼、鹿等野生动物出没，因此附近森林公路的交通标志上画有鹿和熊，以免司机不小心撞上出现在公路上的动物。

雨

挪威的雨的典型特征是不打雷也不刮风。8月，极圈里的极昼刚刚结束之时，挪威即进入夏季，白日变得漫长。早上4点太阳就升起，到晚上10点才会进入黑夜。此时的挪威几乎每天都会下一两场不打雷也不刮风的雨，雨水带来洁净，让这儿的森林和空气都焕然一新。雨水冲刷加上冰河融化，使峡湾中形成了许多瀑布。

知识"爆料"馆

⭐ 挪威四大峡湾 ⭐

在挪威的峡湾中，松恩峡湾、哈当厄尔峡湾、盖朗厄尔峡湾、吕瑟峡湾并称为挪威四大峡湾，是挪威众多的峡湾中名声最大且最具特色的。松恩峡湾，交通最便利，可乘挪威国铁的最高杰作——弗洛姆铁路的火车穿越瀑布，人气极高。哈当厄尔峡湾，是四大峡湾中最平缓、最具田园风光的峡湾。盖朗厄尔峡湾，地形变幻莫测，周边坐落着许多古老的小镇，吸引着全球的背包客。吕瑟峡湾，两岸600米的断崖从海面横空飞出，让人惊叹。

世界上最大的海湾 —— 孟加拉湾

孟加拉湾位于印度洋东北部，在缅甸与印度之间，西临印度半岛，东临印度海外领地安达曼群岛、尼科巴群岛，北临缅甸和孟加拉国，南在斯里兰卡至苏门达腊岛一线与印度洋本体相交，通过缅甸海的马六甲海峡与暹罗湾和中国南海相连。

地理与地形

孟加拉湾是世界上最大的海湾。孟加拉湾南部边界线长约 1609 千米，宽约 1600 千米，面积约 217.2 万平方千米，最大深度为 5258 米，总容积为 561.6 万立方千米。

近海有大量浮游生物，湾内有安达曼群岛。它的深海盆大致呈"U"形，深度达 4500 米。盆底有两个特征：北部有很直、长达 5000 千米的东经 90° 海脊，以及由陆架沉积物冲积而成的恒河三角洲。东经 90° 海脊的顶峰水深约为 213 米，其北端覆盖着的恒河三角洲沉积物可以顺着树枝状的沟渠（扇谷）移动到较远的深海盆。

热带风暴

孟加拉湾的热带风暴大多发生在南、北纬度 5°～25° 的热带海域。产生在西太平洋的叫台风，常常袭击菲律宾、中国、日本等国；产生在大西洋的叫飓风，常常袭击美国、墨西哥等国。每年 4～10 月，即当地夏季和夏秋之交，猛烈的风暴常常掀起巨大的海潮，海风呼啸，巨浪滔天，急速冲向恒河、布拉马普特拉河的河口，暴风骤雨往往会造成巨大的灾害。

知识"爆料"馆

孟加拉湾沿岸的七个国家分别是哪些？

孟加拉湾沿岸有七个国家，它们分别是斯里兰卡、印度、孟加拉国、缅甸、泰国、马来西亚和印度尼西亚。

第四章

海底奇观

自然天成的奇迹——海南博鳌玉带滩

博鳌玉带滩是位于海南博鳌自然形成的一个沙滩半岛，其地形狭长，全长 8.5 千米，地形地貌酷似澳大利亚的黄金海岸和墨西哥的坎昆，与外侧一望无际的南海，内侧水波荡漾的万泉河、沙美内海融为一体，相映成趣，构成了壮美秀丽的景观。

吉尼斯之最

博鳌玉带滩被上海大世界吉尼斯总部以"分隔海、河最狭窄的沙滩半岛"而认定为"吉尼斯之最"。博鳌玉带滩北部未经人工改造，游客能够领略到原始的自然风光。

圣公石

靠近博鳌玉带滩岸边的南海海水中，有一个由数十块黑黛色巨石垒成的岸礁，形状像鹅卵，突兀嶙峋，被称为"圣公石"。传说女娲补天时不慎遗落在凡间几颗砾石，石头通灵，最终选择了万泉河口这块地方。千百年来，物换星移，风吹浪打，它依然昂然挺胸，屹立不倒，和玉带滩相守相伴。

面对玉带滩的风光，我们只能赞叹大自然的神奇。千百年来，玉带滩不知经历过多少次河海的冲刷，一边是万泉河、九曲江、龙滚河三江出海，一边是南海的波翻浪涌，而细细长长的玉带滩，宛如一个气定神闲的少女静卧其中，我们不得不感叹只有大自然的鬼斧神工才能造就如此的奇迹。

知识"爆料"馆

★ 吉尼斯世界纪录 ★

　　吉尼斯世界纪录起源于英国，是受到全球认可的纪录认证的机构，其在中国的唯一授权机构为吉尼斯世界纪录咨询（北京）有限公司。1954 年，诺里斯·麦克沃特和罗斯·麦克沃特担任主编的首部《吉尼斯世界纪录大全》出版。《吉尼斯世界纪录大全》已在 100 多个国家以 40 多种语言累计售出超过 1.41 亿册。全球每年有超过 7.5 亿人次观看吉尼斯世界纪录的视频节目。

地球上最深的海沟 —— 马里亚纳海沟

马里亚纳海沟位于北纬 11° 20′，东经 142° 11.5′，处于菲律宾东北、马里亚纳群岛附近的太平洋底。马里亚纳海沟是地球平均深度最深的海沟，就像是地球最深的伤疤。这里水压高、极度黑暗、温度低、含氧量低、食物资源匮乏，是地球上环境最恶劣、最不适宜生存的区域之一。

世界的最深处

马里亚纳海沟全长约 2550 千米，最宽约 70 千米，为弧形，大部分水深在 8000 余米，其中斐查兹海渊深 11 034 米，是已探测到的地球的最深处。据估计，这条海沟形成已有 6000 万年，是太平洋底一系列海沟的一部分。马里亚纳海沟的沟深超过了世界最高峰珠穆朗玛峰的峰高。如果把珠穆朗玛峰搬至马里亚纳海沟的沟底，整个珠穆朗玛峰将会完全没入水中。科学家目前对深海情况的了解还少之又少，深海的复杂环境给深海奥秘的探测带来了许多挑战。

海沟深处生命的生存考验

对于马里亚纳海沟里的生物来说，最大的生存考验是海底深处巨大的水压。经过数次失败，日本海洋科技中心耗资 5000 万美元研制出"海沟"号水下机器人。历时三个半小时，这个机器人最终到达水深 10 903.3 米的斐查兹海渊底部。据图像显示，海底泥土上蠕动着一些白色的像海参的生物，旁边还游动着数条小鱼。此前，确认有鱼的最深水深是 8370 米，生活在如此深的水中，意味着这些生物时刻要承受巨大的压力。在如此大的压力下，坦克都会变形，这些生物竟能毫发无伤，自由游动，实在令人不可思议。

海沟深处有鱼类的奥秘

在深海的巨大水压下，这些生物之所以能存活，是因为它们进化出了独特的身体构造，以适应深海环境。深海鱼类的骨骼变得非常薄，而且容易弯曲；肌肉组织变得特别柔韧；纤维组织变得极其细密。更有趣的是，鱼皮组织仅仅是一层非常薄的膜，它能使鱼体内的生理组织充满水分，以平衡体内外的压力。因此，这些深海鱼类在如此巨大的水压下能活动自如也就不足为奇了。

知识"爆料"馆

⭐ 世界上最深的三个海沟 ⭐

世界上最深的三个海沟分别是马里亚纳海沟、汤加海沟、日本海沟。马里亚纳海沟最深处达 11 034 米，是已知的世界最深处。汤加海沟深度为 10 882 米，仅次于马里亚纳海沟，是世界已知第二低的地方。日本海沟最深点深度为 10 374 米，仅次于汤加海沟和马里亚纳海沟。

闻名遐迩的英吉利海峡隧道

英吉利海峡隧道是英国通往法国的一条铁路隧道，位于英国多佛尔港与法国加来之间。几个世纪以来，英吉利海峡如同一个天然屏障，抵御着来自欧洲大陆的军事入侵。在 2000 多年的历史中，除了被罗马人和威廉一世征服外，英国一直免于战火的侵袭，相当平稳安定，这正得益于由海峡造成的相对孤立，英国人也曾以这种"光荣的孤立"为自豪。

计划建设

英吉利海峡隧道的建造最早可以追溯到 19 世纪初。1802 年，法国首脑拿破仑和英国政治家开始探讨这一"伟大工程"。由于不久战争爆发，这项计划未能实施。19 世纪 80 年代初期，有几家私营公司开始着手隧道的挖掘工作。当英国的公司挖了一段后，有媒体大肆渲染隧道的建成会给英国带来军事上的威胁，英国政府迫于无奈只好取消这项计划。1973 年，英、法两国决定重启这项工程，后又由于英国陷入经济危机，这项计划再次搁浅。

正式动工

1987 年，英、法两国国家铁路局与欧洲共同体主导的海峡隧道工程终于正式动工。英、法两国分别从英国的福克斯通和法国的桑加特同时开钻。从海底两头共钻了 38 千米。1990 年 12 月 1 日，连接英国福克斯通和法国桑加特的 50 千米海峡隧道的辅助通道钻通了，自此英国和欧洲大陆紧密地连接起来。

隧道共有 3 条通道：辅助通道位于中央，直径为 4.8 米；两侧是行车通道，直径为 7.6 米。隧道的两端建造了规模宏大的客、货终点站。该工程的预算由 1986 年的 97.5 亿美元增加到 147 亿美元，导致当时提供资金的国际财团想要撤消投资，这在欧洲隧道公司和承包商之间引发了一番争论，最后几经波折，终于达成合作。

建成通车

1994 年 5 月 6 日，英吉利海峡隧道正式建成通车。从此，越过英吉利海峡只需要 35 分钟的车程，从伦敦到巴黎只需要 3 个小时。这条隧道全长 50.5 千米，海底部分长 37 千米，整个工程历时 6 年半，耗资高达 100 亿英镑，被称为人类工程史上的奇迹。

知识"爆料"馆

⭐ 海底隧道开凿的方法有哪些？ ⭐

海底隧道的开凿主要有 4 种工法：钻爆法、沉管法、掘进机法、盾构法。钻爆法用钻眼爆破方法开挖断面来修筑隧道。沉管法是在水底建筑隧道的一种施工方法。掘进机法是挖掘隧道、巷道及其他地下空间的一种方法。盾构法是暗挖法施工中的一种全机械化施工方法。

EXPLORE 探索神秘的

海洋世界

美丽的蓝色星球

司洁◎主编

黑龙江科学技术出版社

HEILONGJIANG SCIENCE AND TECHNOLOGY PRESS

图书在版编目（ＣＩＰ）数据

美丽的蓝色星球 / 司洁主编. -- 哈尔滨：黑龙江
科学技术出版社，2024.1
（探索神秘的海洋世界）
ISBN 978-7-5719-2149-1

Ⅰ．①美… Ⅱ．①司… Ⅲ．①海洋－少儿读物 Ⅳ.
① P7-49

中国国家版本馆 CIP 数据核字（2023）第 193390 号

探索神秘的海洋世界　　美丽的蓝色星球
TANSUO SHENMI DE HAIYANG SHIJIE　MEILI DE LANSE XINGQIU

司洁　主编

项目总监	薛方闻	
策划编辑	沈福威　顾天歌	
责任编辑	回　博	
插　画	文贤阁	
排　版	文贤阁	
出　版	黑龙江科学技术出版社	

　　　　　　地址：哈尔滨市南岗区公安街 70-2 号　邮编：150007
　　　　　　电话：（0451）53642106　传真：（0451）53642143
　　　　　　网址：www.lkcbs.cn

发　行	新华书店	
印　刷	三河市南阳印刷有限公司	
开　本	880 mm×1230 mm 1/32	
印　张	3	
字　数	48 千字	
版　次	2024 年 1 月第 1 版	
印　次	2024 年 1 月第 1 次印刷	
书　号	ISBN 978-7-5719-2149-1	
定　价	138.00 元（全 8 册）	

海洋是浩瀚的，我们站在海边远望，看不到边际；海洋是神秘的，海洋中有许多人类没有涉足的区域；海洋也是丰富多彩的，五光十色的海洋生物营造出一个美丽的世界。我们的生活离不开海洋，海洋为我们提供了丰富的食物、种类繁多的矿产。没有海洋，世界商品的运输将会受阻，各国间的贸易成本将会大大提升；没有海洋，我们吃不到美味的海鲜，也不能享受漫步海滩的浪漫。

人类对于海洋的探索，从来都没有停止过。从郑和下西洋到哥伦布发现新大陆，从新航路的开辟到世界海洋贸易的繁荣，从低效的海洋渔业到充满科技元素的海水养殖，从对海洋的一无所知到如今发达的海洋科技，我们对神秘海洋的探索仍在继续。孩子们对

海洋是不是也充满了好奇？我们精心编写的这套《探索神秘的海洋世界》，描绘了美丽的蓝色海域，介绍了生动有趣的海洋动物和海洋植物，让孩子们通过本套书领略奇妙的海洋景观，揭开神秘的海洋之谜，懂得海洋资源的宝贵，知晓海洋灾害带给人类的危害，最终树立开发和保护海洋的正确观念。

　　本套书能够满足孩子们对知识的渴望，培养孩子们的求知欲，提高孩子们的学习兴趣。希望本套书引领更多的孩子走向科学，让他们在开阔视野的同时，也能放飞梦想。

目录

第一章　认识蓝色星球

第二章　运动的海洋

第三章　海洋的构成

第四章 波澜壮阔的大洋

第五章 各色各样的大海

第六章 早期对海洋的探索及海洋科学

认识蓝色星球

海洋的形成

　　海洋是生命的摇篮，这里生活着成千上万种生物。从外太空看地球，你会惊奇地发现，呈现在你眼前的是一个蓝色的美丽星球，为什么是蓝色呢？这是因为海洋约占地球表面积的70.8%，而海洋又是蓝色的，所以你看到的地球的蓝色，其实是海洋的颜色。

海洋的形成过程

　　那么，海洋是什么时候形成的呢？大约46亿年前，地球诞生了，那时候地球的地壳还比较薄，地球内部汽化的水分与气体一起通过火山喷发等方式进入原始的大气中，形成了一层气水混合物；后来随着地球温度的慢慢降低，原始大气中的水汽形成了连续不断的暴雨，暴雨在地球上汇集，这样就形成了原始的海洋。

　　原始海洋的海水是酸性的，而且缺氧。后来，原始海洋中的水分不断蒸发，被蒸发的水分在空中变成雨水，降落到陆地上，然后，雨水汇集成河流，河流把岩石中的盐分一点点溶解，这样盐分就被带到了海洋里，日积月累，海洋的咸度就越来越高。最后，海水就变成了现在这样的"咸水"。

生命的诞生

原始海洋时期，大气中既没有氧气，也没有臭氧层，太阳射出的紫外线没有臭氧层的过滤直接照射到地面上，所以陆地上没有生物的存在。海水对紫外线有阻挡作用，所以，生物在海洋里最先诞生。大约在 38 亿年前，海洋里就出现了低等的单细胞生物。在古生代，海洋中出现了藻类植物，这些藻类植物能够利用阳光进行光合作用，产生氧气。产生的氧气进入大气中，最后形成了臭氧层，这时生物才开始慢慢地进化到陆地上生活，生物由水生到陆生，由简单到复杂，最终演变成了我们所生活的这个生机勃勃的世界。

知识"爆料"馆

⭐ 从有机小分子到原始生命 ⭐

原始大气中的甲烷、氨和氢等，在闪电的作用下产生了有机小分子。这些有机小分子在原始海洋的原始汤中，经过长期的积累和互相作用，形成有机高分子物质——原始蛋白质分子和核酸分子，进而演变成具有原始新陈代谢作用和能够进行繁殖的原始生命。

海洋的颜色

无论是在课本中，还是日常生活所接触到的媒体中，大海给我们的印象就是湛蓝的。事实上，海洋除了蓝色之外，还有其他的颜色，如"红海""白海""黑海""黄海"等。那么，你知道大海为什么会有不同颜色吗？

太阳光的影响

海洋的颜色受太阳光照射的影响。太阳光经过色散可以分解成红、橙、黄、绿、蓝、靛、紫7种颜色。这7种颜色的光的波长都不同，红、橙、黄这3种光的波长较长，具有很强的穿透力，易被水分子吸收；而蓝、紫和部分绿光的波长较短，穿透力较弱，遇到海水分子或其他微粒时会发生散射和反射，因为人眼对紫光不太敏感，感受到的主要是蓝色，所以我们就觉得海水是蓝色的。

其他因素的影响

海水的颜色除了受太阳光的影响，还受到天气、海水中的泥沙以及海洋生物的影响。在万里无云的晴天，我们看到的海洋是湛蓝色的；但是阴云密布时，海洋的颜色则是灰暗的。

如果海水中泥沙含量较多，那么海水就会呈黄色。比如，由于黄河水中携带大量的泥沙，所以在黄河水流入渤海后，就使得渤海海面呈现黄色。

此外，海洋生物也会影响海洋的颜色。比如，红海表面生长着一种叫"蓝绿海藻"的植物，这种植物死后呈现红褐色，使得海水看上去是红色的。

知识"爆料"馆

★ 海水的味道里为什么会有苦味？ ★

如果你去海边，尝尝海水的味道，就会发现海水的味道是咸的，还带有一点儿苦涩味。这是因为海水中除了钠离子和钾离子外，还存在一些钙离子，而钙的氯化物比钠、钾的氯化物更咸，也更苦。

第二章

运动的海洋

运动不息的洋流

我们看到的海洋并不是静止的，它一刻不停地运动着。其中，海水沿着一定方向常年做有规律的、具有相对稳定速度的大规模水平流动，叫作洋流或海流。它是海水的主要运动形式。另外，根据流动海水温度的高低，可以将洋流分为暖流和寒流。

影响洋流形成的因素

洋流的形成受盛行风、海水密度、地球偏转力、海陆分布等多种因素的影响。洋流之所以能无休无止地流动，盛行风起着主要作用。盛行风吹拂海面，使上层海水随风运动；上层海水带动下层海水，形成大规模的洋流。同时，洋流的形成还受海水密度的影响。我们知道冷水的密度比暖水高，密度高的冷水会下沉，密度较小的暖水会上升。这样，地球两极附近的冷水会下沉，流向水温比较高的赤道地区。抵达赤道后，这股水流上升，代替那些流向地球两极的暖水。另外，受地球自转的影响，南半球的洋流以逆时针方向流动，北半球则正好相反。还有，岛屿与大陆的海岸也会对洋流产生影响，可以改变洋流的方向，有时还会把洋流分成若干支流。

洋流产生的影响

　　洋流是一种大规模的海水运动现象，它对气候、海洋生物、航海事业和海洋污染等方面都有巨大的影响。暖流会对流经沿岸地区的气候起到增温、增湿的作用；

寒流则会对流经沿岸地区的气候起到降温、减湿的作用。另外，洋流是渔场形成的关键因素。比如，北海道渔场（日本）、北海渔场（英国）、纽芬兰渔场（加拿大）分布在寒暖流交汇处，秘鲁渔场则分布在上升补偿流处。这是因为洋流可以把营养盐类带到海洋表层，供海洋中的动植物食用。同时，在航海方面，船只根据洋流的方向，选择近岸顺风、顺水的航道，可以加快航行速度，节省航运时间和燃料等。

洋流对人类有有益的一面，也有有害的一面。比如，陆地上的许多污染物随江河流入大海，洋流会将这些污染物带到更远的地方，扩大了污染物污染的范围，给处理污染带来巨大困难。

知识"爆料"馆

★ 世界主要的洋流有哪些？ ★

世界主要的洋流有：北赤道暖流、南赤道暖流、日本暖流、北太平洋暖流、加利福尼亚寒流、阿拉斯加暖流、东澳大利亚暖流、西风漂流、秘鲁寒流、墨西哥暖流、北大西洋暖流、东格陵兰寒流、巴西暖流、本格拉寒流、马达加斯加暖流、西澳大利亚寒流等。

层层叠叠的海浪

暑假，我们总爱到海边去旅游，看到千层海浪拍打着岸边的岩石，冲刷着海滩，你想过海浪是怎么产生的吗？是什么让海浪永不停息地来来回回呢？

海浪的成因

无风不起浪，风是海浪产生的关键因素。我们常见的海浪都是由风引起的。风在吹拂海面时，与海面产生摩擦，把风能传递给了海水，因此形成了海浪。风力越强，吹拂海面的时间越长，海浪获取的能量就越多，海浪也就越大。除了风力以外，海底地震也能引起波浪，甚至形成灾害性的海啸，威力巨大，破坏性极强，给沿海地区的居民带来难以想象的灾难。此外，海洋中还有惯性波。所以，海洋也会"无风三尺浪"。

海浪的威力

海浪的威力巨大，海浪拍击海岸时，可以将几十吨的巨石抛到20多米高处，也能将万吨轮船推到岸上。在海洋中，无论多么大的船，都显得格外渺小。

英国苏格兰的威克港曾出现过一次大风暴，那时激起的巨浪将 1370 吨重的混凝土块移动了 10 多米；印度洋袭来的海浪曾将斯里兰卡海岸上的一座高 60 米的灯塔打坏。

涌浪

风浪

近岸浪

混合浪

知识"爆料"馆

⭐ 被称为"水下魔鬼"的海洋内波 ⭐

与我们平常看到的由风引起的海洋波浪不同，在海洋的内部，由于上下两层海水的密度分布不均匀，会产生海洋内波。这种波威力巨大，且不易被发现，对潜艇、石油钻探平台、海底输油管和海底电缆等设备都可能造成巨大伤害。因此，这种波被称为"水下魔鬼"。

汹涌澎湃的潮汐

如果你经常去海边，会发现一个很有规律的现象：海面总是在特定的时间上涨、降落，日复一日，年年如此。涨落的时间间隔总是固定的，几乎没有误差。对于这种奇特的现象，古人将白天的海水涨落称为潮，夜晚的海水涨落称为汐。那么，你知道"潮汐"是怎样形成的吗？

潮汐的成因

潮汐的形成与"地球—月亮—太阳"系统的吸引力有关。由于太阳距离地球比较远，所以潮汐主要是由月球的"引潮力"引起的。在每月农历初一和十五，太阳的引潮力和月亮的引潮力的方向在同一条直线上，因此海潮的涨落比平时要大很多。

月球是地球的卫星，它一刻不停地绕着地球运动。月球对海面有一个强大的吸引力，把海水引向自己，引起海水上涨。同时，地球也在不停地自转，当海水在背离月球的一面时，它因为受离心力的作用较大，也会上涨。在一天之内，地球上大部分的海面一次面向月球，一次背向月球，所以会在一天内出现两次海水的涨落。

潮汐的作用

潮汐与我们的生活息息相关，它不仅可供我们观赏，也能给我们带来丰富的海产品。比如，生活在海滨的居民，在潮水退去的时候，可以到海滩上去捡鱼虾、螃蟹和贝类等可食用的海洋生物。

另外，潮汐还可以用来发电，为人类提供清洁能源。我国海岸线漫长，潮汐能蕴藏量丰富，可以大规模地开发利用。潮汐能优于煤、石油等燃料，在供人类利用时，不会排出大量的废气和废物，污染极少。所以世界上有潮汐资源的国家都很重视对它的开发和利用。

知识"爆料"馆

★ 何为清洁能源？ ★

清洁能源，也叫绿色能源，是指不排放污染物、能够直接用于生产生活的能源。它包括核能和可再生能源。可再生能源，是指原材料可以再生的能源，如水能、风能、太阳能、生物能（沼气）、地热能（包括地源和水源）、潮汐能等。

第三章

海洋的构成

奇特的海底地形

我们在陆地上经常能看到各种各样的地形，如一望无际的平原、连绵起伏的高山、层层叠叠的丘陵等。其实，在海底，地形也是多种多样的，有高山、平原、峡谷。世界各大洋的洋底形态基本上都是由大陆架、大陆坡、洋盆和洋中脊（海底山脉）等几部分组成的。

大陆架

大陆架是大陆向海洋的自然延伸，坡度一般较缓，海水的深度一般在 200 米以内，也被称为大陆浅滩、陆棚。因为大陆架的海水较浅，所以阳光可以直射海底，海底饵料丰富，是很多海洋生物生活的理想场所。全世界的海洋渔场大部分都分布在大陆架海区。

另外，大陆架上有丰富的矿产资源，已发现的矿产有 20 多种，包括石油、煤、天然气、铜、铁等；其中，已探明的石油储量占整个地球石油储量的三分之一。

大陆坡　　　大陆架

陆地

大陆坡

　　大陆坡是大陆架到大洋洋底的过渡地带，宽度从几十千米到几百千米不等，分布在水深 200 ~ 2000 米的海底。因为大陆坡所在位置的水比较深，所以很少遭到破坏，基本保持了古大陆裂解时的原始形态。因为水较深，太阳光很难到达大陆坡，这里是一个黑暗的世界，也没有什么生物生活在这里，覆盖着的基本上是沙子和软泥。

岛弧

　　岛弧指分布在大陆边缘和洋盆的过渡地带，在大陆和洋盆之间呈弧形分布的群岛，又名"岛链""弧形列岛"，以西太平洋的岛弧最为典型。岛弧是大陆的天然屏障，其军事意义十分重要。

海沟

海洋最深的地方是海沟，它一般在岛弧的外缘。著名的马里亚纳海沟是地球上最深的海沟，最深处超过11000米。另外，海沟和岛弧往往是地球上地壳运动最活跃的地方，经常发生火山喷发和地震。

洋盆

在海洋的底部有许多低平的地带，周围是相对高一些的海底山脉，这种类似陆地上盆地的地形叫作洋盆，其深度为

4000 ~ 6000 米。这里地势平坦，地壳活动相对稳定，面积占整个海底面积的 45%。这里水温终年保持在 1 ~ 2℃，没有植物，却生活着一些奇形怪状的海生动物。

洋中脊

洋中脊，又称中央海岭，隆起于洋底中部，并贯穿各大洋，是地球上最长、最宽的环球性洋中山系。它全长约70000 千米，高出洋底 2 ~ 4 千米，有的露出海面成为岛屿。洋中脊比陆上最长的山脉——安第斯山脉要长得多，是世界上规模最大的环球山系。

知识"爆料"馆

⭐ 海洋侦测是什么？

海洋拥有丰富的生物、矿产等资源。开发海洋"蓝色国土"，拓展生存和发展空间，发展海洋经济，已上升为世界沿海各国的国家战略。海洋侦测工程与装备是进行海洋开发、控制、综合管理的基础。目前，用于海洋研究的传感器主要有海色传感器、声呐传感器、惯性传感器、红外传感器、微波高度计等。

辽阔的海岸

海岸是连接海水的陆地部分，是把陆地与海洋分开，同时又把陆地与海洋连接起来的海陆之间最亮丽的风景线。关于海岸的范围，有很多说法，自然地理领域包含海岸线和海岸带。

海岸线和海岸带

海洋表面与陆地表面的交界线，称为海岸线。由于受潮汐等因素的影响，海岸线是不断变动的。海岸带是指现代海、陆之间正在相互作用的地带，也就是每天受潮汐涨落影响的潮间带及其两侧一定范围的陆地和浅海的海陆过渡地带。

海岸的分类

　　海岸地貌类型千差万别，给分类造成了极大的困扰。目前，根据海岸组成物质的性质进行分类是常用的分类方式，据此可把海岸分为基岩海岸、砂质海岸、淤泥质海岸和生物海岸等。

　　基岩是被海浪冲击形成的海蚀岩台等海蚀地貌，它包括海蚀洞、海蚀拱桥、海蚀崖、海蚀平台和海蚀柱。它是海岸的主要类型之一。我国的基岩海岸多由花岗岩、玄武岩、石英岩、石灰岩等各种不同的山岩组成。基岩海岸的主要特征是岸线曲折、湾岬相间、岸坡陡峭、滩沙狭窄。

砂质海岸主要由砾石和沙粒堆积而成，海岸线比较平直，海滩比较宽，也比较长。其中，砾石主要是潮滩上下堆积的大量碎玉般的卵石块，形状大小不一，颜色各异。沙子通常是金色、银色的，是由山地、丘陵腹地发源的河流携带入海的，除在河口沉积形成拦门沙外，随海流扩散的漂沙在海湾里沉积成砂质海岸。

　　淤泥质海岸是指由粉砂和淤泥等细颗粒物质组成的坡度平缓的海岸，多分布在大平原的外缘，海岸修直，岸滩平缓微斜，潮滩极为宽广，有的可达数十千米。我国的淤泥质海岸可分为淤泥质河口三角洲海岸、淤泥质平原海岸、淤泥质港湾海岸三类。淤泥滩大多土质肥沃，是优良的滩涂养殖基地。渤海湾沿岸便以盛产肉嫩味美的毛蚶、西施舌等贝类驰名中外。同时，淤泥质海岸还

是晒盐的好地方，中国著名的塘沽盐场、苏北盐场等均位于淤泥质海岸地段。

生物海岸是热带和亚热带地区特有的海岸地貌类型，主要包括红树林海岸、珊瑚礁海岸等。其中珊瑚礁海岸是造礁珊瑚、有孔虫、石灰藻等生物残骸构成的海岸，依其特征可分为岸礁、堡礁和环礁。

红树林植物群落有很强的耐盐性，它的根系和树冠能减弱水流和波浪的能量，且有利于细颗粒泥沙积累，在其生长茂盛的地方，会形成特殊的红树林海岸堆积地貌。

知识"爆料"馆

⭐ 海岸线最长的 10 个国家 ⭐

海岸线的长短关系着一些国家的领土与领海面积以及建造优良港口的数量。世界上海岸线最长的 10 个国家分别是：加拿大、印度尼西亚、俄罗斯、菲律宾、日本、澳大利亚、挪威、美国、新西兰、中国。

星罗棋布的岛屿

在广阔的海洋里散布着数不清的岛屿，它们就像天上的星星一样多。到目前为止，全世界的海洋中究竟有多少个岛屿，还没有一个确切的统计数据。

岛屿是怎样形成的

魏格纳提出了大陆漂移学说。他认为：现在的各大洲在古生代是一个单一的大陆——泛大陆，只有一个古老的大洋环绕在泛大陆的周围。

　　在潮汐力和地球自转惯性的作用下，在大约1.8亿年前，泛大陆分为两大块，即劳亚古陆和冈瓦纳大陆。同时，古地中海和古加勒比海也开始形成。约1亿年前，非洲大陆和美洲大陆开始分裂，大西洋开始形成。接着，大洋洲、南极洲和亚洲分离，中间形成印度洋。

移动大陆的前沿遇到玄武岩质基底的阻挡，由于挤压产生褶皱而隆起为山脉，而大陆移动过程中脱落下来的"碎片"，则逐渐形成了岛屿。

岛屿的分类

海洋中的岛屿按成因可分为四类，即大陆岛、火山岛、珊瑚岛和冲积岛。

　　大陆岛的地质构造与邻近的大陆相似，原属大陆，后来由于地壳下沉或海水上升而从大陆中分离出来，成为独立的岛屿。火山岛和珊瑚岛都属于海洋岛。海洋岛是指地质构造与大陆完全不同，在海洋中能自行生成的岛屿。火山岛是指由海底火山喷发物质堆积，并露出海面而形成的岛屿。它的面积不大，坡度较陡，有的是单个火山形成的岛屿，如中国台湾省的黄尾屿；有的是群岛式的，如澎湖列岛。珊瑚岛是由海中的珊瑚虫遗骸堆筑而成的岛屿。冲积岛，又名沙岛，是陆地河流夹带泥沙汇入海中沉积而成的岛，结构松散，很不稳定。

知识"爆料"馆

★ 世界各国海岛的数量 ★

　　从已统计或估计的情况看，海岛数量最多的国家是挪威，其次是印度尼西亚。海岛在 1000 个以上的国家还有菲律宾、中国、芬兰、英国、古巴、日本、越南、韩国、希腊、马尔代夫等。

　　中国最大的海岛是台湾岛，其次是海南岛。另外，钓鱼岛、赤尾屿以及南海的 200 多座岛、礁、滩、暗沙都是中国领土不可分割的一部分。

第四章

波澜壮阔的大洋

面积最大的太平洋

太平洋位于亚洲、南北美洲、南极洲和大洋洲之间，北面通过白令海峡可以直通北冰洋，西南与印度洋相望，东南毗邻大西洋。太平洋的总面积约为1.8亿平方千米，约占世界海洋总面积的50%，占地球总面积的35%，平均深度为3970米，是世界第一大洋。

丰富的矿藏和渔业资源

太平洋拥有完整的海洋系统和用之不竭的海洋资源。

大陆架中蕴藏着极其丰富的矿产资源，如储量丰富的石油、天然气，还有锰、镍、钴、铜等矿产。太平洋浅海渔场面积占世界各大洋浅海渔场总面积的一半，中国、日本、秘鲁等国家分布着世界著名的渔场，为人类提供了丰富的海产资源。

重要的交通枢纽

太平洋中许多重要的海峡，如白令海峡、台湾海峡、马六甲海峡等，都是海上的咽喉地带。其中，马六甲海峡沟通太平洋与印度洋，白令海峡沟通太平洋与北冰洋，这些海峡形成了许多重要的国际航线和海上战略通道。

太平洋沿岸的主要港口城市有：新加坡、横滨、大阪、神户、上海、香港、马尼拉、悉尼、檀香山、旧金山、洛杉矶、新奥尔良、瓦尔帕莱索和巴拿马城等。

在太平洋的众多航线中，有3条主要的航线，它们分别是北太平洋航线、中太平洋航线和南太平洋航线。美国和加拿大西海岸港口的货物通过北太平洋航线经白令海峡可到达中、日等国；美国西海岸港口的货物可通过中太平洋航线经夏威夷群岛和关岛到达中、日和东南亚各地；南美洲西岸的货物通过南太平洋航线经新西兰和澳大利亚等国到达东南亚各地。

太平洋上便利的交通运输，方便了各国的进出口贸易，促进了各国经济的繁荣，使物美价廉的商品得以在太平洋沿岸的国家和地区流通。

多火山和地震带

太平洋，虽然名字叫"太平"，但它是一个灾害频发的区域。在其众多的海沟中，活火山达360多座，约占全世界活火山总数的85%。因为太平洋的周围都处在板块与板块交界的地方，所以这里分布着地球上最大的火山与地震带。

知识"爆料"馆

★ "太平洋"名称的由来 ★

葡萄牙的著名航海家麦哲伦曾率领船队横渡大西洋，在这个过程中，他们顶着惊涛骇浪，历尽艰辛，船队损失惨重。后来船队从南美越过关岛，来到菲律宾群岛。在这段航程中他们没有遇到过一次风浪，海面十分平静，于是他们把这片大洋称为"太平洋"。

神秘莫测的大西洋

大西洋位于非洲、欧洲、南北美洲和南极洲之间，北面与北冰洋分界，西临南北美洲，并与太平洋相通，东临非洲、欧洲，与印度洋相通。大西洋的洋面狭长，呈S形，以赤道为界分为北大西洋和南大西洋。大西洋东西两侧岸线大体平行。南部岸线平直，内海、海湾较少；北部岸线曲折，沿岸岛屿众多，海湾、内海、边缘海较多。大西洋为世界第二大洋。

岛屿、群岛与入海河流

大西洋的岛屿和群岛多为大陆岛，主要分布于大陆边缘，比较著名的岛屿和群岛有熊岛、格陵兰岛、冰岛、不列颠群岛、百慕大群岛、亚森欣岛、圣赫勒拿岛、马尔维纳斯群岛、戈夫岛等。

大西洋的入海河流较多，且流域面积最广，主要河流有圣劳伦斯河、密西西比河、奥里诺科河、亚马孙河、巴拉那河、刚果河、尼日尔河、卢瓦尔河、莱茵河、易北河以及注入地中海的尼罗河等。

矿产资源

　　石油、天然气、煤、铁、重砂矿等是大西洋的主要矿产资源。加勒比海、墨西哥湾、北海、几内亚湾和地中海的海底是蕴藏石油和天然气比较多的地方。此外，在大西洋西岸的加拿大、巴西、阿根廷的近海大陆架也相继发现了油气资源，部分已投产。

　　海底煤炭主要分布在苏格兰的近海和新斯科舍半岛外侧的大陆架。在西班牙、土耳其、保加利亚、意大利等国沿海海底也发现了煤矿。在北美加拿大的纽芬兰岛东侧，有世界最大的海底铁矿藏等。

水产资源

　　大西洋鱼类资源丰富，比较有名的渔场分布在北海、挪威海、冰岛周围以及美国、加拿大的部分地区。大西洋海域捕获的主要鱼类有鲱鱼、北鳕鱼、毛鳞鱼、长尾鳕鱼、比目鱼、金枪鱼、鲑鱼、马古鲽鱼、海鲈鱼等。南极大陆附近产鲸、海豹和磷虾，海兽捕获量也很大。西欧和北美沿岸区盛产牡蛎、贻贝、海扇、螯虾和蟹类。当前，一些大西洋沿海的国家也在积极发展人工养殖贻贝、沙噀等软体动物。

交通运输

大西洋在世界航运中有着重要的位置，如大西洋通过巴拿马运河可以和太平洋联通起来，东穿直布罗陀海峡与地中海相连，还可借苏伊士运河直通印度洋，北面与北冰洋相连，南接南极海域，航路四通八达，海运十分便利。

大西洋拥有世界 2/3 的货物周转量和 3/5 的货物吞吐量，海轮全年均可通航，世界海港约有 75% 分布在大西洋，其中不少是世界知名港口，比如波士顿港、纽约港、巴尔的摩港、新奥尔良港、哈瓦那港、阿姆斯特丹港、哥本哈根港、威尼斯港等。大西洋沿岸有很多经济发达的国家，这些国家航运经济发达，贸易频繁。大西洋是世界航运体系中的枢纽。

知识"爆料"馆

⭐ 大西洋主要的海运航线有哪些？ ⭐

在大西洋海域，主要的海运航线有：欧洲和北美的北大西洋航线；欧洲、亚洲、大洋洲之间的远东航线；欧洲与墨西哥湾和加勒比海之间的中大西洋航线；欧洲与南美大西洋沿岸之间的南大西洋航线；从西欧沿非洲大西洋沿岸到开普敦的航线。

风暴汹涌的印度洋

印度洋位于亚洲、大洋洲、非洲和南极洲之间。印度洋分布着众多岛屿，其中大部分是大陆岛，如斯里兰卡岛、马达加斯加岛、安达曼群岛、尼科巴群岛等。印度洋面积约 7492 万平方千米，平均深度 3711 米，是世界第三大洋。由于印度洋主要位于热带和亚热带，常年气温较高，因此，它被称为热带海洋。

交通运输

印度洋在世界海洋交通运输中占有重要的位置，通过印度洋，亚洲、非洲和大洋洲可以紧密地联系在一起。在印度洋西南方向，经好望角进入大西洋与欧美沿海各地通航；在东北方向经马六甲海峡和龙目海峡进入太平洋；在西北方向，通过曼德海峡、红海、苏伊士运河、地中海和直布罗陀海峡与西欧相连。

印度洋是各国进出口货物运输的一个重要集散地。沿岸各国出口的主要货物有石油、矿砂、橡胶、棉花、粮食等，进口的货物主要是水泥、机械产品和化工产品等。印度洋方便了世界各地的海洋运输，为全球经济的繁荣做出了重要贡献。

矿产资源

与其他大洋一样，印度洋的矿产资源也十分丰富，石油和天然气是其主要的矿产资源，主要分布在波斯湾。波斯湾的沿岸国家，如伊朗、伊拉克、科威特、沙特阿拉伯、卡塔尔、阿拉伯联合酋长国和阿曼等，都是产油大国。目前，海湾地区已探明的石油储量占全世界总储量的一半以上，年产量占全世界总产量的三分之一，为世界最大石油产地和供应地。印度洋的金属矿以锰结核为主，主要分布在西澳大利亚海盆和中印度洋海盆。

生物资源

印度洋的海洋生物资源跟其他大洋比起来，相对较少，多分布在印度半岛，主要的鱼类有鲭鱼、沙丁鱼和比目鱼，在非洲南岸可捕捞金枪鱼、飞鱼及海龟等。此外，巴林群岛、阿拉伯海、斯里兰卡和澳大利亚沿海盛产珍珠。

知识"爆料"馆

★ 印度洋名称的由来 ★

1497 年，葡萄牙航海家达·伽马航海寻找印度的时候，把沿途所经过的海洋称为"印度洋"。"印度洋"的名称最早见于 1515 年中欧地图学家舍尔编绘的地图上，标注为"东方的印度洋"。1570 年，奥尔太利乌斯在绘制世界地图时，去掉了"东方的"，直接简化为"印度洋"。后来，"印度洋"的名称就逐渐被人们接受了。

冰雪覆盖的北冰洋

北冰洋是世界四大洋中面积最小、深度最浅的一个大洋，它位于亚洲、欧洲和北美洲的北岸之间，大致以北极为中心，面积为 1475 万平方千米。

气候

北冰洋通过挪威海、格陵兰海和巴芬湾同大西洋连接，通过狭窄的白令海峡可以沟通太平洋。北冰洋是世界大洋中跨经度最广的大洋，也是世界上唯一无人定居的大洋。由于北冰洋地处地球的最北面，气候寒冷，北极海区最冷月平均气温可达 –20 ~ –40℃，暖季也多在8℃以下。洋面大部分地区常年冰冷，坚实冰层足足有 3 ~ 4 米厚。

战略地位

北冰洋的战略地位很重要。北冰洋上空的航空线可以大大缩减亚洲、欧洲和北美洲之间的距离。如从纽约到莫斯科，飞经北冰洋要比横跨大西洋短大约 1000 千米的航程。北冰洋的航线也大大缩短了东西方之间的海路，然而由于北冰洋气候恶劣，多冰层和冰山，因此船舶在此航行只限于暖季，而且还需要设置破冰船和导航系统，这样才能保证安全。

知识"爆料"馆

⭐ **北冰洋名称的由来** ⭐

北冰洋名称的由来，一是因为它处于以北极为中心的地区，二是因为这一地区终年气候严寒，绝大部分被冰层覆盖，冬季大部分洋面被冰冻住，夏季也有一大半的洋面覆盖着浮冰，故称其为"北冰洋"。

第五章

各色各样的大海

世界上最清澈的海 ——马尾藻海

　　马尾藻海最明显的特征是透明度大，是世界上公认的最清澈的海。一般来说，热带海域的海水透明度较高，达 50 米，而马尾藻海的透明度达 66.5 米，世界上再也没有一处海洋有如此之高的透明度。

洋中之海

　　世界上的海大多是大洋的边缘部分，都与陆地毗连。然而，在大西洋中部的马尾藻海却是一个"洋中之海"，它的西边与北美大陆隔着宽阔的海域，其他三面都是广阔的洋面。所以它是世界上唯一在大洋内部被命名为"海"的水域，也没有明确的海陆划分界线。

马尾藻海里的马尾藻

　　1492 年，哥伦布横渡大西洋经过这片海域时，前方视野中出现大片生机勃勃的绿色，他们惊喜地认为陆地近在咫尺了，可是当船队驶近时，才发现"绿色"原来是水中生长茂密的马尾藻。

马尾藻属于褐藻门，马尾藻科，属大型藻类，是唯一能在开阔水域上自主生长的藻类。这种植物并不生长在海岸岩石及附近地区，而是以大"木筏"的形式漂浮在大洋中，直接在海水中摄取养分，并通过分裂成片再继续独立生长的方式蔓延开来。

据调查，这一海域中共有 8 种马尾藻，其中有 2 种数量占绝对优势。以马尾藻为主，加上几十种以海藻为宿主的水生生物，形成了独特的马尾藻生物群落。

知识"爆料"馆

⭐ **什么是海水透明度？** ⭐

测定海水透明度时，把直径为 30 厘米的白色圆盘垂直沉入水中，从水面到该圆盘刚刚消失和刚刚出现的两个深度的平均值，就是海水透明度。

南极魔海
——威德尔海

威德尔海是南极的边缘海，它的海水受到来自南极大陆的冷风和漂浮在其中的冰块和冰山的影响，因此终年寒冷。我们都知道，海水的温度越低，它的密度越大，所以密度大的冷的海水就会下沉，下面温度较低的海水上升后，会被冷却，如此反复交换，使此海极其寒冷，常常出现冰层，温度多在0℃以下。

威德尔海的浮冰

由于威德尔海地处南极，遭受的污染比较少，所以这里的海水清澈度特别高，与蒸馏水相似，被称为世界上最透明的海。

如此清澈透明的海域，其实是非常危险的，这种危险主要来自威德尔海规模巨大的流冰群。这些流冰群通常由巨大的冰块和冰山组成，有的冰山高达一两百米，面积可达两三百平方千米，在移动的过程中，它们相互撞击，威力强大。船只如果不幸误入流冰群，航行就会变得异常危险。如果船只被流冰包围，即使没有被撞沉，也很难离开这片白色的海域。如果食物和燃料充足，被困的船只很有可能在威德尔海的大冰原待上一年，等春天才能离开。如果食物和燃料不足，又未能得到救援，那么处在流冰中的船员就会长眠于此。

鲸鱼群

夏季的威德尔海，鲸鱼是这里的活跃分子，它们经常成群结队地在这湛蓝的海水中嬉戏，使得这片海域又变得凶险起来，其中逆戟鲸尤为凶猛。这些逆戟鲸在发现猎物的时候，会突然冲破冰面，发动袭击，一口吞掉猎物，美美地饱餐一顿。海豹和企鹅是它们捕食的对象。如果有人经过这里，鲸鱼也会对其发动袭击，使人难以生还。

知识"爆料"馆

⭐ 鲸鱼是鱼吗？⭐

鲸鱼不属于鱼类，而属于哺乳动物。鱼类是卵生的，大鱼不需要给小鱼哺乳；而鲸鱼是胎生的，母鲸需要给刚出生的小鲸鱼哺乳。另外，它们的呼吸方式也不同，鱼类是用鳃呼吸的，而鲸鱼用肺呼吸。

岛屿众多的海——爱琴海

爱琴海位于希腊半岛和小亚细亚之间，是地中海的一部分。爱琴海海岸线曲折，港湾众多，是世界上岛屿最多的海。在希腊大陆东南200千米的爱琴海上，有一群由火山组成的岛环，其中圣托里尼岛环上最大的一个岛叫圣托里尼岛。圣托里尼岛的沙滩不但美，还有特别的黑砾滩和黑沙滩，再加上阳光、蓝天、碧海以及这里特有的白房子，是很多人理想的旅游胜地。

位置与气候

爱琴海是地中海的一个大海湾，是克里特和古希腊文明的摇篮，位于希腊半岛和小亚细亚之间，长约611千米，宽约 299 千米，面积约 21.4 万平方千米。东北通过达达尼尔海峡、马尔马拉海和博斯普鲁斯海峡与黑海相连，南至克里特岛。其最深处在克里特岛东面，达 3543 米。盛行北风，但每年 9 月到次年 5 月有时刮温和的西南风。

希腊半岛与埃维亚岛之间的海潮以凶猛多变闻名于世。表层海水夏季温度达 24℃，冬季温度约 10℃。在 490 米深处，温度为 14 ~ 18℃。从黑海流向爱琴海东北的大量低温水流，对爱琴海的水温产生了一定影响。

岛屿众多

黑海水流含盐量少，降低了爱琴海海水的咸度。海中缺少营养物质，所以生物稀少。海水清澈平静，温度很高，因而有大量鱼群从其他地区游来产卵。那么，爱琴海为什么又被称为多岛海呢？这是因为爱琴海中岛屿众多，共有约2500个大小岛屿，是世界上岛屿最多的海，过去亦名"群岛海"。大部分岛屿多岩石，十分贫瘠。北部岛屿一般比南部岛屿树木繁茂。

克里特岛

克里特岛，以崎岖的山地为主体，是希腊的第一大岛，也是爱琴海中最大的岛屿。这里属于地中海式气候，天气风和日丽，植物四季常青，岛上种植橄榄、葡萄、柑橘等多种水果，鲜花遍地盛开，是旅游胜地，素有"海上花园"的美称。

旅游

　　每年的 4 ～ 10 月是爱琴海的最佳旅游时节，这个时候的爱琴海晴空如洗，山坡上点缀着柠檬树和橄榄树的青翠，以白色为主的建筑，在烂漫的花丛和云涛海浪的烘托中越发古拙，游客们躺在柔软的沙滩上，沐浴着温暖的阳光，享受着安然的假期。

知识"爆料"馆

⭐ **爱琴海名字的由来** ⭐

　　传说雅典国王爱琴是古希腊英雄忒休斯的父亲，他误以为儿子死亡，绝望之下跳海自杀。为了纪念这位爱子如命的父亲，他跳入的那片海就以他的名字命名为"爱琴海"。

不断扩张的海 —— 红海

红海位于非洲东北部与亚洲阿拉伯半岛之间，呈狭长形。红海两岸陡峭壁立，岸滨多珊瑚礁，天然良港较少。另外，红海处于干燥炎热的亚热带地区，降水稀少，蒸发量大，周围多是干旱的荒漠，没有什么大河流入，海水主要靠从曼德海峡流入的印度洋补给，因此海水盐度很高。红海是世界最咸的海域，是世界重要的石油运输通道。

红海名字的由来

"红海"这个名字是由古希腊名演化而来的，意译为"红色的海洋"。红海的名字由来有很多种说法。有

的说红海里有许多色泽鲜艳的贝壳，因而水色深红，由此得名；有的说海水中大量繁殖着一种红色海藻，使得海水略呈红色，因而得名。其实，红海的海水不是红色的，海中间有一条宽宽的黄色的"带子"，"带子"两边依次是浅绿色，往外是深绿色，然后是蓝绿色、浅蓝色、深蓝色。红海的海水随着天色和水域一层一层展现着绚丽的色彩。

交通要道

红海位于非洲东北部和亚洲阿拉伯半岛之间，是亚洲和非洲的天然分界线。红海南部以狭长的曼德海峡同

阿拉伯海的亚丁湾相连，北部通过苏伊士运河和地中海相通，地理位置十分重要。

旅游价值

红海是世界上最好的浮潜地之一，许多潜水爱好者专程来到这里体验。当你漂浮在海面上时，能感觉到大海就像一张柔软的床，更像母亲温柔的怀抱拥着你香甜入睡。此时，阳光、大海和人以一种和谐的方式交融在一起，营造出一种世外桃源般的境界。

海底扩张

红海的海底夹在两个宽阔的大陆架之间，就像一个槽一样，而海底中部还存在一个海槽，也就是说，红海海底的地貌是"槽中有槽"。

科学家对红海海底进行研究分析后认为，在约 4000 万年前，红海根本不存在。后来，在今天非洲大陆与阿拉伯半岛相接的地方的岩石基底发生了地壳张裂，有一部分海水趁此机会涌进了裂缝，从而形成了一个封闭的浅海。与此同时，海底开始变大，熔岩上涌到地表，新的海洋地壳持续不断地形成，大陆岩石基底便慢慢被推至两侧。

之后，这里的海水又因强烈的蒸发作用被蒸发掉，形成了厚厚的蒸发岩，这些蒸发岩沉积后便成了如今红海的海槽。在约 300 万年前，由于红海的沉积环境突然有了变化，于是海水又一次涌入红海。之前形成的海底再次裂开，形成新的海槽，并逐渐向两侧扩张。

红海海底的持续扩张使得其两侧的非洲大陆和阿拉伯半岛也在逐渐分离。按目前红海以平均每年 1 厘米的扩张速度估测，几亿年之后，红海可能会变成像大西洋那样浩瀚的大洋。但很多人并不太认同这种预测，因为海底扩张只能说明存在洋壳板块构造运动，并不能以此来直接断定红海会变成大洋。

知识"爆料"馆

⭐ 什么是板块运动？ ⭐

板块运动是指地球表面一个板块对于另一个板块的相对运动。地球的岩石层被划分为六大板块，即太平洋板块、亚欧板块、美洲板块、印度洋板块、非洲板块和南极洲板块。所有这些板块，都漂浮在具有流动性的地幔软流层之上。随着软流层的运动，各个板块也会发生相应的水平运动。

沿岸国家最多的海——加勒比海

在北大西洋，有一个以印第安人部族命名的大海，它就是加勒比海，意思是"勇敢者"或是"堂堂正正的人"。

加勒比海的大小

加勒比海的四周几乎被美洲中南部和大、小安的列斯群岛包围，西北通过尤卡坦海峡与墨西哥湾相连，西南经巴拿马运河与太平洋相通。加勒比海东西长约 2735 千米，南北宽 805 ～ 1287 千米，总面积约为 275.4 万平方千米，容积约 686 万立方千米，平均水深 2490 米。海域最深处的开曼海沟，水深达 7680 米。

加勒比海沿岸的国家

加勒比海是沿岸国家最多的大海。在全世界的海中，沿岸国家达两位数的只有地中海和加勒比海两个。地中海有 17 个沿岸国，而加勒比海有 20 个沿岸国，包括美洲中部的危地马拉、洪都拉斯、尼加拉瓜、哥斯达黎加、巴拿马，南美洲的哥伦比亚和委内瑞拉，大安的列斯群岛的古巴、海地、多米尼加，以及小安的列斯群岛的安提瓜和巴布达、多米尼克、特立尼达和多巴哥，等等。

资源和经济

加勒比海富藏石油、天然气等资源，且鱼类资源丰富，有很多重要的渔场，盛产金枪鱼、沙丁鱼、龙虾等。1920 年巴拿马运河开通以后，这条运河成为沟通大西洋和太平洋的重要海上通道，因而加勒比海沿岸国家和地区的经济获得了较快发展。

地形和旅游

加勒比海大的岛屿有：古巴岛、伊斯帕尼奥拉岛、牙买加岛和波多黎各岛等。海岸线异常曲折，多海湾良港。主要海湾有：洪都拉斯湾、莫斯基托斯湾、达连湾和委内瑞拉湾等。

该地区植被一般为热带植物，潟湖和海湾周围有浓密的红树林，沿海地带有椰树林，各岛普遍生长仙人掌和雨林，盛产金枪鱼、海龟、沙丁鱼、龙虾等，来这里的游客可以吃到最新鲜的海鲜。明媚的阳光和风姿迥异的海岛，已使该地区成为世界主要的冬季度假胜地。

知识"爆料"馆

★ 世界七大工程奇迹之一——巴拿马运河 ★

巴拿马运河位于美洲巴拿马共和国的中部，横穿巴拿马地峡，是世界最大的水闸式运河。船通过此运河往来于太平洋和大西洋间，比绕道南美洲合恩角缩短路程约 14800 千米；从欧洲至亚洲东部或澳大利亚缩短路程 3200 千米。

世界上最小的海——马尔马拉海

马尔马拉海位于土耳其境内，是因欧亚大陆内部断层下陷而形成的内海。它的海岸陡峭，平均深度为 183 米，最深处达 1355 米，原先的一些山峰露出水面变成了岛屿。其中最大的岛是马尔马拉岛，岛上以盛产花纹美丽的大理石著称。希腊语"马尔马拉"就是大理石的意思。

面积大小

马尔马拉海是世界上最小的海，它的面积约 1.1 万平方千米，东西长 270 千米，南北最宽处 70 千米。

战略地位

马尔马拉海有着重要的战略地位，它的东南部为小亚细亚半岛，属于亚洲；其西北部则为巴尔干半岛，属于欧洲，正好处于欧亚两洲的分界线上。马尔马拉海在东北经博斯普鲁斯海峡与黑海相连，西南经达达尼尔海峡与爱琴海相通。

气候环境

马尔马拉海，整年温度都很高，较高的海水温度使海水的蒸发量特别大，海水的盐度很高，非常有利于晒盐，所以盐业生产成了沿海各国一项重要的经济活动。受地理环境等因素的影响，马尔马拉海缺少海洋生物赖以生存的氧气和养料，这就导致该片海域的生物比其他靠大陆海区的生物要少得多。

马尔马拉海有两个群岛，分别是克孜勒群岛和马尔马拉群岛，岛上不仅盛产大理石，而且景色非常优美，每年都会吸引大量的游客前来旅游度假。

知识"爆料"馆

⭐ 什么是内海？ ⭐

内海一般指内陆海，它深入大陆内部，被大陆或岛屿、群岛包围，是仅通过狭窄的海峡与大洋或其他海相沟通的水域。其海洋水文特征受大陆影响显著，而且在不同的环境条件下，其个性特征有明显差异。

死气沉沉的海 ——黑海

黑海是欧洲东南部和小亚细亚之间的内陆海，通过西南面的博斯普鲁斯海峡、马尔马拉海、达达尼尔海峡与爱琴海、地中海沟通。黑海面积约 42 万平方千米，东西长 1180 千米，从克里米亚半岛南缘到黑海南海岸，最窄处为 263 千米。

宜人的气候

黑海原是古地中海的一个残留海盆，古新世时期，小亚细亚地壳上升，把里海盆地与地中海分隔开来，仅

留下一些狭窄水道与地中海沟通。黑海地区气候温和，夏季凉爽，秋季温暖，冬季短促，春季漫长，尤以东南岸和克里米亚南部气候最为宜人。

海洋生物难以生存

黑海的含盐度虽然较低，平均含盐度小于 22‰，但在有些水深 155 ~ 310 米的海域里，生物几乎绝迹，鱼儿不敢游到那里去，简直成了一片片"死区"。是什么原因使黑海变成了一个死气沉沉的大海呢？

科学家们通过抽样调查，发现那里的海洋生物之所以难以生存，是因为海水受到硫化氢的污染而缺乏氧气。

黑海在和地中海的对流中，把自己较淡的海水通过表层输送给了"邻居"，换得的是从深层流入的又咸又重的水。加上黑海海水流速慢，上下层对流差，长年被污染的海域自然要成为"死区"了。

知识"爆料"馆

⭐ 怎么防止海洋污染? ⭐

防止海洋污染的措施主要有：海洋开发与环境保护协调发展，深入开展对污染治理的研究，健全环境保护法制，加大海洋保护宣传教育，在保护海洋环境与治理环境污染方面加强国际合作。

最大的陆间海 ——地中海

　　地中海是地跨欧、亚、非三大洲的陆间海。东西长约4000千米，南北最宽处约1800千米，面积251万平方千米。地中海西边有21千米宽的直布罗陀海峡，穿过它就到达大西洋；东边可以通过苏伊士运河进入印度洋，东北部通过达达尼尔海峡、博斯普鲁斯海峡与黑海相连。地中海的附属海域有伊奥尼亚海、亚得里亚海、爱琴海等。现在，地中海是大西洋的附属海。但是，在地质史上，它比大西洋的"资格"还老。

地中海的范围

大约在 6500 万年以前，古地中海是辽阔的特提斯海。它的范围很大，向东穿过喜马拉雅山，直通古太平洋。那时，它仅次于太平洋，大西洋还没形成呢！后来，北面的欧亚板块与南方的印度板块漂移并靠近，撞在一起，挤出了一个喜马拉雅山，特提斯海从此便退缩成现在的地中海。

地中海沿岸，是航海文明的发祥地之一。腓尼基人、克里特人、希腊人以及后来的葡萄牙人和西班牙人，都是航海业很发达的民族，许多伟大的航海家都诞生在这

里。发现美洲的哥伦布、打通大
西洋与印度洋航线的达·伽
马、领导第一次环球航行
的麦哲伦，都是其中杰
出的代表。

海中岛屿

地中海沿岸海岸线曲
折、岛屿众多，大岛屿有科西嘉
岛、撒丁岛、西西里岛、克里特岛、塞浦路斯岛等。

知识"爆料"馆

⭐ **什么是陆间海？** ⭐

陆间海是处于几个大陆之间的海。其面积和深度均较大，有海峡与毗邻海区或大洋沟通。地中海是世界上最大的陆间海，最小的陆间海是土耳其海峡中的马尔马拉海。

世界上最淡的海 ——波罗的海

地球上的海水平均含盐度为 35‰，而欧洲的波罗的海却远远不及，其靠近外海的地方为 20‰，中部海域为 6‰ ~ 8‰，北部只有 2‰，同淡水差不多。波罗的海是欧洲北部内海，位于斯堪的纳维亚半岛和欧洲大陆之间，近乎封闭，仅西南部经厄勒海峡、卡特加特海峡和斯卡格拉克海峡与北海相通。面积约 42 万平方千米，平均深度 55 米，最大深度 459 米。

降水量与蒸发量

波罗的海的年降水量大于年蒸发量。北部海区年均降水量约 500 毫米，南部地区超过 600 毫米，个别海域可达 1000 毫米，而海区年均蒸发量只有 350 ~ 400 毫米。同时，海区周围又有大小 250 条河流注入大量淡水，结果大大淡化了海水的盐度，使得波罗的海成为世界上海水含盐度最低的海。

此外，由于形成的时间还不长，在冰河时期结束时这里还是一片被冰山覆盖的汪洋，后来大水向北极退去，最低洼的谷地形成了现在的波罗的海，因此波罗的海的水质本来就比较好；加之大西洋和波罗的海的通道又浅又窄，阻碍了波罗的海与大西洋之间的海水交换，高盐度的海水不易进来。这些也是波罗的海盐度低的原因。

知识"爆料"馆

☀ 海面蒸发量 ☀

中国近海的年蒸发量一般为 230 ~ 240 厘米，局部海域达 250 ~ 260 厘米，比大西洋湾流区小。蒸发量最大值出现在黑潮主干区，黑潮及其邻近海区冬季强烈的海－气温差和大风是造成蒸发量偏大的重要原因。

世界上石油运输量最大的海——阿拉伯海

阿拉伯海是位于印度洋西北部的边缘海，与东侧的孟加拉湾一起占据了北印度洋绝大部分面积。海中有索科特拉岛、库里亚穆里亚群岛和拉克沙群岛。印度河是流入该海的最大河流。卡尔斯伯格海岭，把阿拉伯海分隔成阿拉伯海盆和索马里海盆。

地理位置

阿拉伯海是亚洲东部及南部地区与欧洲、非洲之间航运的重要途经地，是世界石油运输的心脏地带，也是海上丝绸之路的关键节点。阿拉伯海是连接印度洋、波斯湾和地中海以及大西洋的航运水道，位置十分重要。沿岸重要港口有孟买、卡拉奇、亚丁、吉布提等。

资源和交通运输

阿拉伯海海水中含有大量营养盐，有利于鱼类快速繁殖。远洋鱼类有金枪鱼、沙丁鱼、长吻鱼、刺鲅和鲨鱼等。沿岸大陆架蕴藏着相当数量的石油与天然气，还有大量可用作建筑材料的砂、砾石和牡蛎壳。

阿拉伯海是波斯湾石油对外运输的出口，又是连接印度洋、波斯湾和地中海以及大西洋的航运水道，世界各国的石油运输大都经过这里，它也因此成为世界上海洋石油运输量最大的海域。

知识"爆料"馆

⭐ 石油运输的方式有哪些？ ⭐

石油运输的方式主要包括管道运输、水路运输、铁路运输、公路运输与空运等。其中，管道运输高效且经济；水路运输则有着经济、灵活的优势，但存在一定的风险，例如船舶故障、大风浪、石油泄漏等；铁路运输比较灵活，适合在较小范围内进行大规模运输；公路运输灵活、快捷，适于短距离、负载小的运输，成本较高；空运成本最高，仅在紧急情况下使用。

第六章

早期对海洋的探索及海洋科学

源远流长的海洋探索历程

人们对海洋的探索，有一个漫长的过程。开始，人们认为海底都是平的，海洋中间的水最深。其实海底地形也像大陆一样，有巍峨的高山、陡峭的峡谷、坦荡的平原、深邃的海沟以及火山和地震等，海洋最深的地方也不是在大洋的中部，而是在大陆的边缘。

"挑战者"号环球探险

1872 年 12 月 7 日，在英国的希尔内斯港内，凛冽的寒风中波浪不停地拍击着庞大的"挑战者"号，汹涌澎湃的浪涛声犹如出征时的战鼓声。三根高大的桅杆上，

徐徐升起了白色的船帆。探险者们在人们的欢送声中，驾驶着"挑战者"号开始了环球探险，他们要去揭开海洋世界的神秘面纱。这一天是海洋考察史上具有历史意义的一天，这是人类第一次大规模探索海洋及海底世界。古今中外的海洋探险家，尽管探索的航程和遭遇不同，但都有矢志不渝的信念和坚韧不拔的拼搏精神。他们不畏风浪，远涉重洋，历经无数艰难险阻。他们的探索开阔了人们的视野，使人们对地球和海洋有了更多的了解，同时也为大规模开发海洋奠定了基础。

古埃及人的航海

迄今为止，有据可查的最早的一艘风帆船是公元前3100年由埃及人制造的。有的历史学家根据一些出土的陶罐彩绘及岩雕画资料推断，埃及人发明风帆船的年代应当在公元前6000年左右。这就是说，早在8000年前，古埃及人就已驾驶着他们独特的风帆船进出尼罗河、远航红海南部了。通往蓬特国的探险航行，则是古埃及人航海史上最具有代表性的探险活动之一。

蓬特国位于埃及南面"海的两边"，古埃及人称其为南方的"诸神之国"。古埃及人对这个国家充满了向往，他们不仅渴望从蓬特国取回乳香、金属及其他物品，甚至深信自己的祖先就来自蓬特。据学者考证，蓬特国位于现今非洲之角红海沿岸的某个地方，确切位置已经不可考。

在公元前2500年以前，古埃及人对蓬特的航海探险及贸易活动便开始了。最早留下记录的是公元前2500年，斯尼弗鲁王派出的船队到达蓬特，除了带回乳香、没药、琥珀、金和黑檀木外，还带回了侏儒，让其在宗教仪式上或宫廷宴会上跳舞。

可是在公元前2007年赫努船队探险之后，古埃及与蓬特的贸易联系便中断了几百年，乃至后来的埃及人不得不重新进行航海探险，以寻找古代的富庶之地——蓬特。

这次航海探险是在公元前1500年前后古埃及女王哈特舍普苏时期进行的，是埃及对蓬特国历次探险中规模最大的一次，也是记载最详细的一次。

当时女王有位名叫山姆特的大臣，他从代尔拜赫里东北部的墓石碑文上得到了有关赫努到蓬特国探险的资料，因此向女王建议，重启祖先的探险活动，再寻蓬特国，开辟香料来源地。可是岁月沧桑，去往蓬特国的路线早已无人知晓，也无法考证这个国家是否存在。大多数人都对这次探险的可行性持怀疑态度，但女王仍决定派船出航。

　　探险队由 20 艘船组成，由一个名叫奈西的官员带领，苏丹奴隶划船。船队从红海西岸出发，沿红海南下。船队经历了难以想象的艰难困苦，在海上航行了十几个月，仍一无所获。茫茫大海，不知蓬特在何处。船员们的信心开始动摇，失望的情绪笼罩着他们，他们对到达目的地已不抱任何希望。

也许是埃及人不畏艰险、舍身航海的精神感动了上天，就在他们濒临绝望的时候，前方的海面突然出现了一个岛屿，岛上人影晃动，圆锥形的小屋错落隐现在椰林中。船队顿时兴奋起来，十几个月的疲惫一扫而光，现在他们终于看到了希望。

上岛后，经过一番询问和查核，他们确信，这个小岛属于一直寻访的蓬特国。现在，作为对他们探险精神及艰辛努力的报答，蓬特真实地呈现在他们面前了。

抵达目的地后，埃及船队在外港停泊，蓬特国王佩里胡举行仪式欢迎船队，并设宴款待奈西和他的船员。古埃及人以玻璃珠、小刀、首饰等物品向蓬特人交换了大量的香树和其他宝物，包括黑檀木、象牙、黄金、肉桂树以及狒狒、猴、狗和南方豹的皮毛等。之后，埃及探险队循原路返回，还带回了几个蓬特人，以及国王佩里胡和王妃爱伊的肖像。

古埃及人蓬特探险的航程在今天看来也许是不足称道的，但在当时是一件了不起的壮举，是人类征服海洋的勇气和能力的体现。他们的探索精神、他们扩大的贸易范围及开辟的海上航路，给后来的海洋探险者做出了榜样。

知识"爆料"馆

⭐ 比较著名的航海家有哪些？ ⭐

在人类的航海史上，涌现出很多著名的航海家，他们不畏艰难、勇于探险，使人类对于海洋、对于世界的了解更加深入。其中比较著名的航海家有郑和、哥伦布、麦哲伦、詹姆斯·库克、达·伽马、迪亚士、恩里克、德雷克等。

海洋科学

海洋科学主要研究海洋的自然现象、性质及其变化规律，以及海洋的开发利用。它的研究对象包括海水、溶解和悬浮于海水中的物质、海洋中的生物、海底沉积和海底岩石圈以及海面上的大气边界层和河口海岸带等。

科学分类

海洋科学可以分为海洋物理学、海洋生物学、海洋地质学、海洋化学以及海洋生态学等。海洋物理学研究的内容包括海水的各类运动（如海流、潮汐、波浪、内波、行星波、湍流和海水层的微结构等），海洋水体与大气圈、岩圈和生物圈的相互作用等，在海洋运输、资源开发、环境保护等方面有重要的应用。

海洋生物学主要研究海洋里生命的起源和演化，海洋生物的分类和分布，发育和生长，生理、生化和遗传等，开发海洋生物资源，为人类的生活和生产服务。

海洋地质学的研究内容涉及海岸与海底的地形、海洋沉积物、洋底岩石、海底构造、大洋地质历史和海底矿产资源等。

海洋化学研究的内容主要是海洋水层和海底沉积以及海洋—大气边界层中的化学组成、物质的分布和转化，以及海洋水体、海洋生物体和海底沉积层中的化学资源开发利用中的化学问题等。海洋化学的发展方向仍然是海洋界面化学过程的研究，研究的重点和前沿是与全球气候变化有关的海洋生物地球化学过程。

海洋生态学通过研究海洋生物在海洋环境中的繁殖、生长、分布和数量变化，以及生物与环境的相互作用，阐明海洋生态的规律，为海洋生物资源的开发、利用、管理和养殖，保护海洋环境和生态平衡等，提供十分宝贵的科学依据。

海洋观测仪器

在海洋科学研究中，海洋观测仪器和技术设备起着重要的作用。海洋观测仪器可分为海洋物理仪器、海洋化学仪器、海洋生物仪器和海洋地质与地球物理观测仪器等。

海洋物理仪器，常见的有电子式盐温深测量仪、红外辐射温度计、加速度计式测波仪等；海洋化学仪器，常见的有船用盐度计、船用 pH 计、溶解氧测定仪，以及船用分光光度计和船用荧光计；海洋生物仪器，常见的有腹背式采水器、无菌式采水袋、鱼探仪等；海洋地质与地球物理观测仪器，常见的有重力式采泥器、弹簧式采泥器和箱式采泥器等。

知识"爆料"馆

★ 海洋检测的手段有哪些？ ★

目前，各种性能的调查船和卫星、飞机、海洋浮标、水下实验室、潜水器等相结合，已经形成了从天空、海面到海底的立体式海洋监测体系。

EXPLORE 探索神秘的

海洋世界

司洁◎主编

黑龙江科学技术出版社
HEILONGJIANG SCIENCE AND TECHNOLOGY PRESS

EXPLORE 探索神秘的

海洋世界

可怕的海洋灾害

司洁◎主编

黑龙江科学技术出版社

HEILONGJIANG SCIENCE AND TECHNOLOGY PRESS

　　海洋是浩瀚的，我们站在海边远望，看不到边际；海洋是神秘的，海洋中有许多人类没有涉足的区域；海洋也是丰富多彩的，五光十色的海洋生物营造出一个美丽的世界。我们的生活离不开海洋，海洋为我们提供了丰富的食物、种类繁多的矿产。没有海洋，世界商品的运输将会受阻，各国间的贸易成本将会大大提升；没有海洋，我们吃不到美味的海鲜，也不能享受漫步海滩的浪漫。

　　人类对于海洋的探索，从来都没有停止过。从郑和下西洋到哥伦布发现新大陆，从新航路的开辟到世界海洋贸易的繁荣，从低效的海洋渔业到充满科技元素的海水养殖，从对海洋的一无所知到如今发达的海洋科技，我们对神秘海洋的探索仍在继续。孩子们对

海洋是不是也充满了好奇？我们精心编写的这套《探索神秘的海洋世界》，描绘了美丽的蓝色海域，介绍了生动有趣的海洋动物和海洋植物，让孩子们通过本套书领略奇妙的海洋景观，揭开神秘的海洋之谜，懂得海洋资源的宝贵，知晓海洋灾害带给人类的危害，最终树立开发和保护海洋的正确观念。

　　本套书能够满足孩子们对知识的渴望，培养孩子们的求知欲，提高孩子们的学习兴趣。希望本套书引领更多的孩子走向科学，让他们在开阔视野的同时，也能放飞梦想。

目录

第一章　认识海洋生态系统

第二章　海洋的开发

第三章 海洋的保护

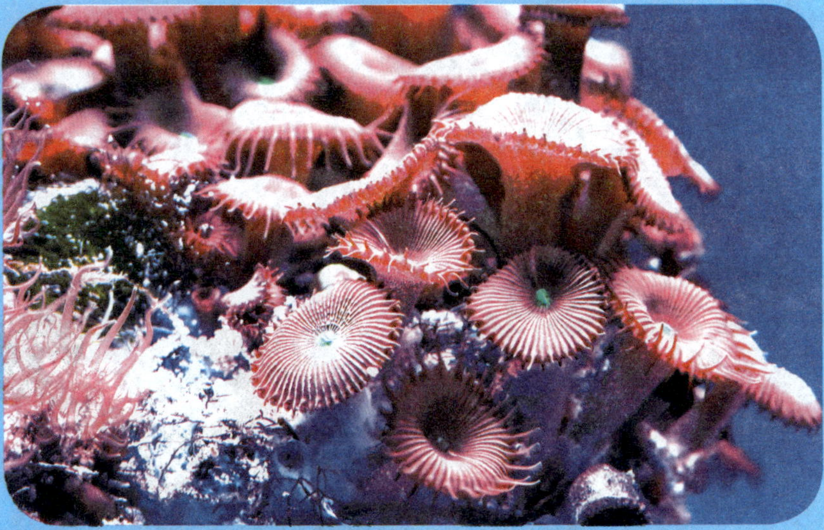

认识海洋生态系统

各种各样的海洋生态系统

在美丽壮阔的海洋中，生物种类繁多。海洋中的植物绝大部分是微小的浮游植物，也有一些大型藻类；动物种类很多，小到单细胞的原生动物，大到体型巨大的蓝鲸，都生活在这个蓝色的家园中。

海洋中由生物群落及其周围环境相互作用所构成的自然系统即海洋生态系统。海洋生态系统按海区划分，一般分为沿岸生态系、大洋生态系、上升流生态系等；按生物群落划分，一般分为红树林生态系、珊瑚礁生态系、藻类生态系等。本书采用后一种划分方式。

红树林生态系统

红树林生态系统是由生长在热带海岸泥滩上的红树植物与其周围环境共同构成的生态功能统一体。其主要植物为红树、红茄苳、角果木、秋茄树、木榄、海莲等。红树林对海防的意义很大，也是海岸滩涂动物的栖息地。

在我国，红树林主要分布在海南、广西、广东和福建等地的沿海泥滩地区。

珊瑚礁生态系统

生活在热带地区的珊瑚虫，种类丰富、形态多样、生命活动旺盛，许多死亡的珊瑚虫的骨骼与贝壳、石灰质藻类胶结在一起，形成的像礁石一样坚硬、具有孔隙的钙质岩体，即为珊瑚礁。造礁珊瑚和造礁藻类形成的珊瑚礁以及丰富多样的礁栖动植物共同构成了珊瑚礁生态系统。

藻类生态系统

藻类生态系统是由藻类与其周围环境共同构成的生态功能统一体。藻类一般分为浮游藻类和底栖藻类。藻类的分布范围极广，对环境条件要求不高，适应性较强，在极低的营养浓度、极微弱的光照强度和相当低的温度下也能生活。海洋藻类为海洋中的动物提供了食物来源，在海洋生态系统中扮演着重要角色。

知识"爆料"馆

⭐ **什么是生态系统？** ⭐

生态系统是由生物群落及其生存环境共同组成的动态平衡系统。生态系统一般可分为森林生态系统、草原生态系统、海洋生态系统、淡水生态系统、湿地生态系统、农田生态系统和城市生态系统等。

海洋生态系统的主体——海洋生物

海洋生物是指海洋里有生命的物种，包括海洋动物、海洋植物、微生物等，其中海洋动物包括无脊椎动物和脊椎动物。

鱼类、头足类和虾蟹类是主要的海洋动物。其中以鱼类的品种和数量最多，构成了海洋动物的主体。与海洋动物一起生活的，还有种类繁多、千姿百态的海洋植物。海藻是海洋植物的主体，可加工成食品的海洋藻类有100多种，是人类重要的食物来源。

海洋动物

海洋动物是海洋中各门类形态结构和生理特点完全不同的异养型生物的总称。它们不进行光合作用，不能将无机物合成有机物，只能以摄食植物、微生物和其他

动物及有机碎屑物质为生。它们的形态结构和生理特点差异很大，有微小的单细胞原生动物，也有体长可超过30米、体重可超过190吨的鲸类。从海面到海底，从岸边或潮间带到最深的海沟底，都有海洋动物。已知海洋中生活着20多万种生物，它们使广阔的海底世界焕发着勃勃生机。

海洋植物

海洋植物是海洋中利用叶绿素进行光合作用以生产有机物的自养型生物。海洋植物属于初级生产者，为

千千万万的海洋动物提供了充足的食物来源。海洋植物以藻类为主，从低等的原核藻类，到高等的种子植物，共有1万多种。海洋藻类是简单的光合营养的有机体，其形态构造、生存方式和演化过程都比较复杂，介于光合细菌和维管束植物之间，在生物的起源和进化上占有很重要的地位。

其他海洋生物

海洋中除了海洋动物和海洋植物，还有种类繁多的海洋微生物。海洋中的微生物包括细菌、真菌、放线菌

及病毒等，它们参与物质和能量循环，甚至能影响气候的变化。由于受海洋高盐度、高压等环境因素的影响，海洋微生物有嗜盐性、嗜压性、嗜冷性等特性。

知识"爆料"馆

⭐ 世界上最大的海洋植物——巨藻 ⭐

巨藻为褐藻门海带目巨藻科巨藻属。大多数巨藻可以长到几十米，最长的甚至可以达到 200～300 米，重量可达 200 千克。巨藻还是世界上生长最快的植物之一，在适宜的条件下，巨藻一天可以生长 30～60 厘米。

海洋的开发

一项伟大的工程
——海洋开发

　　人类利用技术手段对海洋进行开发，逐渐形成了一项综合性科学技术——海洋开发。现代海洋开发活动中，比较成熟的产业有对海洋石油、天然气的开发，以及海洋运输、海洋捕捞和制海盐等；正在迅速发展的有海水养殖、海水淡化、潮汐发电、海底电缆、海底隧道等；深海采矿、波

浪发电、温差发电、海水提铀、海上城市等正在研究和试验中。

新技术在海洋开发中的运用极大地推动了生产力的发展，使人类可以源源不断地从海洋中获取矿产资源、能源，以及可以食用的海产品等。

海洋的宝贵价值

人类的生活离不开海洋，海洋中生长的藻类植物通过光合作用可以消耗掉地球上多余的二氧化碳，产生大量的氧气，其产生的氧气量占每年全球氧气生产总量的一多半。另外，海洋可以调节地球的温度和湿度，使其保持相对稳定。丰富的海底油气开发和矿产资源为人类的生产生活提供了充足的物资保障。

合理开发海洋

人类通过对海洋的开发可以获得大量物资，以满足生活需求。但人类在对海洋进行开发的同时，一定要注

意维护生态平衡，以发达的科学技术为基础，合理开发利用海洋资源。由于海上定位和通信技术、遥控和潜水技术、海底施工、深海作业和救捞技术等的发展，人类基本上已具备了大规模开发海洋的能力。

知识"爆料"馆

★世界上没有海的国家有哪些？★

世界上还有一些国家没有海洋，这些国家被称为内陆国。截至2019年，全球共有44个内陆国。比如，蒙古、哈萨克斯坦、老挝、尼泊尔、不丹、捷克、奥地利、白俄罗斯、匈牙利、瑞士、埃塞俄比亚、卢旺达等都是内陆国。

海底矿产资源的开发

海底埋藏着丰富的矿产资源，从海岸带到大洋深处，从海底表层到海底岩石以下几千米深处，都有矿产分布；而且矿种繁多，固体矿产、液体矿产和气体矿产均有生产。目前世界上已发现的海底油气田有1600多个，年产海底石油6亿多吨，约占世界石油总产量的20%。锆、钛等金属元素的冶炼，绝大多数来自滨海砂矿。另外，海底锰结核和多金属软泥所含各种金属矿产储量相当于陆地储量的几百倍，甚至几千倍。

海洋油气的勘探与开采

对海底油气的开发分为勘探和开采两个阶段。海底油气的勘探阶段，首先要经过地质调查，用回声探测和航空拍照等手段来研究海底地质和地形是否有可能形成储油构造；然后要进行地球物理勘探，主要通过重力、磁力、人工地震等勘探方式，了解海底地下岩层分布、

地质构造类型、油气圈闭情况，从而确定勘探井井位；最后通过钻探的方式确认油层的变化规律、性质以及分布情况，为以后的开采做好充分的准备。

开采阶段又分钻井和采油两道工序。在钻井阶段，要搭建类似港口的钻井平台，现在的钻井平台可以设在深几十米甚至几百米的海域。采油是海底油气开采的最后一道工序，也是最终目的。世界各国主要使用的采油装置有四种：固定式生产平台、浮式生产系统、人工岛屿和海底采油装置。其中，以固定式生产平台使用最广。

石油冶炼加工

运输船

钻井平台

大洋锰结核的调查与开采

大洋锰结核是一种成分以锰为主，且富含多种其他有色金属的矿物质。要开采大洋锰结核，首先要对可能富含大洋锰结核的地区进行调查。调查用船的吨位一般在 1000 吨以上，并配有先进的卫星导航定位系统、深海用绞车、起吊设备，以及海底地形、深度的测量仪器等。其次要采用现代化的调查技术，如海底电视、遥感水下摄影、浅地层地震技术、旁侧声呐技术等。

调查结束后就可以正式开采，目前采用的比较成熟、可行的开采方式有水力提升式采矿技术与空气提升式采矿技术。这两种技术大体相同，区别仅在于空气提升式采矿技术船上装的大功率高压气泵代替了水力提升式采矿技术的水泵，目前的技术水平可日采 300 吨锰结核。

知识"爆料"馆

⭐ 世界上最大的海上油田——里贝拉油田 ⭐

巴西里约的里贝拉油田是世界上最大的海上油田，该油田开采出来的油，腊量少，多为轻质油，凝固点低于 −20℃，便于运输。油气探明总储量在 260 亿至 420 亿桶之间。

海水资源的开发

海水中含有取之不竭的化学资源。据统计，每立方千米海水中就有2700多万吨食盐。此外，海水中还有镁、溴、碘、钾、锶、硼等化学元素，以及陆地上蕴藏不多而且不易提取的稀有元素，如可以作为核燃料的铀。

海水淡化

海洋中的水跟我们饮用的淡水不同的是，海水中富含多种盐分。所谓的海水淡化，就是把海水中的盐分去掉。由于人口不断增长和工农业的发展，再加上世界淡水资源分布极不均匀，人类对于淡水的需求越来越紧迫。尤其像科威特和沙特阿拉伯这样处在沙漠地带的国家，海水淡化对其更重要。

海水淡化的方法一般可以分为两类：一类是从海水中直接提取水分，常用的方法有蒸馏法、反渗透法、水

合物法、溶剂萃取法和冰冻法等；另一类是除去海水中的盐分，常用的方法有电渗析法、离子交换法和压渗法。其中低温多效蒸馏法、反渗透膜法和多级闪蒸法是全球海水淡化的主流技术。

一般而言，低温多效蒸馏法具有节能、海水预处理要求低、淡化水品质高等优点；反渗透膜法具有投资低、能耗低等优点，但海水预处理要求高；多级闪蒸法具有技术成熟、运行可靠、装置产量大等优点，但能耗

偏高。一般认为，低温多效蒸馏法和反渗透膜法是未来海水淡化技术的发展方向。

食盐的制取

在海水所溶解的各种盐类物质中，氯化钠的含量最高，占70%，其次是氯化镁，占14%，因为氯化钠的味道是咸的，氯化镁的味道是苦的，所以海水既咸又苦。用海水制盐，是海水利用的又一重要方面。用海水制盐的主要方法是盐田法。

　　盐田法虽然是一种很古老的方法，但现在依然实用。这种制盐的方法之所以叫"盐田法"，是因为采用这种方法制盐，要在海岸边修建很多像稻田一样用来晒盐的池子。制盐的过程包括纳潮、制卤、结晶、采盐、贮运等步骤。纳潮，就是把含盐量高的海水积存于修好的盐田中。制卤就是让海水通过蒸发，使海水中盐的浓度不断增大，等海水达到一定浓度的时候，就要将卤水转移到结晶池中。卤水在结晶池中继续蒸发，原盐就会渐渐地沉积在池底，形成结晶，达到一定量后就可以采集了。

盐田制盐受环境影响很大，海水的盐度、地理位置、降水量、蒸发量等因素，都会直接影响盐的产量；并且，这种方法占用的土地和人力资源也比较大。为了提高单位面积的蒸发效率，有的盐场采用了枝条型或垂网型立体蒸发工艺。

近些年来，有的沿海国家因地理、气候等条件不适合用盐田法制盐，因此研究发展了蒸馏法、电渗析法或冷冻法制盐工艺。

知识"爆料"馆

★我国三大海盐盐场★

我国盐产量居世界首位，比较大的盐场有三个，分别是长芦盐场、布袋盐场、莺歌海盐场。其中长芦盐场位于河北省和天津市的渤海沿岸，布袋盐场在台湾岛西南沿海，莺歌海盐场位于海南乐东西南海滨。长芦盐场是我国海盐产量最大的盐场，其产量约占全国海盐总产量的四分之一。

海洋能源的开发和利用

海洋中蕴藏着丰富的动力资源。无论是洋流、波浪、潮汐等动能，还是温差能和海水的盐度差能，都是可再生能源。这些能源储量丰富，都可以用来发电，是对陆地能源的有效补充。但是这些能源的开发难度比较大，成本比较高，且会对环境造成一些破坏。

潮汐发电

潮汐发电的原理和水电站一样，利用涨落潮的水位差来发电。潮汐发电要比河水发电优越，它不受天气

干旱的影响，也不会因建造水库而占用耕地或让当地居民搬迁。所以潮汐是继煤、石油、水电之后的"第四能源"。潮汐能被誉为"蓝色煤海"。

潮汐电站可以分为单库单向电站、单库双向电站和双库双向电站。单库单向电站，只有一个水库，仅在涨潮或落潮时发电。单库双向电站，虽然只有一个水库，但是涨潮与落潮时均可发电，只是在水库内外水位相同的平潮时不能发电，它大大提高了潮汐能的利用率。双库双向电站，有两个相邻的水库，能够全日连续发电，其中一个水库在涨潮时进水，另一个水库在落潮时放水，这样总能使两个水库有一定的水位差，将水轮发电机组

放在两水库之间的隔坝内，可以利用水的流动全天发电。

波浪能的开发利用

海洋中波浪的能量十分巨大，据估算，全世界沿海岸线连续耗散的波浪能功率达 27×10^8 千瓦，技术上可以利用的波浪能潜力为 10×10^8 千瓦。但是波浪能在自然状态下是不能被有效利用的。为了把波浪能有效地转化为电能，长期以来，人们已经研究设计出多种波力发电装置，按照发电装置的位置进行分类，可以分为海上漂浮式、陆地做底式和陆海联合式 3 种。

但是，利用波浪能发电还需要克服很多困难。例如，海水具有很强的腐蚀性，要解决发电装置的防腐问题；波浪能能量比较分散，所以设备必须做得很大，成本比较高等。要解决这些问题，仍需要很长一段时间的努力。

海流发电

海流也叫洋流，是海水沿着一定的方向大规模移动的现象。利用海流发电，跟陆地上水力发电的原理类似，利用海水的流动推动水轮发电机发电。目前常用的发电站为花环式海流发电站。

现在应用比较广泛的海流发电设备基本分为以下3种：水平轴式涡轮机发电、垂直轴式涡轮机发电、震荡水翼式系统。虽然海流发电清洁无污染，发展前景可观，但是发电和电力输送都很困难，且对发电装置的耐腐蚀性要求较高，对生态环境也会造成一定的破坏。

温差发电

温差发电是指利用海水的温差进行发电，是对海洋热能的利用。由于海水的面积比较大，太阳辐射到地球上的能量大部分被海水吸收。海洋不同水层之间的温差很大，一般表层水的温度可达28℃，而500米深处的水温则只有5℃。温差发电的原理是，温水流入蒸发室之后，在低压下海水沸腾变为流动蒸气或丙烷等蒸发气体作为流体，推动透平机旋转，启动交流电机发电；用过的废蒸气进入冷凝室被海洋深层水冷却凝结，再进行循环。

知识"爆料"馆

★ 中国的电力构成 ★

中国的电力结构主要有火电、水电、核电等。其中，火力发电是我国的主要电力来源。火力发电一般是指以石油、煤炭和天然气等燃料燃烧时产生的热能进行发电的方式。

海洋生物资源的开发

　　海洋不仅孕育着万千生物，还哺育着人类，是人类食物的主要来源之一。海洋中的食物资源丰富，仅近海水域可食用的海藻，年产量已相当于世界年产小麦总量的 15 倍以上。除此之外，海洋中还有众多的鱼虾、软体动物等资源，营养丰富，美味可口。

　　海洋生物资源的开发方式有海洋捕捞和海水养殖。海洋捕捞属采集性工业。海水养殖分为鱼虾类养殖、贝类养殖和藻类养殖三大类。海洋渔业因离海岸的远近不同，可分为近海渔业、外海渔业、远洋渔业。

海洋捕捞

　　海洋捕捞指在海洋中对各种天然水生动植物的捕捞活动，包括对各种鱼、虾、蟹、贝、珍珠、藻类等的捕捞。海洋捕捞是人类从海洋中获取食物的一种重要方式，

每年在捕鱼季来临的时候，都有大批船队浩浩荡荡地从岸边出发，前往海洋更深处展开捕捞。每年世界各地的渔船都会在各自的专属经济区进行捕捞，捕捞技术先进的国家还会进行远洋捕捞。

什么是远洋捕捞呢？它是指在 200 米等深线以外大洋区进行捕捞作业。由于远洋捕捞的地点远离人类的活动区域，其捕捞的海产具有清洁无污染的特点，可以满足人们健康饮食的要求。我国是海洋捕捞业大国，但多为近海捕捞，远洋捕捞的规模还很小，随着近海环境恶化与渔业资源的枯竭，远洋捕捞业成为我国海洋捕捞业新的增长点。

我国最大的渔场是舟山渔场，它是我国东南沿海渔

民的重要捕捞作业区域。这里地理位置优越，光照充足，营养盐类丰富，是多种鱼类栖息的乐园，中国的大黄鱼、小黄鱼、带鱼以及墨鱼主要产于此地。

海水养殖

海水养殖是指在沿海地区养殖有经济价值的海洋动植物的生产活动。主要养殖种类包括鱼类、虾类、蟹类、贝类、藻类、海珍等，而以贝类、藻类最为普遍，虾类次之。我国是海水养殖大国，无论是养殖面积还是产量

都居世界首位。海水养殖是对海洋捕捞的有效补充，是人们利用海洋生物资源的一个飞跃。

知识"爆料"馆

★ 海水养殖的分类 ★

海水养殖有多种分类方式。按养殖对象可分为鱼类养殖、虾类养殖、蟹类养殖、藻类养殖等，按集约化程度可分为粗养、半精养、精养，按生产方式可分为单养、混养和间养。

海洋空间资源的开发

海洋具有巨大的可开发的空间资源。世界海洋总面积约为 3.62 亿平方千米，而陆地总面积仅约 1.49 亿平方千米，海洋总面积是陆地总面积的 2 倍多。与陆地环境不同，海洋的环境比较稳定，人们进行海上运输，挖通海底隧道，建造跨海大桥，发展滨海旅游，使海洋不再是经济贸易和人文交流的阻碍，而成为把世界各地紧密联系在一起的纽带。

海上运输

海洋曾经是人们从事交通运输的天然屏障。长期以来，人们一直在努力将海洋屏障变为海上坦途。海上运输是使用船舶通过海上航道运送货物和旅客的一种运输方式，简称海运。海运包括远洋运输、近海运输和沿海运输。海上运输是国际贸易中最主要的运输方式，占国

际贸易总量的 2/3 以上。它利用天然海洋通道，船舶吨位一般不受限制，具有运量大、成本低等优点，适于远程运送大宗货物。现代国际贸易中，多数货物是靠海上运输的。当今海洋运输，船速日益提高，自动化和专业化不断增强，船舶吨位不断提高，这都是现代化海运的特点。

海底隧道

在海峡、海湾和河口等处的海底建造的沟通陆地的隧道就叫海底隧道。海底隧道可以通火车、汽车，安全快速，不受天气和海水的影响，不影响生态环境，因此，

青岛胶州湾隧道

开辟海底隧道是众多临海国和岛屿国的选择。比较著名的海底隧道有英法海底隧道，它位于英国多佛尔港与法国加来之间，把英伦三岛与欧洲大陆连接起来。

跨海大桥

跨海大桥是指在海上建造的桥梁工程，是跨越海湾、海峡、深海、入海口或其他海洋水域的桥梁。跨海大桥的规模大，对技术的要求非常高，建造成本也特别高。随着中国经济技术水平的提高，我国建造了很多跨海大桥，比如杭州湾大桥、港珠澳大桥、青岛胶州湾大桥、海口如意岛跨海大桥等。其中港珠澳大桥连接香港、广东珠海和澳门，桥长55千米，是我国最长的跨海大桥。

海底电缆

海底电缆是用绝缘材料包裹的，铺设在海底，用于电信传输的电缆。它的铺设比陆地上电缆的铺设会相对容易一些，不需要翻山越岭，也不需要在半空中架设，且不易被损坏，是一种非常经济划算的工程设施。

海滨旅游

广阔的海洋和风光绮丽的滨海地带令人流连忘返，充分利用大海的自然风光，开发海滨旅游，也是人们利用与开发海洋资源的一个重要方面。中国十分重视海滨

风景区的开发和建设，像我们熟悉的渤海海滨的秦皇岛，黄海海滨的大连、烟台、青岛和连云港，东海海滨的普陀山和厦门，南海海滨的深圳、北海和海南的天涯海角等都是重点开发的海滨旅游区，每年都有大批海内外游客到这些地方旅游。

知识"爆料"馆

⭐ 我国沿海有哪些重要的海港？ ⭐

我国比较重要的海港有上海港、深圳港、青岛港、天津港、广州港、厦门港、宁波港、大连港等。其中上海港是我国第一大港，2022 年 1 月 1 日，上海港集装箱吞吐量已经突破 4700 万标准箱，连续十二年稳居世界集装箱第一大港的位置。

海洋的保护

糟糕的海洋生态环境

海洋生态系统为世界各国的经济和社会发展提供了各种各样的资源，生态服务价值巨大。然而，各类环境污染和环境破坏等，导致土壤盐渍化严重，近岸海洋生态系统严重退化。

过去50年间，全球低氧海域的面积增加了2倍，近90%的红树林、海草和湿地植物，以及超过30%的海鸟面临灭绝威胁，海洋对全球气候的调节作用被严重削弱。全球海洋中含氧量极低的"死水区"数量从2008年的400多个，增加到2019年的近700个。过度捕捞造成的经济损失每年高达几百亿美元。

海洋污染

海洋污染主要是由于人类的无节制活动造成的。海洋污染包括化学污染、物理污染、生物污染等。随着世界范围内工业化进程的加快，由工业废水和废弃物造成

的化学污染、重金属污染、有机物污染、热污染，由海上石油开采与海难事故造成的石油污染，由农业造成的农药污染、化肥污染，以及由生活污水造成的有机物污染、微生物污染等，都呈现逐年加重的趋势。这些污染物有的被直接排放到海洋中，有的虽然未直接排入海洋，但通过降水和大陆径流，最终还是被带入了海洋，由此造成的复合污染已使海洋的水环境质量明显下降，部分海域的污染甚至达到了非常严重的地步。

全球气候变化与海洋环境

全球气候变化是指全球范围内气候平均状态在统计学意义上的显著改变或者持续较长一段时间的气候变动。近 100 多年来，全球气温总体表现为上升趋势。科学家

认为，导致全球气候变暖的主要原因是人类大量使用矿物燃料，并进行大规模农业和畜牧业生产，以及焚烧垃圾等，这些活动都会向大气中排放大量温室气体，这些气体主要包括二氧化碳、氧化亚氮和甲烷。

另外，人类过量砍伐森林、破坏植被、改变土地利用方式和污染环境等都会加剧全球气候变暖的进程。全球气候变暖已给人类及其赖以生存的生态环境带来了灾难性的后果，如极端天气、冰川消融、永久冻土层融化、珊瑚礁死亡、海平面上升、生态系统改变、旱涝灾害增加、致命热浪等。

我国受全球气候变暖的影响，沿海海平面变化总体

呈波动趋势，1980—2012 年，海平面年平均上升 2.9 毫米，高于全球平均水平。其中，长江三角洲、珠江三角洲、黄河三角洲和京津地区是最容易受海平面上升影响的地区。另外，全球气候变暖会影响珊瑚礁的生长，珊瑚礁的大面积死亡，已经让很多海洋动物失去了栖息地，严重破坏了海洋生态。

知识"爆料"馆

⭐ 什么是海洋的自净能力？ ⭐

海洋自净能力是指海洋环境通过自身的物理过程、化学过程和生物过程而使污染物质浓度降低乃至消失的能力。

控制海平面持续上升

海平面上升是由全球气候变暖、极地冰川融化、上层海水变热膨胀等原因引起的全球性现象。研究表明，近百年来，全球海平面已上升了 10 ~ 20 厘米，并且未来还会加速上升。

导致海平面上升的因素

导致海平面上升的因素有很多，大洋热膨胀，山地冰川、格陵兰陆冰和南极冰盖的融化等，都会导致海平面上升，其中，全球变暖导致冰川融化为海平面上升的主要原因。

海平面上升的影响

海平面上升会对沿海地区的社会经济、自然环境及生态系统等产生重大影响。首先，海平面上升使一

些低洼的沿海地区被海水淹没。沿海居民的生存空间被侵蚀，一些旅游设施也会被淹没。其次，海平面上升会使风暴潮强度加剧，频次增多，它不仅危及沿海地区人民的生命财产安全，还会使土地盐碱化。最后，如果海水通过河流涌入内陆，则会导致农业减产，陆地生态环境遭到破坏。

控制海平面上升的措施

控制海平面上升的措施主要有以下几种。

第一，加强对海平面的监测，防患于未然，提高海洋的灾害防御能力。

第二，推进海岸带修复和防护林等生态工程建设，提高沿海区域防范海平面上升的能力。

第三，优化沿海城市产业发展布局，把海平面上升的影响因素考虑进去，不在海拔较低的地区安置较密集的人口，一些生产易燃、易爆品的工厂不安置于此。

第四，建设海堤，提高海岸防护能力，形成抵御和缓解海平面上升和极端海洋气候事件影响的防护带。

知识"爆料"馆

★ 温室气体 ★

温室气体能使气温上升，这类气体主要有水汽、二氧化碳、氧化亚氮、氟利昂、甲烷等。

减少陆源污染

陆源污染是指陆地上产生的污染物进入海洋后，对海洋环境造成污染及其他危害的污染方式。陆源污染物种类多、数量大，对近岸海域环境造成的破坏极大。陆源型污染和海洋型污染、大气型污染构成了海洋的三大污染源，其中陆源污染对海洋环境的影响最大。

陆源污染物的特点

陆源污染物具有以下两个主要特点，一是污染物种类多，二是污染物排放量大。陆源污染物是人类在生产、生活过程中所产生的污染物，如生活污水、工业废水等，种类非常多。另外，凡是以液体形式排放的污染物，无论是富含农药和肥料的农业用水，还是工业废水，最终都流向了海洋，所以污染物排放量大是陆源污染物的一个重要特点。

减少陆源污染的措施

陆源污染物严重破坏了海洋环境，为了减少陆源污染，我们可以采取以下措施。

第一，加速污染治理的立法进程，提高企业的排污标准，加强监管力度。

第二，加强对保护环境的宣传教育，让广大群众意识到污染环境的严重危害，树立保护海洋的观念。

第三，控制工厂废水、废气、废渣的排放量，努力通过技术革新，对工业"三废"进行综合利用，先处理后排放。

第四，在农业生产中，对粪便、垃圾和生活污水等

分别进行无害化处理；合理使用农药和化肥；对耕地施用化学改良剂，采取生物改良措施等；农业用地尽量多使用有机肥。

第五，加强对入海排污口的排查和整治。查清入海排污口的数量和具体情况，保证日常监测。

第六，对入海河流进行全域整治。加大"河长制"的落实力度，减少污染物的入海排放。

第七，加强对近岸海域建设项目的监督管理，严格审批程序。

第八，加强与国土部门和海洋部门的协调联动，对近岸所有的排污口企业开展联合执法。

知识"爆料"馆

⭐ 工业"三废" ⭐

工业"三废"是对工业生产过程中排出的废气、废水、废渣的简称。废水不经处理直接排入大海，会导致海水水质变差，影响近海区域内生物的生长。

减轻风暴潮灾害的损失

　　风暴潮，是由剧烈的大气扰动，如强风和气压骤变导致海水异常升降，使受其影响的海区的潮位远超平常潮位的现象。其影响范围一般为数十至上千米，是一种威力巨大的自然灾害，可对人民的生命财产造成巨大威胁。

风暴潮的危害

　　风暴潮威力巨大，常伴有大风和强降水，浪高可达几百米，移动速度可达每小时 150 千米。这些巨浪冲击陆地，可摧毁海港，淹没沿海的工厂、城镇和村庄。由于它发展比

较迅猛，人们很难迅速转移物资，抵御灾害。它会对渔业、农业生产和人民生活造成严重破坏，是全球范围内具有毁灭性的气象灾害之一。

应对风暴潮的措施

由于风暴潮危害巨大，所以提高防范意识，制定防范措施非常必要。目前，防御风暴潮灾害的主要措施有工程措施和非工程措施。

工程措施是指在可能遭受风暴潮灾害的沿海地区修筑防潮工程，如沿海、沿江堤坝和挡潮闸等。我国福建省先后建成了保护范围在千亩以上的江海堤坝，防潮效果明显。

　　非工程措施主要是指监测预报和紧急疏散计划等。监测预报可以防患于未然，及时预报风暴潮的到来。紧急疏散计划可以在灾难来临时按照疏散计划确定的路线，将人员和物资转移到安全区域。目前，我国各级政府已经建立了风暴潮灾害的应急预案。

知识"爆料"馆

⭐ 风暴潮主要发生在哪些地区？⭐

　　风暴潮主要发生在中纬度沿海地区，以欧洲北海沿岸、美国东海岸以及我国北方海区沿岸为多。风暴潮一般由热带气旋（台风、飓风）、温带气旋（寒潮）等引起。

警惕"海洋杀手"——石油污染

石油被誉为"现代工业的血液",我们的生活中几乎处处都需要石油。然而,如果石油在开采和运输的过程中出现泄漏,而又没有得到及时治理,就会造成石油污染。发生在海上的石油污染会严重影响海水的水质,毒害海洋生物,对海洋环境造成巨大的破坏。

石油泄漏污染事故不断

石油泄漏被认为是破坏海洋环境的"超级杀手"。随着运输量和船舶密度的增加,发生灾难性船舶事故的风险逐渐增大。

比如,2002年11月,利比里亚籍油轮"威望"号在西班牙西北部海域解体沉没,至少6.3万吨重油泄漏。法国、西班牙及葡萄牙共计数千千米海岸受污染,数万只海鸟死亡。

2007 年 11 月，装载 4700 吨重油的俄罗斯油轮"伏尔加石油 139"号在刻赤海峡遭遇狂风，解体沉没，3000 多吨重油泄漏，出事海域遭到严重污染。

2010 年 4 月 20 日，半潜式钻井平台"深水地平线"发生爆炸，两天后沉入墨西哥湾，后钻井平台底部发生了严重的漏油情况。

2010 年 7 月 17 日，辽宁大连新港附近中石油的一条输油管道发生爆炸起火，导致部分原油泄漏入海。

类似的海洋石油污染还有很多，如果不及时治理，

将会对生态环境造成巨大破坏，人类也会因此面临重大的损失。

石油污染的治理措施

严重的海洋石油污染对海洋的生态环境造成了极大的破坏，但海洋石油污染发生后，若及时采取措施，可以减少危害。目前，常采用的方法可分为物理法、化学法和生物法。其中，物理法包括拦截撇捞法、吸附法；化学法包括燃烧法和化学分散法；生物法目前使用的是

微生物吞食处理法。具体介绍如下。

第一，拦截撇捞法。在石油泄漏初期，采用拦截撇捞法可以收到很好的效果。它可以在石油扩散之前，先用栅栏围截成防护圈，再用只吸油不吸水的网具把石油从海面上捞出来。这种方法在风平浪静的天气下比较适用，在风浪较大的恶劣天气里则很难奏效。

第二，吸附法。用高性能的吸油剂先将海面上的石油吸附起来再集中清理的方法叫吸附法。这种方法的优点是方便快捷，缺点是治理成本比较高。

第三，燃烧法。这种方法简便易行，只需点一把火

即可。但是这种方法只能将石油中的可燃部分燃烧掉，不能燃烧的部分依然会留在海洋里造成污染，且燃烧产生的烟雾也会污染空气。

第四，化学分散法。这种方法可以使石油分散开来，形成易于被海洋生物吞噬的小液滴。但是这种方法在清除海上油污时，也会对鱼类等海洋生物造成二次污染，并且处理速度较慢。

第五，微生物吞食法。这是一种用人工培养的石油清污微生物处理石油污染的方法，这种方法只适用于小面积污染区和被拦截的污染区域，否则这些微生物一旦不受控制，也会造成灾难。

知识"爆料"馆

⭐ 石油和原油有什么区别？ ⭐

原油是直接从地下或海底提取的未经处理的油，含有杂质，不能直接使用。而石油是可以直接使用的，它是天然气、人造油、成品油的总称。

打击海洋生物入侵

在全球化进程中，世界各地之间的联系越来越密切，这也让生物入侵有了可乘之机。

所谓生物入侵，是指非本地物种由于自然或人为因素从原分布区域进入一个新的区域的地理扩张过程。由于入侵的外来物种在本地缺少天敌，会大量繁殖，形成竞争优

势，对本地经济、环境、社会和人体健康造成损害。

随着我国海洋运输事业的发展及海水养殖品种的传播和引入，外来海洋物种数量越来越多，使海洋环境面临的入侵压力越来越大，防治形势越来越严峻。

危害

海洋外来物种的入侵危害极大，由于在新的环境中没有天敌，外来物种会大量繁殖，消耗大量的海洋资源，导致本地其他物种缺少食物来源，大面积死亡，甚至灭绝，从而使被侵入地区的生物多样性遭到破坏，生态系统中的食物链结构也被严重破坏。另外，外来入侵物种还

有可能携带病菌，使入侵地区的动植物被感染，引起病害流行。

外来海洋生物入侵会造成海水养殖减产、海洋景观被毁、病害流行等灾难，使渔业、养殖业、旅游业、运输业和其他基层海洋产业受损。

防治措施

针对来势汹汹的海洋生物入侵，可采用的治理方法一般包括生物治理、物理治理、化学治理、综合治理等，具体如下。

第一，生物治理。包括生物替代和生物防治，生物

替代是选用当地物种通过替代方法控制外来入侵物种，生物防治是通过在原产地引进天敌控制外来物种。入侵物种之所以能在新的环境中疯狂生长，大量繁殖，主要原因是它在新的环境里缺少天敌。科学地引入竞争物种或者入侵物种的天敌，可以在防治海洋生物入侵方面收到很好的效果。但是对新引入的物种一定要进行严格评估，避免产生二次生物入侵。

第二，物理治理。主要包括人力灭除、利用专门设计制造的机械设备防止外来物种入侵。物理手段可以在生物入侵初期快速将其消灭，但是入侵物种一旦扩散开来，对人力和物力的需求就会过大，效果不佳。

第三，化学治理。即用化学制剂控制外来物种的方法，特点是使用方便，速度快，但费用较高，会对环境造成污染。由于海洋面积大，海水流动快，使用化学制剂的费用会更高，效果也可能不明显。

第四，综合治理。生物治理、物理治理和化学治理的方法各有优缺点，根据国内外众多的事例，以生物防治为主，辅以化学、机械或人工方法的综合治理是解决外来有害物种入侵最有效的方法。如治理大米草，就可以在初期采用人工、机械、化学方法，在长期治理的基础上，实施有效的生态学治理技术，利用天敌进行生物防治。

知识"爆料"馆

⭐ 物种入侵一定要引进物种天敌来应对吗？ ⭐

治理外来生物入侵的一个方法就是生物治理，那么一定要用引进天敌来应对吗？不一定。物种入侵通常是因为本地没有该物种的天敌而且生境极其适合该物种的繁衍，但是随意引入天敌可能造成另一种物种入侵，因此需要由专家结合物种情况、生境情况正确评估。

保护渔业资源

随着人口的增多，人类对于食物的需求量也越来越大。由于前所未有的海洋大开发，世界各国的沿海地区承载着巨大的资源和环境压力。鱼类的产卵场和索饵场一般是在近岸的浅水区或河口附近，而大型围海、填海工程也多在这些区域进行。这会对鱼卵、仔稚鱼造成伤害，直接破坏渔业生物的产卵场和栖息地，影响渔业资源的再生能力。

世界四大渔场

世界四大渔场分别是北海道渔场、纽芬兰渔场、北海渔场和秘鲁渔场。

北海道渔场是由日本暖流与千岛寒流交汇形成的，盛产鲑鱼、狭鳕、太平洋鲱鱼、远东拟沙丁鱼、秋刀鱼等海洋鱼类。

纽芬兰渔场是由墨西哥湾暖流与拉布拉多寒流交汇

形成的，曾是世界著名渔场之一。可是，经过几个世纪的过度捕捞，现在的纽芬兰渔场已经失去了往日的繁荣，渔业资源遭到严重破坏。

北海渔场是由北大西洋暖流与北冰洋南下冷水交汇形成的。北海渔场水质优良，渔产丰富，盛产鲱鱼、鲭鱼、鳕鱼等，年捕获量占全世界的5%左右。

秘鲁渔场是由秘鲁寒流的上升补偿流形成的。这里鱼类资源丰富，其中经济鱼类就有800多种，如凤尾鱼、鲥鱼等，为人们创造了巨大的经济效益。

我国海洋渔业资源的现状

我国的海洋渔业也面临着严峻的形势。近海渔业资源枯竭，那种"出海归来鱼满舱，码头渔歌渐唱响"的

光景已经不复存在。海洋污染严重，近海的天然渔场中鱼的数量减少，海水养殖空间被挤压，因海水养殖而带来的污染问题也屡见不鲜。保护渔业资源已经刻不容缓。

保护渔业资源的措施

为了保护渔业资源，我们应该采取如下措施。一是加大对渔业水体污染的整治。二是控制近海水域捕捞，养护渔业资源。三是加大渔政执法力度。四是加快建设

鱼类自然保护区。五是继续做好人工放流增殖工作。六是加大渔业法律、法规宣传力度，提高人们保护渔业资源的意识。

知识"爆料"馆

⭐ 秋刀鱼 ⭐

秋刀鱼，又称"竹刀鱼"，因为生长季节在秋季，身体修长像刀一样而得名。秋刀鱼味道鲜美，适合蒸、煮、煎、烤等，是深受大众喜爱的食物。

赤潮的预防与治理

赤潮是在特定的环境条件下，海水中某些浮游植物、原生动物或细菌爆发性增殖或高度聚集而引起水体变色的一种有害生态现象。赤潮会使一些海洋生物不能正常生长、发育、繁殖，导致一些生物逃避甚至死亡，破坏了海洋中原有的生态平衡。

赤潮对海洋生态平衡的破坏

赤潮生物急剧繁殖可使海洋的生态平衡被打破，生活在海洋中的浮游植物、浮游动物、底栖生物、自游生物相互间的食物链断裂，造成鱼、虾、蟹、贝类缺少食物来源。除此之外，生物大量死亡，这些死亡的生物会被细菌分解，细菌分解会消耗大量氧气，使区域性海洋环境严重缺氧，从而导致海洋生物缺氧死亡。另外，有些赤潮生物的体内或代谢产物中含有生物毒素，能直接

毒死鱼、虾、贝类等生物。有些毒素在贝类体内积累，如果这些贝类不慎被人食用，就会引起人体中毒，严重时可导致死亡。

预防方法

第一，控制海水的富营养化。水体富营养化是赤潮产生的根本原因，要加强对排污企业的监督管理，坚决杜绝含磷废水被排到水体中。

第二，优化海水养殖，减少海水养殖对海洋的污染。充分利用海水空间，选择对水质有净化作用的品种进行多品种混养、轮养和立体养殖。

第三，控制赤潮生物入侵。对有可能带来外来物种的船只进行严格排查，杜绝外来赤潮生物的入侵。

第四，加强公众教育。通过多种媒体向全社会广泛开展关于赤潮的科普宣传工作，提高全民保护海洋的意识。

治理方法

第一，物理方法。利用机械方法或通过改变温度、光照、盐度、营养物、微量元素等物理因子，提高环境的自净能力，破坏赤潮生物的细胞等，达到消除赤潮的目的。

第二，化学方法。利用化学药品直接杀死赤潮生物或利用物质的胶体化学性质，使赤潮生物凝聚、沉淀，而后回收。

第三，生物方法。可以利用微生物抑制藻类生物的生长，也可以利用其他藻类植物抑制赤潮生物的生长，还可以利用海洋滤食性动物等生物去除赤潮生物等。

知识"爆料"馆

⭐赤潮多发生在哪些国家？⭐

赤潮是一种世界性的海洋污染，美国、日本、中国、加拿大、法国、瑞典、挪威、菲律宾、印度、印度尼西亚、马来西亚、韩国等30多个国家和地区赤潮发生的频率较高。

保护海岸的卫士——红树林

生长在热带、亚热带海岸潮间带，由以红树植物为主体的常绿乔木或灌木组成的湿地木本植物群落，就是素有"海洋绿肺""天然牧场""鸟类天堂"和"海岸卫士"美称的红树林生态系统。

红树林的作用

红树林生态系统不仅能净化水体，还是一些海鸟、虾蟹、贝类的栖息地。它的作用主要有固碳、净化海水、抵挡海洋灾害、防风固堤等。该生态系统中不仅生活着大量的植物，还有很多鱼、虾、藻类以及微生物等。这么多生物生活在一起，构成了一个多层级的水体净化系统，可以给海水养殖业提供一个相对清洁的海洋环境，提高海水养殖的经济效益和生态效益。

保护红树林的措施

红树林生态系统对改善海洋生态、抵御海洋灾害都有很好的作用。保护红树林，就是在保护海洋。关于红树林的保护，具体有以下措施。

第一，加强红树林自然保护地管理。对红树林进行整体保护，严格红树林地的用途管制，优化和增设红树林自然保护地。

第二，对遭到破坏的红树林进行及时修复，强化红

树林生态修复的规划指导。

第三，强化红树林保护的科技支撑，防治有害生物入侵，对红树林的生态修复工作进行全过程跟踪评估。实施红树林生态修复，科学营造红树林，加强后期管护，防控有害生物，保障红树林种苗供应。

第四，完善红树林保护制度体系。在制度层面，全面考虑红树林的保护，让保护工作有条不紊地进行。

第五，加大对红树林保护的宣传，让人们认识红树林，并形成保护红树林的意识，自觉采取一些保护红树林的行为措施。

知识"爆料"馆

★ 世界上最大的红树林在哪里？ ★

孟加拉国拥有世界上最大、最著名的天然红树林分布区和大面积的人工红树林。西部的孙德尔本斯国家公园是世界上最大的三角洲综合体，三角洲被大面积的红树林包围，面积达 5957 平方千米。

保护"海洋热带雨林" ——珊瑚礁

在太平洋中西部的热带和亚热带海域里，有一片区域被称为"海洋热带雨林"，这里生活着色彩鲜艳的鹦嘴鱼、琪蝶鱼、雀鲷和蝴蝶鱼，以及千姿百态的海绵动物、腔肠动物与软体动物等，这里就是珊瑚礁生态系统。珊瑚礁是大自然最壮观、最美妙的创造物之一，全世界珊瑚礁总面积约为 60 万平方千米，其中大部分位于印度洋—太平洋地区。

珊瑚礁被破坏现状

受到海水升温的持续影响，珊瑚礁被破坏的情况严重，在 2016 和 2017 年间，珊瑚礁大量白化的事件陆续出现。例如，2016 年，海水升温在大堡礁最原始的北部区域造成大批珊瑚死亡；2017 年，白化情况进一步恶化。与大堡礁的情况类似，全球范围内的珊瑚礁遭受着白化

的威胁。

珊瑚礁除了受温度影响，海水的盐度和水体内营养物质含量也对其有重要的影响。除了白化，珊瑚礁还时刻遭受着过度捕捞、污染、海岸工程破坏、海水酸化、海平面上升、珊瑚疾病、长棘海星暴发等多种威胁。

珊瑚礁是海洋生态系统不可或缺的一部分，无论渔业、旅游业，还是海岸保护、维持生态多样性、药品研

制、教育产业等，都与珊瑚礁密切相关。

如何保护珊瑚礁

目前，在全球范围已经有超过一半的珊瑚礁出现严重退化，拯救珊瑚礁已迫在眉睫。一方面对未遭到破坏的珊瑚礁采取保护措施，最主要的是建立珊瑚礁保护区或者国家公园，对关键区域进行严格保护。比如，美国和澳大利亚分别将夏威夷和大堡礁海域设立为国家公园。

　　另外，控制珊瑚礁沿岸农药使用，减少排污，降低珊瑚礁捕捞强度，减少二氧化碳排放，延缓全球变暖，也是保护珊瑚礁的重要措施。除此之外，还要加大对珊瑚礁进行保护的宣传工作，传达珊瑚礁对人类生存和生活的重要作用，让人们树立保护珊瑚礁的意识。

　　另一方面，对于遭到破坏的珊瑚礁要进行修复。修复的方式基本是培育和移植珊瑚礁。由于野生珊瑚数量有限，很难满足移植的要求，只能依靠人工培育珊瑚来

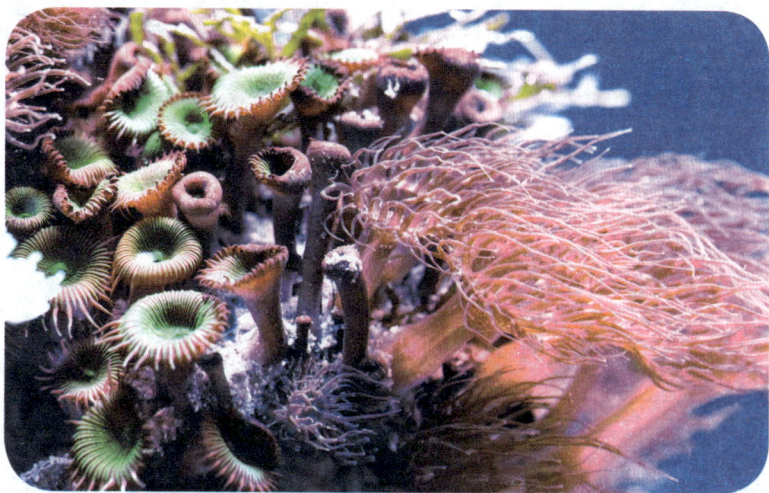

进行修复。日本、澳大利亚、帕劳、泰国、印度尼西亚等热带国家都在对珊瑚进行人工培育。

知识"爆料"馆

★ 岛与礁有什么区别？★

一般来讲，岛是指面积在 500 平方米以上（包括 500 平方米），有植被覆盖，四面环水的小块陆地，上面可能有各种地形。礁是指江海中的石头，在海面上能看到的叫明礁，在海面上看不到的叫暗礁。礁的面积在 500 平方米以下，没有植被，有生物礁石（如珊瑚礁）、火山礁石、大陆延伸的岩石等。

用法律保护海洋

海洋遭到污染和破坏主要是缺乏管理和管理不善导致的。对海洋问题进行立法，既可以对破坏生态环境的行为起到一定的震慑作用，又可以在污染事件发生之后，依法规进行处罚。

我国的海洋法律法规

我国率先批准签署了《生物多样性公约》，并编制了《中国海洋生物多样性保护行动计划》《中国湿地保护行动计划》等多项具体行动计划，为海洋生物多样性保护提供了法律依据。

此外，《中华人民共和国海洋环境保护法》《中华人民共和国野生动物保护法》《中华人民共和国渔业法》《中华人民共和国自然保护区条例》《海洋自然保护区管理办法》等法规中均涉及有关海洋生物多样性保护的条款。

完善法律，依法治海

目前，我们的海洋立法还存在一些不足，相关领域还缺少有针对性的法律法规，必须加快完善海洋保护的法律法规，使海洋保护做到有法可依。加快建设海洋强国，实现人海和谐共生的根本要求和基础保障，迫切需要不断加大海洋环境司法保护力度，为促进海洋生态文明建设提供强有力的服务与保障。

山东省首先实施了海洋生态红线制度。自 2013 年，山东省生态红线管控区面积就占到近岸渤海海域面积的

40%以上，对渤海的生态安全和环渤海地区的经济可持续发展起到了重要作用。

保护海洋生态，仅依靠国家的立法还不够，地方可根据具体情况进一步完善，制定地方性法规。比如，《广西海域使用权收回补偿办法》已于2012年6月1日正式施行。

知识"爆料"馆

⭐ 国际海洋法 ⭐

国际海洋法又称"海洋法"，它包括有关内海、领海、毗连区、专属经济区、大陆架、公海、国际海底区域、用于国际航行海峡和群岛水域等一系列国际海洋法律制度。

建立海洋庇护所 —— 海洋保护区

1962 年，世界国家公园大会首次提出了海洋保护区的概念，但当时的人们对海洋保护的意识并不强烈，直到 20 世纪末，海洋保护区才开始受到比较广泛的关注。

什么是海洋保护区？广义上说，海洋保护区可以泛指为管理海洋资源和空间、保护脆弱生境或濒危物种而划定的任何海岸带或开阔海域。海洋保护区既保护了生物多样性，又保护了水质。

海洋保护区的范围

　　海洋保护区（其管理规定也是如此）不仅仅指的是海底，还应至少包括部分上覆水体及其动植物。海洋保护区不只保护自然特征，还应适用于文化特征的保护，像遗址、古灯塔和防波堤等。

海洋保护区的作用及类型

　　设立海洋保护区可以使渔业资源迅速回升。保护区内渔业资源量较高，鱼类的幼体经海流被输送到保护区外的渔场；幼鱼和成鱼也会从保护区向外迁徙，提

高了鱼的产量，从而促进附近渔业的繁荣发展。海洋保护区的设立在具体的实践中包括：按习惯土地所有权设立的保护区，如太平洋区域的保护区；以自愿为基础管理的保护区，如英国的保护区；由私人创建和管理的保护区；在合作管理体制下设立和管理的保护区，如加拿大的因纽特社区保护区；由政府机构建立和管理的保护区。

此外，许多海洋保护区是国际上指定的，如生物圈保护区、国际湿地保护区或世界遗产保护区等。

知识"爆料"馆

⭐ 我国有多少个国家级海洋保护区？⭐

迄今我国共有16处国家级海洋特别保护区，它们分别是昌邑海洋生态特别保护区、东营黄河口生态国家级海洋特别保护区、东营利津底栖鱼类生态国家级海洋特别保护区、东营河口浅海贝类生态国家级海洋特别保护区、东营莱州湾蛏类生态国家级海洋特别保护区、东营广饶沙蚕类生态国家级海洋特别保护区、文登海洋生态国家级海洋特别保护区、龙口黄水河口海洋生态国家级海洋特别保护区、威海刘公岛海洋生态国家级海洋特别保护区、锦州大笔架山国家级海洋特别保护区、南通蛎岈山牡蛎礁海洋特别保护区、连云港海州湾海湾生态与自然遗迹海洋特别保护区、乐清西门岛海洋特别保护区、嵊泗马鞍列岛海洋特别保护区、普陀中街山列岛海洋生态特别保护区、渔山列岛国家级海洋生态特别保护区。

保护海洋，我们在行动

保护海洋，人人有责。其实，我们每个人也可以为保护海洋贡献自己的力量。无论是将垃圾进行分类，还是在海滩游玩时清理垃圾，或者仅仅参加一个关于海洋保护的小活动，都是在为保护海洋做贡献。行动比语言有力，让我们从现在开始动起来吧。

不要将垃圾留在海滩上

当我们到海边旅游的时候，一定不要把生活垃圾扔到海滩上，尤其是塑料袋。塑料袋不容易降解，会被风吹到海里随着海浪漂流，威胁海洋生物的生存。所以，当我们踩在软绵绵的沙滩上时，除了脚印，什么也别留下。

拒绝食用稀有鱼类

我们在日常生活中经常会吃海鲜，但是对于海洋中

的稀有鱼类或者受保护的鱼类，要做到坚决不吃。有些海洋动物虽然受到了国际禁捕保护，但依然有人去捕杀它们，这必将导致这些海洋动物数量急剧减少，甚至灭亡。以鲸为例，这种世界上最大的哺乳动物，就是因为人类的过量捕杀而数量锐减。其中，99% 的蓝鲸被捕杀，露脊鲸种群数量已少于 300 头。

　　日本和挪威是世界上捕杀鲸鱼数量最多的国家。日本曾经仅在一年中就猎杀了 500 多头小须鲸、440 头抹香鲸。挪威在 2005 年捕杀小须鲸 655 头。

积极参加清理海滩的公益活动

每年的 4 月 22 日是世界地球日，6 月 5 日是世界环境日，在这两天，我国的沿海城市都会组织一些清理垃圾的环保活动。在这些活动中，海洋环保社团和海洋环保志愿者积极向民众宣传清扫海滩的重要性和必要性，并积极开展清理海滩的义务劳动。

这种活动对于提高公众的环境保护意识，调动群众参与环保活动的积极性起到了良好的作用。

如果大家都行动起来，将保护海洋变成一种共识，污染海洋的不文明行为将会大大减少，迎接我们的将是美丽富饶的海洋世界。

支持海洋保护组织的工作

当前海洋问题已经成为国际社会关注的焦点之一。在保护海洋方面，有很多海洋保护组织在为保护海洋生态不懈努力着，这些蓝色世界的保卫者在保护海洋生态方面的贡献不容忽视。

我国主要的海洋保护组织有蓝丝带海洋保护协会、智渔、无境深蓝、青岛海洋生态研究会、仁渡等。其中蓝丝带海洋保护协会是影响力最大的一个，它于 2007 年 6 月 1 日在三亚成立，在全国有很多会员单位，志愿者超万人。另外，智渔是国内做可持续渔业最专业的机构，无境深蓝主要做潜水员的保护联盟，仁渡做海洋垃圾的清理和控制。

　　这些组织拥有专业的知识、有效的保护措施和渠道，我们可以通过捐助物资、当志愿者和提建议的形式给予支持，还可以参加这些组织在本地举行的海洋保护活动，包括保护海洋的宣传和倡议等。

知识"爆料"馆

★ 世界海洋日 ★

　　联合国于第 63 届联合国大会上将每年的 6 月 8 日确定为世界海洋日。世界海洋日的确立为国际社会应对海洋挑战搭建了平台，也为在中国进一步宣传海洋的重要性、提高公众海洋意识提供了新的机会。

图书在版编目（CIP）数据

海洋的开发与保护 / 司洁主编 . -- 哈尔滨 ： 黑龙
江科学技术出版社，2024.1
（探索神秘的海洋世界）
ISBN 978-7-5719-2149-1

Ⅰ．①海… Ⅱ．①司… Ⅲ．①海洋开发－少儿读物②
海洋环境－环境保护－少儿读物 Ⅳ．① P74-49
② X55-49

中国国家版本馆 CIP 数据核字（2023）第 193386 号

探索神秘的海洋世界　　海洋的开发与保护
TANSUO SHENMI DE HAIYANG SHIJIE　　HAIYANG DE KAIFA YU BAOHU

司洁　主编

项目总监	薛方闻	
策划编辑	沈福威　顾天歌	
责任编辑	刘　杨	
插　画	文贤阁	
排　版	文贤阁	
出　版	黑龙江科学技术出版社	
	地址：哈尔滨市南岗区公安街 70-2 号　邮编：150007	
	电话：（0451）53642106　传真：（0451）53642143	
	网址：www.lkcbs.cn	
发　行	新华书店	
印　刷	三河市南阳印刷有限公司	
开　本	880 mm×1230 mm 1/32	
印　张	3	
字　数	48 千字	
版　次	2024 年 1 月第 1 版	
印　次	2024 年 1 月第 1 次印刷	
书　号	ISBN 978-7-5719-2149-1	
定　价	138.00 元（全 8 册）	

图书在版编目（ＣＩＰ）数据

可怕的海洋灾害 / 司洁主编 . -- 哈尔滨 ：黑龙江
科学技术出版社，2024.1
（探索神秘的海洋世界）
ISBN 978-7-5719-2149-1

Ⅰ．①可… Ⅱ．①司… Ⅲ．①海洋－自然灾害－少儿
读物 Ⅳ．① P73-49

中国国家版本馆 CIP 数据核字 (2023) 第 193387 号

探索神秘的海洋世界　　可怕的海洋灾害
TANSUO SHENMI DE HAIYANG SHIJIE　KEPA DE HAIYANG ZAIHAI

司洁　主编

项目总监	薛方闻	
策划编辑	沈福威　顾天歌	
责任编辑	回　博	
插　　画	文贤阁	
排　　版	文贤阁	
出　　版	黑龙江科学技术出版社	
	地址：哈尔滨市南岗区公安街 70-2 号　邮编：150007	
	电话：（0451）53642106　传真：（0451）53642143	
	网址：www.lkcbs.cn	
发　　行	新华书店	
印　　刷	三河市南阳印刷有限公司	
开　　本	880 mm×1230 mm 1/32	
印　　张	3	
字　　数	48 千字	
版　　次	2024 年 1 月第 1 版	
印　　次	2024 年 1 月第 1 次印刷	
书　　号	ISBN 978-7-5719-2149-1	
定　　价	138.00 元（全 8 册）	

海洋是浩瀚的，我们站在海边远望，看不到边际；海洋是神秘的，海洋中有许多人类没有涉足的区域；海洋也是丰富多彩的，五光十色的海洋生物营造出一个美丽的世界。我们的生活离不开海洋，海洋为我们提供了丰富的食物、种类繁多的矿产。没有海洋，世界商品的运输将会受阻，各国间的贸易成本将会大大提升；没有海洋，我们吃不到美味的海鲜，也不能享受漫步海滩的浪漫。

人类对于海洋的探索，从来都没有停止过。从郑和下西洋到哥伦布发现新大陆，从新航路的开辟到世界海洋贸易的繁荣，从低效的海洋渔业到充满科技元素的海水养殖，从对海洋的一无所知到如今发达的海洋科技，我们对神秘海洋的探索仍在继续。孩子们对

海洋是不是也充满了好奇？我们精心编写的这套《探索神秘的海洋世界》，描绘了美丽的蓝色海域，介绍了生动有趣的海洋动物和海洋植物，让孩子们通过本套书领略奇妙的海洋景观，揭开神秘的海洋之谜，懂得海洋资源的宝贵，知晓海洋灾害带给人类的危害，最终树立开发和保护海洋的正确观念。

　　本套书能够满足孩子们对知识的渴望，培养孩子们的求知欲，提高孩子们的学习兴趣。希望本套书引领更多的孩子走向科学，让他们在开阔视野的同时，也能放飞梦想。

目录

第一章 认识海洋灾害

第二章 威力巨大的海啸

第三章　海上风暴——台风

第四章　排山倒海的风暴潮

第五章　冰封万里的海冰

第六章　红色灾难——赤潮

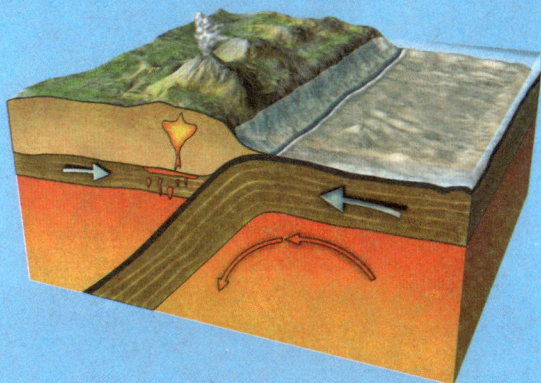

第七章 大海的悲鸣——海洋污染

认识海洋灾害

什么是海洋灾害？

海洋是个巨大的资源宝库，它不仅孕育了无数生命，还蕴藏着丰富的资源。海洋就像慷慨的母亲哺育着人类，推动着人类文明的进步。可是，伴随着海洋开发事业的蒸蒸日上，沿海地区的海洋环境却每况愈下，海洋灾害问题也日益凸显出来。

海洋灾害的概念

海洋灾害指的是海洋环境发生变异或人类错误干预导致海洋发生危害人类生命和财产的灾难。海洋灾害主要有海啸灾害、风暴潮灾害、海冰灾害、赤潮灾害、海雾灾害、海水入侵以及海洋污染灾害等。与海洋气象相关的灾害还有台风灾害、厄尔尼诺现象和拉尼娜现象等。

世界上许多国家都曾经受到海洋灾害的影响。太平洋海域上的台风所引起的暴风雨、巨浪等，给世界人民造成了沉重的伤害，同时带来了巨大的经济损失。因此，海洋是全世界自然灾难的重要源头之一。

海洋灾害的成因

导致海洋灾害发生的原因有很多：强烈的大气扰动，如温带气旋、热带气旋等；来自海洋内部的扰动或状态异常；火山爆发、海底地震及其伴生的地裂、海底崩塌和滑坡等。海洋灾害不仅威胁着海岸以及海上安全，还危及沿海地区居民的生命和财产安全。海洋灾害还会引发很多衍生灾害、次生灾害，如风暴潮引发的海岸侵蚀、土地盐碱化；海洋污染引发的生物毒素灾害等。世界上临近海洋的国家以及相关国际组织，都十分重视海洋灾害的防范工作。

知识"爆料"馆

⭐ 舰船的克星——海雾 ⭐

每当春夏交替时节，我国沿海地区总是笼罩在一团团经久不散的雾气之下，身处其间就仿佛置身于仙境一般，这便是我们所说的海雾。海雾是海上低层大气在过饱和状态下，凝结而成的水滴、冰晶或两者的混合物。海雾通常聚集在海面几米乃至上百米的低空区域，可导致大气水平能见度降低，给海上航行和渔业作业等带来危害。

海洋灾害的危害

海洋灾害危害巨大，严重威胁着人们的生命和财产安全。下面介绍几种常见的海洋灾害的危害。

海啸的危害

海啸的破坏力非常强大，可以摧毁沿海地区的建筑物、道路、桥梁、港口等设施，甚至可以将整个城市淹没。海啸带来的巨浪可以将人们卷入海中，造成人员伤亡。海啸也会导致海洋污染，发生海啸时，污染物会被带到沿海地区，影响海洋生态环境。

台风的危害

　　台风带来的强风和暴雨可以摧毁建筑物、拔起树木，给基础设施和人类生活带来很大影响。台风带来的风暴潮和洪水可以淹没低洼地区，容易引起山洪、泥石流等次生灾害，最易造成人员伤亡。台风还会对农业生产造成很大影响，导致农作物受灾、农田被淹等。

风暴潮的危害

风暴潮会携带狂暴的风浪，导致海平面地区的潮水迅速暴涨。潮水会漫过或冲毁堤岸，摧毁城镇和村庄房屋等建筑物，淹没农田庄稼，严重威胁人类的生命和财产安全。风暴潮还会引发山体滑坡等次生灾害，使灾害的破坏程度进一步加剧。

知识"爆料"馆

⭐印度洋大海啸⭐

印度洋大海啸是 2004 年 12 月 26 日在印度洋发生的一次大规模海啸，由 9.0 级地震引起，震中位于印度尼西亚苏门答腊岛以西 160 千米处。这次海啸是记录中最具毁灭性的海啸之一，造成了超过 20 余万人死亡或失踪、50 余万人受伤和 100 多万人无家可归。印度洋大海啸引起了全球范围内的关注，促使各国政府和国际组织加强了对海啸的研究和防范措施。

第二章

威力巨大的海啸

什么是海啸？

海啸是蕴含着巨大能量的破坏性海浪，发生时往往给人类带来灾难。海啸能在瞬间冲毁房屋，淹没农田，严重威胁着人们的生命财产安全。在所有的海洋灾害中，海啸造成的破坏力最为严重。

认识海啸

海啸是由海底地震、火山爆发、海底滑坡或气象变化等引发的破坏性海浪。它会引起海面大幅度涌动，受到海啸袭击的地区会因海浪的巨大冲击遭受灾难。海啸传播速度快，可达700千米/时，可在几小时内穿越大洋。在距离海岸较远的深水区，海啸波浪起伏比较平缓，当海啸传播到近岸时，可形成数十米高的"水墙"，这样的巨大水墙势不可当，会对堤岸、码头和海岸上的建筑物产生巨大的破坏作用。

海啸的特点

海啸会产生一系列波浪，通常，这种波浪的波长在几十到几百千米之间，周期在 2 ~ 200 分钟之间，多数在 2 ~ 40 分钟之间。海啸刚刚形成时，波高并不明显，仅有一两米高。在其向外传播的过程中，波高一直没有太大的起伏，直到接近海湾或岸边的浅水区时，波高会猛然增高数倍甚至数十倍，这种巨浪携带着巨大能量和强大破坏力，因此不容小觑。

海啸的类型

海啸有遥海啸和本地海啸两种。

遥海啸：指跨越海洋或远距离传播来的海啸，又称越洋海啸。遥海啸的海啸波属于海洋长波，其一旦在源头产生，在不受岛屿群、大片浅滩、浅水陆架等的阻挡时，通常可在几小时内传播数千千米，而且在这样的传播过程中几乎没有能量损失，因此数千千米之外的地方也会受到海啸的巨大冲击。

本地海啸：大多数海啸都属于本地海啸，又称局地海啸。本地海啸发生时，因为它的震源地距离受灾的滨海地区较近，海啸波只需几分钟，最多几十分钟的时间便能到达海岸。

海啸的危害

海啸严重威胁着人们的生命财产安全，给陆地和海洋生态环境带来巨大破坏。这样的灾害在短时间内发生，

但要从中恢复过来则需要漫长的时间。

海啸所过之处，一片狼藉。房屋倒塌，家畜死亡，田地和庄稼被严重冲毁。由于海水的猛烈冲击，很多耕地土壤养分流失严重，甚至变成了盐分极高的盐碱地。

海啸还会给灾区带来大量污水，污染当地水源，进而加重陆地生态环境所受的破坏。同时，海啸也会对当地的海洋生态环境造成严重的污染和破坏，红树林、珊瑚礁以及海洋鱼类都可能因此遭殃。一旦这些宝贵的海洋生态资源被污染、破坏，周边的渔业发展也会受到影响。

知识"爆料"馆

⭐ 为什么深海中没有海啸？⭐

海啸是由海底震动产生的，海水主要沿水平方向大规模运动，只有遇到陆地阻挡的时候才会出现海浪，在深海当中，由于没有陆地阻挡，因此不会产生巨浪，也就没有了海啸。

海啸是如何形成的？

海啸发生时，海水陡然暴涨，波涛汹涌，令人猝不及防，难以抵挡。海啸形成的原因有很多，如海底地震、火山爆发、陨石坠落、海底变形等。经证实，海底地震是引发大多数海啸的重要原因。

海底地震

海底地震是海底岩层断裂引发的海底剧烈震动现象。当海底地震超过一定强度时，海底岩石便会发生强烈断

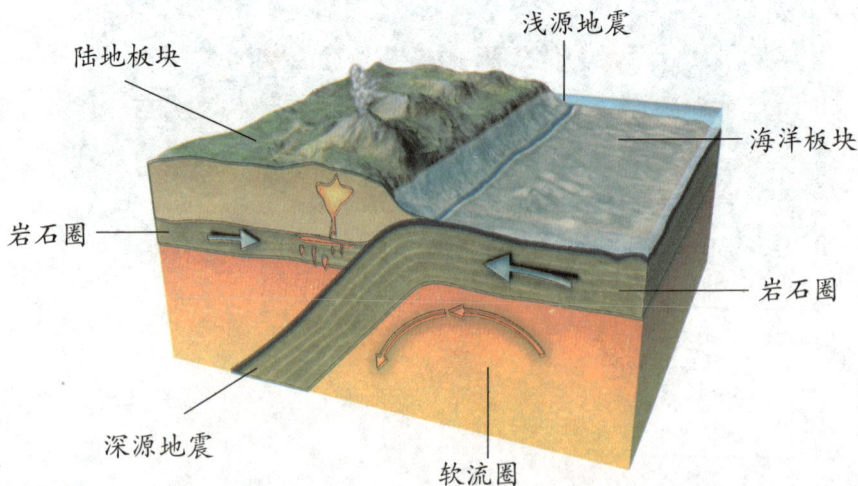

陆地板块　　　　　　　　　浅源地震

　　　　　　　　　　　　　　　　　海洋板块

岩石圈

　　　　　　　　　　　　　　　　　岩石圈

深源地震　　　　　软流圈

层，进而引发海啸。

　　海啸发生区域基本分布在地震带上。环太平洋地震带是全球地震活动最为集中的区域，也是地球上地震活动最为强烈的区域。环太平洋地震带地质构造运动强烈，特别是垂直运动导致地表高低悬殊，世界上最深的海沟马里亚纳海沟就分布在这里。环太平洋地震带集中了全球约 80% 的地震活动，也是海底地震的常发区域。海底一旦发生规模较大的地震，地形会在瞬间发生剧烈变动，进而导致大规模海啸的发生。

火山爆发

　　在神秘的大洋底部，并不总是风平浪静的，这里分布着很多海底火山。这些海底火山有的是不再喷发

的"死火山"，有的是历史上曾喷发过，但长期处于静止状态的"休眠火山"，有的则是比较年轻活跃的"活火山"。当海底火山爆发时，或火山口塌陷时，会引发海底强烈的地质运动，这种运动携带着巨大的能量扰动水体，最终引发海啸。

陨石坠落

地球上的海洋面积十分广阔。当宇宙中的小行星、彗星、陨石等穿过大气层来到地球时，有很大的概率会

坠入浩瀚的海洋之中。这些承载巨大能量的"天外来客"与海水发生剧烈碰撞，当这种运动形成一定规模时，也会引发海啸。

海底变形

海岸或海底滑坡和水下坍塌运动一般规模小而缓慢。然而，一旦海岸或海底滑坡和水下坍塌大规模出现时，就会引起剧烈的海水运动。当这种运动达到一定规模时，也会引起可怕的海啸，威胁到人们的生命和财产安全。

知识"爆料"馆

⭐ 陨石是什么？ ⭐

陨石即"陨星"，它们来自地球之外的遥远星系。这些坠落地球的"天外来客"规格不一，有的硕大无比，有的微小得就像灰尘。科学家研究陨石，可以从中获取来自宇宙的丰富信息，陨石可以说是人类探索宇宙奥秘的钥匙。

海啸来临前有哪些预兆？

海啸发生前是有预兆的，如果能了解一些海啸来临的预兆，就能在海啸来临之前做好准备，减少海啸给人类的生命财产安全带来的灾害。

动物的异常行为

在海啸发生前，一些动物会表现出异常行为。例如海鸟，当它们在你头上惊慌掠过时，你就要意识到，这可能是它们受到了远处海浪的惊吓，或者它们已经预感到此处海域的异常变化。据记载，在某一地区，某一天那里的大象突然惊恐地发出刺耳的异样叫声，当地的人们立刻警觉起来，意识到这可能是海啸来临前的征兆，并采取有效措施积极预防和逃生。不久海啸到来，人们因为应对及时，幸免于难。当时还有人看到几百只黑羚羊向山上狂奔，它们因为躲避及时，也避免了一场浩劫。

鱼类活动范围的变化

　　浅海区域出现大量深海鱼类也是海啸来临前的征兆之一。深海区域的生态环境和浅海区域的生态环境存在着巨大差异。通常，深海鱼类只适应深海区域的环境，只在深海区域活动，它们不会游到浅海区域。如果出现深海鱼类进入浅海区域这种异常现象，则可能是海啸等异常海洋活动的一种预兆，它们被卷入海里的巨大暗流之中，最终来到了浅海区域。如在印度尼西亚地震发生的前几天，当地渔民捕鱼的数量明显增加，而且还捕捞到很多深海鱼类，在沙滩上也出现了很多深海鱼类。当深海鱼类出现在浅海区域时必须高度警惕，这很可能是海啸来临前的征兆，应及时采取有效的防御措施以减少可能出现的人员伤亡和经济损失。

高大的"水墙"

在浅海区域突然出现一道"水墙"也是海啸的征兆。在海滨如果突然看到离海岸不远的海面，海水突然变成了白色，并且在它的前方出现一道"水墙"，就说明海啸即将登陆，应该马上向高处转移，否则很快就会被巨浪吞没。

地面剧烈晃动

海底地震发生时，陆地上有时也会出现一些异常现

象，如类似陆地地震的地面剧烈晃动，这也是地震海啸来临前给人类发出的一种危险信号。如果发现这种现象，邻近海边的居民要及时撤离，积极采取预防措施，规避海啸带来的巨大威胁。

海水大幅涨落

海底发生地震时，海底地壳运动剧烈，表现为大幅度隆起和沉降。虽然震源上方的海面表现得较为平静，但靠近海岸的地方已经波涛汹涌。当海水出现这种异常现象时，一般预示着海啸即将来临，短则几分钟，长则几十分钟，海啸就会到达海岸附近。发现这种情况时，附近海域的居民或游客要迅速撤离到安全区域。

知识"爆料"馆

⭐喀拉喀托火山爆发⭐

1883 年 8 月，喀拉喀托火山喷发，在印度尼西亚的爪哇、苏门答腊沿海地区掀起了一场海啸。在这场海啸中，超过30000 人丧生，所带来的经济损失难以估计。

我们应该怎么应对海啸？

人类在和海啸斗争的过程中，不断积累经验，并认识到准确及时掌握海啸动向的重要性，这也是目前预防海啸突然袭击的不二法门。掌握海啸动向需要建立海啸预警机制，并通过迅速有效的防范措施来应对海啸的袭击，这样才能最大程度上减少和避免海啸带来的巨大灾害。

建立海啸预警机制

海啸的破坏力惊人，做好提前预警十分重要。建立海啸预警机制可以获取更多撤离的时间，最大程度上降低伤亡和经济损失。

海啸波运行速度要比地震波在地壳中的传播速度慢，所以通过预测地震波可以更快速地预报海啸。如在智利发生的一次海啸中，地震波到达夏威夷要经过 13 小时，到达日本沿岸要经过约 20 小时，如果能够及时通过海啸监测网得到地震波的信号，就能在短时间内做出海啸警报。预警要分秒必争，哪怕提前1分钟都能挽救成千上万人的生命，所以建立海啸预警机制就好比和死神抢时间。

建立健全应急计划

建立健全国家和地方海啸应急预案是各级人民政府的责任，这样才能够在获得海啸预警时，立即启动海啸应急预案，以应对灾难带来的突发状况。政府通过采取有效应急措施，组织公众采取适当行动，才能在最大程度上减少灾害带来的不利影响。

宣传海啸知识

利用广播、电视、报纸以及互联网等媒体，对公民进行海啸相关知识的宣传教育，内容包括海啸基础知识、防灾自救避险等。向沿海中小学普及海啸防灾减灾、自救等方面的知识，增强学生防范海啸灾害的意识，提高灾害应急处理的技能。对存在海啸灾害潜在危险的区域建立应急避难场所及标志，设立应急撤离路线指示牌，鼓励公民积极参加防灾演习等。

个人该怎么做

第一，海啸最明显的前兆之一便是地震。如果在当地感受到十分强烈的震感，切记远离邻近海边以及江河入海口区域。如果收听到附近地震的相关报告，要及时做好防范海啸的准备工作，关注电视、广播等媒体有关灾害的连续报道。要知道，海啸常在短短几小时甚至几分钟内就能从遥远的震源地抵达受灾地区。

第二，海啸登陆时，海水一般会出现明显的升降。如果发现海水后退的速度变得非常快，一定要高度警惕，及时转移到地势比较高的内陆区域。

第三，备好急救包，里面要放好足够3天使用的急救药品，以及饮用水和其他必需品。急救包不仅适用于海啸、地震等，其他一切突发灾害同样适用。

第四，如果在海啸发生时避灾不及时，不幸落入水中，要想办法尽力抓住木板、木桶等海上漂浮物以保存

体力，随着水波在水面漂流并寻找着陆目标，同时在漂流过程中注意不要碰到其他硬物以免发生碰撞伤害。尽量让身体漂浮在水面上，不要举手，不要胡乱挣扎，除非游泳能使你回到岸上，否则要尽量保存体力；如果海水的温度偏低，千万不要把衣服脱掉。

第五，如果附近还有其他落水者，要尽可能靠在一起，这样既便于互相鼓励、互相帮助，又因为目标扩大更容易被救援人员发现。

知识"爆料"馆

⭐ 日本的国民防震教育 ⭐

日本是一个多地震的岛国，经常会遭受海啸的袭击。为了防范地震、海啸的危害，日本于1941年建立了针对本国的海啸预警系统。同时，日本十分重视国民防震教育，这种教育从日本人很小的时候就已经开始，并深深地扎根在他们心中。当地震、海啸到来之时，他们便能快速做出反应，保护自己免受伤害。

第三章

海上风暴
——台风

什么是台风？

盛夏时节，当你收听天气预报时，经常会听到台风的名字以及台风在某地登陆这样的话。那么，什么是台风呢？

认识台风

台风特指热带海洋发生的强烈热带气旋。热带气旋是发生在热带或亚热带洋面上的低压涡旋，是一种强大而深厚的热带天气系统。台风直径一般为 200～1000 千米，巨型台风可达 1000 千米以上，小型台风则在 100 千米以下。台风常发生在 5—10 月，以 7—9 月最为频繁。台风的破坏力很大，常带来狂风、暴雨和风暴潮，给沿海地区造成严重灾害。

不同的称呼

世界各地对台风有不同的称呼，因为发生地点不同，叫法也不同。发生在北太平洋西部、日界线以西，包括中国南海范围内的叫台风；发生在大西洋或北太平洋东部时，则被称为飓风；在印度洋和孟加拉湾称为热带风暴；在澳大利亚则称为热带气旋。换句话说，在菲律宾、中国、日本一带叫台风，在美国一带就叫飓风了，南半球则称为气旋。

台风的发源地

台风高发的地区主要有太平洋和大西洋两大海域，这里每年有 80 ～ 100 个台风形成。台风目前有八大海区，分别是北太平洋东部、北太平洋西部、北大西洋西部、阿拉伯海、孟加拉湾、南太平洋西部、南印度洋东部以及南印度洋西部。其中，太平洋海区台风发生频率最高。

台风的成因

关于台风的成因，至今仍没有一个确定说法，我们只能推测它是由热带大气内的扰动发展而来的。夏季的时候，太阳直射区域从赤道向北移，致使南半球的东南信风越过赤道转向成西南季风侵入北半球，和原来北半球的东北信风相遇，压迫空气上升，增强对流作用，再因西南季风和东北信风方向不同，相遇时常造成波动和旋涡。这种西南季风和东北信风相遇所造成的辐合作用，加上原来的对流作用持续不断，使已形成的低气压旋涡继续加深，也就是使四周空气加快向旋涡中心流动，流入愈快，风速就愈大。

热带海洋的海面上经常有许多弱小的热带涡旋，这是形成台风的"胚胎"，台风就是从这种弱的热带涡旋发展成长起来的。通过气象卫星查明，在洋面上出现的大量热带涡旋中，约有1/10会发展成台风。

知识"爆料"馆

⭐ 热带气旋等级 ⭐

国际上以热带气旋中心附近的最大风力来确定台风强度并进行分类：小于8级的称为热带低压，8～9级的称为热带风暴，10～11级的称为强热带风暴，热带气旋中心附近最大风力为12级或以上才可以被称为台风。

台风的结构

台风作为一种代表性的热带气旋，其中心的气压很低，如果按水平方向将台风切分，从外围向中心分别是螺旋雨带区、云墙区和台风眼。

螺旋雨带区

螺旋雨带区是台风结构中一个非常重要的特征，位于台风的最外层，具有分布范围广、变化形式多样的特点。螺旋雨带区是判断台风强弱变化的依据，同时也可以用来判断台风对外围云雨带的分布和阵性的影响。螺旋雨带区覆盖的区域常出现阵雨和阵风，其范围和强度直接影响降水的强度和时间，类似特征在雷达回波上也有显现。

云墙区

云墙区呈环状围绕在台风眼的外围，也称眼壁。高

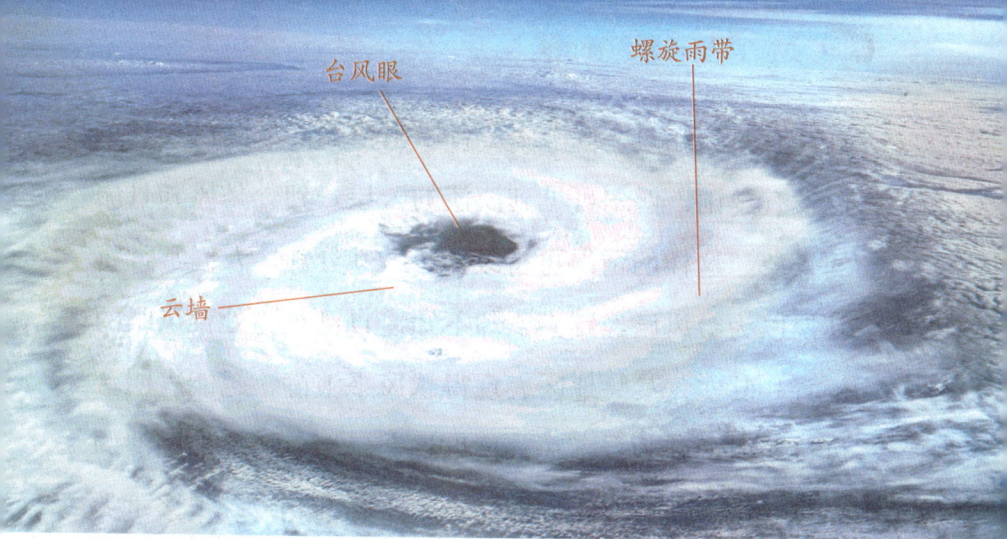

台风眼　　　　　　螺旋雨带

云墙

大宽厚的云墙是台风结构中最重要的组成部分。该区空气对流强烈，天气非常恶劣，是台风狂风暴雨形成的主要区域，其风力可达12级以上，这里经常大雨倾盆，海水翻腾时波浪可达10米以上。在该区域常会出现闪电、雷暴、龙卷风等极端天气，有时还伴有冰雹。

台风眼

台风眼是由云墙区所围成的一个区域，它的形成往往标志着台风的成熟。在气象卫星云图和雷达上观察，台风眼就好像眼睛的黑色区域，多数呈圆形、椭圆形、卵形和不规则形状。

台风眼平均直径为30～65千米，超大台风的台风眼直径有时会超过 100 千米。台风眼覆盖区域既没有狂风也没有暴雨，偶尔可见到淡淡的云层，到处是风和日丽的景象。这样的情况可持续 20 ~ 60 分钟，人们常常将其误以为台风已经结束，却不知道自己正身处台风眼的位置。其实，某一地区表现得越风平浪静，越能表明台风过境时的猛烈，不久，这里将会经历一场更加剧烈的暴风骤雨，而风向正好和台风眼来临前相反。很多重大台风灾害都是发生在台风眼过境之后。

知识"爆料"馆

★ 台风眼的秘密 ★

强烈的台风到来时，外围总是狂风怒吼，而台风眼处却表现得十分平静。这是为什么呢？台风在运动的过程中，其内部中心气流按逆时针方向发生强烈旋转，这一风力和离心力正好能够抵消，使得台风中心区域不受强烈气流的扰动，进而形成了直径数十千米的平静区域。另外，台风眼区域充满下沉气流，所以温度要比周围高，导致台风眼处没有降水。

台风的影响

通常，人们提起台风，总是会想到令人毛骨悚然的狂风巨浪，在很多人眼里，台风是一种可怕的气象灾害，人们对它充满了恐惧和厌恶。不过，任何事情都有两面性，台风在给人类带来巨大灾难的同时，也给人类带来了益处。

台风的危害

台风是我国夏季经常发生的一种气象灾害，也是世界上最严重的自然灾害之一。台风具有很强的破坏力，狂风会掀翻船只、破坏房屋及其他设施，巨浪能冲破海堤，暴雨能引发山洪。台风带来的灾害主要有强风、大暴雨等。台风中心由于气压很低，气压梯度非常大，因而能造成很强的大风。台风足以损坏乃至摧毁陆地上的建筑、桥梁、车辆等，特别是在建筑物没有被加固的地区，造成的破坏更大。

台风也会把杂物吹到半空中，使户外环境变得非常危险；海上巨浪滔天，航行的船只如不及时躲避，很难逃脱灭顶之灾。由强对流发展释放的潜热，是台风发展和维持的重要条件，因此，强烈的对流性、阵性降水是台风发展过程中必然出现的现象。台风所到之处，一般能产生 150 ~ 300 毫米的降水，少数台风能产生 1000 毫米以上的特大暴雨。

台风有利的一面

千百年来，人类一直把台风看作一种严重的灾害性天气。不过，没有台风也不行。没有台风，全球各地冷热差异会更大。赤道地区气候炎热，没有台风驱散这一地区的热量，这里会更热。台风来临时，雨水能把空气中和地面上的污物冲刷得一干二净，使酷热的天气顿时变得凉爽宜人。台风对人类的贡献主要有以下几个方面：

第一，台风是重要的淡水资源，可以提供大量的淡水。

第二，靠近赤道的热带、亚热带地区日照时间长，干热难忍，台风可以驱散这些地区的热量，保持地球的热平衡。

第三，形成具有活性的短链水分子。能量巨大的台风在形成及运行时，借助闪电等作用，可以击碎水分子长链，形成具有活性的短链水分子。地球上的生物在吸入这些短链水分子后，可增添活力，从而使地球生态持久发展下去。

第四，台风能增加捕鱼量。台风吹袭时，翻江倒海，将江、海底部的营养物质卷上来，鱼饵增多，吸引鱼群在水面附近聚集，渔业产量自然提高。

知识"爆料"馆

⭐ 台风携带的降水 ⭐

通过水循环形成的降水很难满足人类生产生活的需要，而每年的台风则能给大陆带来几十亿吨的淡水资源。每当旱季到来，旱区的人们总盼望着台风的来临，因为台风会带来充足的雨水。正是因为台风带来的巨量降水，很多地区才成了"地球的粮仓"，如长江中下游平原、珠江三角洲、恒河平原以及尼罗河平原等。

台风来了怎么办?

台风具有极强的破坏力,它的发生主要集中在夏秋季节。台风过境,给当地人们的生产生活带来非常不利的影响,甚至威胁着人们的生命。因此,台风一旦来临,一定要及时采取有效的应对措施以减少危害。

台风来临前的准备

第一,台风到来之前,居民要及时通过广播、电视或互联网等媒介接收台风预警信息,并及时关注和了解政府的防台风对策。

第二,在家中也要做好应对台风的准备,如将门窗关紧,切断电视、电脑、冰箱等的电源,备足食物和水,备好手电筒、移动电源、药品等应急物品。

第三,检查煤气、电路等设施的安全性,生活在危旧住房、工棚、厂房的居民,要及时向安全地带转移。

第四,加固空调等外挂的悬空、高空设施,将暴露在窗外、阳台上的花盆等物品拿到室内。

台风来临时如何做

第一，台风期间，尽量不要外出行走。

第二，台风到来时，切记不要在玻璃门窗、临时工棚、危棚简屋等附近逗留，更不要在霓虹灯、广告牌等容易引起高空坠物的地方停留。同时，靠近江河湖海的路堤和桥也要尽量避开，以免被风吹倒而不慎落入水中。

台风过后注意哪些

第一，台风过后道路两旁常有散落在地的电线，遇

到这种情况，无论电线是否带电，都要按带电处理。要与电线断落点保持足够的安全距离，然后及时向有关电力部门进行报告。如果不是十分有把握，不要自行检测煤气、电路等设备，以免遇到难以预料的危险。

第二，经历台风狂风骤雨的袭击后，街道两旁通常堆满了落叶、淤泥以及生活垃圾等杂物，如果不及时清理很容易滋生病菌，诱发疫情，因此，第一时间清理垃圾非常重要。同时，如果家里的食物被水浸泡或日常物品受到台风损坏，也要及时处理。

第三，如果家里的饮用水受到污染，应进行消毒处理，对周围环境也要及时打扫清理，对被雨水淹没的地方做好清洁的同时，最好用消毒水做好消毒处理。

知识"爆料"馆

⭐ 强台风过后不能马上松懈 ⭐

强台风过后不要立刻从房子里或原先的藏身处出来，因为台风眼在上空掠过后，地面会风平浪静一段时间，但绝不能以为风暴已经结束。

如何长期抵御台风?

防范和抵御台风的侵袭是一项长期而艰巨的任务。随着科技的发展、技术的进步,人类防御台风的手段也在不断更新进步,那么,人类该如何长期防御台风呢?目前,主要从以下几个方面入手。

修筑海塘

抵御台风袭击的一个重要设施便是海塘工程,它是保护陆地免受波浪、海啸、风暴潮侵袭的重要工程。

在与台风灾害长期斗争的过程中,我国人民积累了丰富的经验,在沿海、沿江区域修筑了很多堤防和挡潮闸,这些设施有效地防御了台风的侵袭。但也有一些海塘、海堤不具备较高的建筑水准,缺少维修保养,因此,加强海塘工程的修建和维护,对抵御台风具有十分重要的意义。

绿化造林

为了抵御台风，还可以在沿海地区建造防风林。防风林能抵挡一部分狂风巨浪的袭击，削弱台风的风力，减轻沿海地区受侵害的程度。另外，防风林还能对海堤起到加固的作用，降低海浪对堤岸的冲击和破坏。目前，我国沿海地区将防风林视为防御台风的第一大"生物措施"，越来越重视防风林的建设。

按抗风标准设计建筑物

在经常受到台风侵袭的地区设计风压时，需要将历史上出现过的极大风速作为设计风压的依据。在对建筑物进行设计时，既要考虑美观，也要兼顾其抗风能力，不能为了美观而忽略其牢固度。

20世纪90年代，我国某个沿海城市在设计高楼时，因为没有充分考虑风力的影响，在台风来袭时，发生高楼幕墙玻璃脱落，造成上千名行人被砸伤的重大事故。因此，对建筑物尤其是高层建筑物的设计，一定要考虑抗风能力。

知识"爆料"馆

⭐ 重要的防护林 ⭐

发生在2004年的印度洋大海啸引发了全世界的关注，并引发了有关防御海洋自然灾害的大范围讨论。随着对这次海啸的深入了解，人们意识到沿海防护林的重要性。泰国拉廊红树林自然保护区因为有广袤红树林的保护，岸边的房屋几乎没有任何损坏，居民的生活没有受到太大影响，而那些没有受到红树林保护的村庄几乎被狂风巨浪荡平，无数居民流离失所。

第四章

排山倒海的风暴潮

什么是风暴潮？

风暴潮是一种严重的海洋灾害，多发生在沿海近岸的地方。风暴潮在强烈的大气扰动下会引发海面潮位异常增高或下降，进而给近岸地区带来强大的破坏力，引发巨大的海洋灾难。

风暴潮简介

风暴潮是强烈的天气系统作用引发的海面异常升降的现象，又称"风暴海啸""风暴增水""气象海啸"。引发风暴潮的天气过程通常有热带风暴、温带气旋、冷锋过境。在风暴潮的影响下，海区的潮位会远超平常的潮位，特别是在浅水区域，潮位多会猛烈增涨数米之高。

风暴潮的等级划分

风暴潮发生后，为了方便对灾害进行研究分析和做出有针对性的决策和处理工作，需要对风暴潮的强度级别、灾害大小等进行评价，这就需要制定相应的评价指标。

风暴潮到来后，国家会在当地发布灾害相关的预警信息并做出应急预案。《风暴潮、海啸、海冰灾害应急预案》是国家海洋局制定的灾害应急预案，该预案将我国的风暴潮预警级别设置为四级：Ⅰ级为特别重大海洋灾害，预警颜色为红色；Ⅱ级为重大海洋灾害，预警颜色为橙色；Ⅲ级为较大海洋灾害，预警颜色为黄色；Ⅳ级为一般海洋灾害，预警颜色为蓝色。

风暴潮的危害

风暴潮会携带狂风暴雨导致海水暴涨、航船倾覆、海岸决堤、农田被淹、房屋被毁等灾害。

风暴潮如果叠加天文大潮，海平面地区的潮水会迅速暴涨，潮水会漫过或冲毁堤岸，摧毁城镇和村庄中的建筑物，淹没农田庄稼，严重威胁人类的生命和财产安全。风暴潮还会引发山体滑坡等次生灾害，使灾害的破坏程度进一步加剧。

知识"爆料"馆

⭐ 风暴潮和海啸的区别 ⭐

风暴潮和海啸是两个完全不同的概念，虽然它们都是发生在海洋上的灾难，却有明显的区别。首先，两者成因不同。风暴潮是由海面上的大气运动所致，是发生在海水表面的运动，而海啸多是由海底地层升降运动导致的海水整体的运动形式。其次，二者波长不同。风暴潮的波长通常在一千米以下，而海啸的波长可达几百千米。最后，两者的传播速度不同。风暴潮传播速度较慢，而海啸的传播速度要快得多。

风暴潮是如何形成的？

风暴潮能否发展成灾难主要受到三个因素的影响：强烈而持久的向岸大风；天文潮的配合；受灾地区所处的地理位置、地形地貌等。

强烈而持久的向岸大风

风暴潮的形成首先要有连续不断的向岸大风。台风、飓风等热带气旋在海洋上形成时，会导致海洋表面出现一片低温度的区域，引起周边的水汽上升，造成大气的异常波动。在海流的作用下，波浪上升，海平面上升，形成了风暴潮。热带风暴潮来势凶猛，破坏性更强。

天文潮的配合

风暴潮能否达到灾害程度，以及灾害程度的大小和天文大潮的出现关系密切。风暴潮如果和天文潮同时出现，二者叠加可导致增水高度大幅提升，从而导致特大风暴潮。1992 年，我国东海地区暴发了巨大风暴潮，此次巨大风暴潮是由强热带风暴引发的。当时正处于天文潮的大潮期，二者相互叠加，引发了一次大规模的风暴潮灾害，波及福建、浙江、上海、江苏、山东等地区，造成数百人遇难，许多建筑都被摧毁，造成经济损失 90 多亿元。

其他因素

风暴潮的发生还受到地理位置、海岸和海底形态以及当地社会经济状况的影响。通常情况下，受风暴潮灾害影响比较严重的地区具有以下几个特点：地处海风正面吹拂处、海岸线呈喇叭口状、海底地势低缓、人口密度大、经济发达。

知识"爆料"馆

⭐ 孟加拉湾风暴潮 ⭐

孟加拉湾沿海地区因为长年受海水冲刷，形成了一个喇叭口形状的海岸，朝向印度洋，因此，这里非常容易受到风暴潮的影响。1970年11月，孟加拉湾暴发了一场特大风暴潮灾害，这场灾害导致恒河三角洲一带约30万人失去了生命，100多万人被迫离开自己的家园，堪称亚洲近百年来最严重的一次海洋灾害。

风暴潮的分类

根据风暴的性质，可将风暴潮分为台风风暴潮和温带风暴潮两大类，前者由台风引起，后者由温带气旋引发。另外，还有一种特殊的风暴潮，只发生在我国北方渤海、黄海一带，因为活动范围小，人们的关注度并不高。

台风风暴潮

台风风暴潮也称热带气旋风暴潮，多见于夏秋季节，具有来势凶猛、移动迅速、力量强大、破坏力惊人的特点。台风和飓风经过的沿岸地区也是风暴潮多发地带。这并不是我国特有的现象，而是一种全球的普遍现象，通常台风多发的地方也就是风暴潮集聚的地方。台风风暴潮涉及地域广泛，在很多地区和国家都很常见，好发地区有北太平洋西部、北大西洋西部、墨西哥湾、孟加拉湾、阿拉伯海、南印度洋西部、南太平洋西部，以及我国的南海、东海诸沿岸和岛屿等处。风暴潮多发的国

家如日本，因为受到太平洋西部台风的影响，因此成了重灾区之一。我国风暴潮多发生在东南沿海地区。美国和墨西哥因为容易受到加勒比海附近的飓风影响，也容易引发飓风潮。

温带风暴潮

温带风暴潮，顾名思义，是由温带气旋等天气系统引起的风暴潮，多发于春秋季节，有时夏季也会出现。相较于台风风暴潮，温带风暴潮增水过程比较平稳缓慢，增水的高度也相对不高。中纬度沿海地区是温带风暴潮主要发生地区，其中欧洲北海沿岸、美国东海岸和我国北方海区沿岸较为常见。根据其天气系统特点，温带风

暴潮又可分为温带气旋型、冷锋型、冷锋配合低压或气旋型等类别。

知识"爆料"馆

★ 渤海、黄海特有的风暴潮 ★

在渤海、黄海地区，有一种被称为"风潮"的风暴潮。这种风暴潮通常发生于春秋季节，这时正是渤海、黄海冷暖气团碰撞激烈的时期，受到寒潮或冷空气的激发，进而产生了一种具有低压中心的风暴潮。这种风暴潮和温带气旋引发的风暴潮特点类似，通常水位变化不明显且持续时间较长。

风暴潮的分布

　　根据气象学家统计，全球大概有8个热带气旋多发区，分别是：东北太平洋、西北太平洋、西北大西洋、南太平洋、孟加拉湾、阿拉伯海、西南印度洋和东南印度洋。其中，太平洋是世界上发生台风最多的海域，这里"贡献"了全球一多半的台风，易发生风暴潮。

太平洋沿岸

　　太平洋沿岸也是风暴潮灾害多发的地区，其中最具代表性的就是位于太平洋西北部的岛国日本。日本的名古屋位于伊势湾顶，它所处的位置和海底地形非常利于风暴潮的成长。1959年9月，名古屋暴发了日本历史上最严重的一次风暴潮灾害。这次风暴潮增水达到了惊人的3.45米，强风裹挟着巨浪，瞬间将3000只船舶吞没，60万户民房被摧毁，7万多人在这场灾难中丧生，造成的经济损失高达10亿美元。我国也是发生风暴潮次数较多的国家，几乎每个季节都会出现风暴潮。我国沿海地区拥有广阔的大陆架且海水较浅，这为风暴潮的形成提供了良好的增水条件。

印度洋沿岸

印度洋沿岸也是极易发生风暴潮灾害的地区，其中最为严重的就是孟加拉国沿海地区，这里大概每2年就暴发一次大的风暴潮灾害，每10年暴发一次特大风暴潮灾害。1970年11月，孟加拉国暴发了一场特大风暴潮灾害，导致无数人流离失所；1981年，孟加拉国再一次遭受特大风暴潮灾害的重创，万幸这次政府预报及时并采取了有效的防灾措施，才使得伤亡人数没那么惨烈，受

灾情况也减轻不少；1991年4月，孟加拉国又一次暴发特大风暴潮，这次有13万人在灾害中丧生。

大西洋沿岸

在欧洲，地处北海和波罗的海沿岸的一些国家最容易遭受温带风暴潮的袭击，如荷兰、英国、德国、挪威、比利时、丹麦、波兰、俄罗斯等，其中荷兰是最具代表性的国家。荷兰是世界上有名的低洼泽国，国内遍布着纵横交错的大小河流。荷兰首都阿姆斯特丹地势低平，平均海拔只有几米，市内大小岛屿超过100个，而且荷兰沿岸有较大的潮差，很容易引发风暴潮灾害。

知识"爆料"馆

★ 美国的风暴潮灾害 ★

美国也是风暴潮灾害频发的国家。美国东海岸和墨西哥湾沿岸由于紧邻大西洋，每到夏秋季节，这里常会暴发飓风风暴潮，而位于大西洋东北部沿岸的地区，在冬季则以温带风暴潮较为多见。美国每四五年就会暴发一次特大飓风风暴潮，每次都会造成数亿美元的经济损失。

第五章

冰封万里的海冰

什么是海冰？

在一些海域，海水会因为天气异常等原因出现突然结冰的现象，这便是海冰。海冰受到风力等因素的影响会发生漂移，巨大的海冰给海上航船和海上生产作业带来了巨大的威胁。

什么是海冰

海冰不仅包括海水冻结而成的咸水冰，还包括陆地滑入或江河注入的淡水冰。海冰最初的样子是针或薄片形状的，随着海冰集聚和凝结的加强，加上风、海流、海浪等的作用，就形成了堆积冰和重叠冰。

海冰的形成

首先，我们知道海水是不容易结冰的，主要原因是海水的冰点低。淡水的冰点是0℃，而海水因为含有盐分使其不仅咸，冰点也低于淡水，且含盐量越高，其冰点越低。其次，海水的冰点约为 −1℃，但海水的表面密度和下层海水的密度不一样，所以表层海水对流强烈，不易形成海冰。

海冰的形成需要满足三个条件：海水的温度降到大气温度以下并不断失去大量热量；相对水开始结冰时的温度，已有过冷却现象；水中存在悬浮微粒、雪花等杂质凝结核。

海冰的分类

根据海冰的运动状态，可将其分为流冰和固定冰两种。流冰，又称浮冰、漂流冰。流冰不会和岛屿、海岸、

海底等凝结在一起，它在海水中漂泊不定，可以跟随风、海流、海浪等漂浮流动；固定冰会和岛屿、海岸、海底凝结在一起，无法跟随风、海流、海浪等做漂浮运动，但可随潮汐的涨落做升降运动。

知识"爆料"馆

⭐ 海冰的物理性质 ⭐

海冰和淡水冰在物理性质方面有所不同。海冰的硬度要比淡水冰低，通常海冰的硬度是淡水冰的3/4。如果河冰达到5厘米，人可以在上面安全行走，而想要在海冰上面安全行走，海冰厚度至少要在河冰的厚度上增加2厘米。

漂浮的冰山

在海上航行的船舶最怕的就是遇到漂浮的冰山。这些来自高纬度冰川的冰块大而坚硬，堪称海上船舶的"克星"。船舶经过冰山容易出现的海域时，需要万分小心，因为稍有不慎就会与漂浮不定的冰山发生碰撞，导致船体损毁，极有可能令船员葬身大海之中。

冰山的形成

寒冷的两极地区，常年被冰雪覆盖。在重力和压力的作用下，冰雪不断累积，逐渐形成巨大的冰盖。随着冰盖的不断增厚，就形成了巨大的冰川。每到春夏天气回暖的时节，冰盖和冰川的边缘会

因消融而发生断裂，断裂的冰块滑入大海并在海上漂浮，这便是我们看到的冰山。在两极海域，存在形态各异且数量巨大的冰山。

冰山的形态

冰山有大有小且差别很大，最大的冰山有几百米高，几百千米长，几十千米宽，就好像一座"冰岛"。北极附近的冰山体积较小，且形态复杂多变，而位于南极附近的冰山体积很大且数量很多。另外，因为海冰要比海水的比重小，因此冰山总能漂浮在海水上。不过，我们在海上看到的冰山只不过是整个冰山的一角，在海水下面往往隐藏着体积更大的冰山。

冰山的分布

海冰和冰山是极地等高纬度海域特有的一种现象。北半球的海冰分布范围具有很明显的季节特征，其中海冰在三四月分布范围最大，此后不断缩小，到八九月范围最小。不过，位于北极的北冰洋几乎全年被冰雪覆盖。在冬季的 2 月，其海冰的覆盖率可达 80% 以上；即使在夏季的 9 月，其海冰的覆盖率也在一半以上。因为大西洋和北冰洋相连，海冰也常出现在大西洋海域，其中纽芬兰和格陵兰附近的海域是北半球冰山最活跃的区域。南极洲被誉为世界上最大的天然冰库，这里储藏了全球 90% 以上的冰雪总量。

知识"爆料"馆

★ 海冰在中国的分布 ★

中国拥有辽阔的海域且纬度跨度很大。每当冬季到来，海冰就会在一些海域出现，其中以辽东湾、渤海湾、莱州湾和黄海北部海域的海冰最为常见，其中的辽东湾又是海冰的重灾区。冬季强冷空气一活动，辽东湾就会一改往日碧波荡漾的情景，呈现出一派"千里冰封"的壮阔画面。

海冰的危害有哪些？

海冰灾害会破坏海洋原有的水文环境，影响大气环流和海洋气候。更重要的是，海冰灾害会阻碍海上运输事业，妨碍海洋渔业的发展，破坏海洋油气资源的开发和基础设施建设等。近年来，全球异常气候越来越多，海冰灾害出现得也更加频繁，海上作业变得日益艰难。

渔业、海水养殖业受损

海面一旦出现大面积海冰，将给渔业、海水养殖业带来巨大冲击。受海冰的影响，渔港被迫中止运转，渔船因为被困会遭到严重损坏。水产养殖业可能会面临更加严重的损失，因为在滩涂养殖的贝类很有可能因为海冰而缺氧死去。对于海冰灾害，人类目前所能采取的防范措施还十分有限。所以，一旦出现海冰灾害，损失将十分严重。

港口、航运受阻

海冰灾害出现后，港口会被快速冰封，海上航道受到阻碍，海上旅行和货物运输只能被迫中断，没有及时返港的船只将面临被困海上的境地。海冰还具有强大的膨胀力，海冰会随着温度的降低而不断膨胀，处在海冰之间的船舶因为受到海冰膨胀力的挤压而变形损坏，从而给船员的生命和财产带来严重威胁。但是在航海过程中，更为可怕的是遇到冰山，举世闻名的泰坦尼克号就是因为航行时撞上冰山而沉没的。

破坏海上建筑

　　海冰在漂移的过程中会产生极具破坏力的推力和撞击力。另外，海冰在潮汐升降作用力的影响下，还能产生一种竖向力。如果这几种力相互叠加，就会产生巨大的破坏力，那么在海上作业的油气勘探和生产设备难免受其影响。1969年渤海冰封期间，我国在海上建造的深入海底28米、全钢结构的"海二井"石油平台就曾遭到流冰的破坏。

知识"爆料"馆

★ 破冰船 ★

　　破冰船堪称海冰的克星。破冰船最基本的用途就是将水面冰层击破，为海上前行开辟航道，保障舰船顺利进出冰封港口，另外还可以作为引导舰船进入冰区航行的勤务船使用。破冰船有江河破冰船、湖泊破冰船、港湾破冰船和海洋破冰船等。破冰船在很多高纬度国家都是必需品，俄罗斯为了开辟北极航道，就备有多艘核动力大马力破冰船。

第六章

红色灾难
——赤潮

什么是赤潮？

赤潮是一种比较常见的海洋灾害，一般发生在近岸海域暮春至初秋时节。赤潮一旦出现，海水会出现变色、水质变差等异常情况。

赤潮的含义

赤潮是由某些微小浮游生物暴发性繁殖和聚集引发的海水变色以及水质变差的现象。赤潮也称"红潮"，之所以这样称呼，是因为这种海洋灾害通常导致水体变红。淡水湖或河流有时也会发生水色变红的现象，俗称"水华"。

　　事实上，赤潮的颜色并不是只有红色一种，它还会出现粉红色、灰褐色、绿色等。引发赤潮的微生物种类不同，水体呈现出来的颜色也不尽相同。"赤潮"其实是各种色潮的统称，有时为了区分，还会将呈现其他颜色的赤潮称为褐潮、金潮、绿潮等。

赤潮分类

　　赤潮可分为有毒赤潮和无毒赤潮。有毒赤潮的赤潮生物体内含有某些赤潮毒素，或者自身能够分泌赤潮毒素；无毒赤潮的赤潮生物体内不含赤潮毒素，且自身也不会分泌赤潮毒素。总的来说，无论是有毒赤潮还是无毒赤潮，都会对海洋生态环境、海洋资源、渔业发展乃至人体健康等造成不同程度的伤害。

赤潮的发生过程

赤潮的发生过程，大致可分为四个阶段。

第一，开始阶段。海域内的营养体或胞囊等赤潮生物已经有了一定数量，外部水环境的物理和化学条件也基本能满足其生长、繁殖的需要。

第二，发展阶段。此阶段也可以称为赤潮的形成时期。当赤潮生物种群在某海域达到特定个体数量且外部环境（日照、温度、盐度等）达到了最适合其生长、增殖的程度，赤潮生物就可以进入快速增长的指数增殖期。

第三，维持阶段。该阶段持续时间的长短主要由水体的稳定性、营养物质的供给状况决定。如果此阶段海区无风无浪、水体稳定性强且营养物质充足，赤潮就可能持续发生；如果海区发生台风、阴雨等恶劣天气，水体变得不稳定且营养物质供给不足，赤潮就可能很快结束。

第四，消亡阶段。顾名思义，这一阶段指的是赤潮现象消失的过程。赤潮虽然走向了消亡，但是它对渔业的危害仍在持续和加重，往往需要很长时间才能恢复过来。

知识"爆料"馆

⭐ 贝毒 ⭐

有毒赤潮生物具有毒素，人们将这类毒素统称为"贝毒"。贝毒毒性极高，其中有十余种贝毒的毒性比普通麻醉剂药性强得多。当赤潮海域中的鱼类、小虾、贝类等吃了有毒赤潮生物后，毒素会在它们身体中积累。传统的烹调方式无法清除贝毒，人们一旦食用了有毒的鱼、虾、贝类，极易引起中毒。

赤潮是如何形成的?

赤潮是一种复杂的生态异常现象，引发赤潮的原因难以判定，关于赤潮的发生机理至今没有定论。目前，人们比较认可的说法主要有以下三种：海洋污染、气候变暖以及沿海地区的过度海产养殖。

海洋污染

人类在享受工农业迅猛发展带来的巨大经济便利的同时，对海洋生态环境的破坏也在不断加剧。未经处理的工农业废水、生活污水被不断地排入海洋，海洋也随之遭到严重污染，造成海域的富营养化。大海虽大，但我们每天把无数的脏东西直接或间接排入大海，海洋中的污染物越来越多，就会超过海洋自身的净化能力。当海水中的营养物质积累过多，为藻类提供充足的营养后，藻类即开始大量繁殖。

气候变暖

赤潮生物需要合适的环境才能急剧增殖，这包括适宜的温度、光照、盐度、酸碱度等。近年来赤潮发生的次数明显增加，据相关人士推测，这很有可能和全球气候变暖有关。温室效应、厄尔尼诺现象都会导致海水温度发生异常变化。而潮汐、海流等因素的交汇作用，也助长了赤潮生物在某一个方向的大规模聚集繁殖，进而引发了局部海域的赤潮灾害。

过度的海产养殖

随着经济的发展和人口的增长，人们对水产品的需求也在不断增加，包括我国在内的很多国家的海产养殖产业已经初具规模。由于海产养殖业在管理上存在不够规范和科学的问题，很多地区海产养殖的密度超过了海区的承载能力，过量投放的饵料和具有污染性的排泄物导致了海区的严重污染，海洋的富营养化问题日益凸显。过度的海产养殖是导致赤潮频发的根本原因之一。

赤潮生物的异地传播

经济的发展和全球化的趋势推动了海上航运事业的繁荣，国际航运变得越来越繁忙，承载着各种业务的船舶在世界各港口间来回穿梭，在进行各种交易的同时，也将不断纳入和排放的压舱水搬运到了各地。那些赤潮生物便通过这种方法传播到了异地，导致世界各地的赤潮灾害层出不穷。几十年来，赤潮灾害大有暴发次数越来越多、影响范围不断扩大、危害程度不断加深的趋势，很多沿海国家对此头疼不已。

知识"爆料"馆

★ 赤潮和水华的区别 ★

赤潮和水华虽然都是发生在水中的灾害，但也有明显的不同。首先，发生环境不同。水华是发生在淡水水体中的灾害，而赤潮是发生在海水中的灾害。其次，诱发因素不同。水华是水体富营养化使藻类过量繁殖导致的，而赤潮的诱发因素比较复杂，除了微小藻类，还有浮游生物、原生动物、细菌等微小生物，而且需要聚集到某一水平才能引发灾害。

赤潮的危害有哪些？

赤潮会导致局部海域环境的急剧恶化，破坏整个渔业和海洋生态环境的平衡，其带来的危害是巨大的。更可怕的是，引发赤潮的某些有毒藻类，会直接或间接地威胁到人类的生命健康。

对渔业的影响

有些赤潮生物会分泌大量黏性物质，当这些物质附着在鱼、虾、贝类的鳃上时，就会妨碍它们的呼吸，导致它们窒息死亡，造成渔业减产。赤潮藻类等生物在大量快速繁殖的过程中会与其他海洋生物争夺氧、氮等营养物质，给海洋生物的生存带来严重威胁。

打破海洋生态平衡

海洋是一个复杂的生态系统，在该系统中生物与生物、生物与环境之间是相互依存和制约的关系，系统中的各种物质循环、能量流动都处于相对稳定的动态平衡之中。赤潮暴发后，会对海洋整个生态系统的平衡造成巨大的破坏。赤潮生物在大量繁殖的过程中会消耗水中

的二氧化碳，使水体的酸碱平衡受到破坏，原有的海洋生态平衡也会因此被打破，进而给其他海洋生物的生长繁殖带来不利的影响。

赤潮对海洋旅游业的影响

赤潮发生高峰期，浓密的赤潮生物聚集于水面，可以产生大量呈块状或带状的泡沫，一层油污似的赤潮生物及大量死去的海洋动物被冲上岸滩，臭气冲天，给人们带来感官上和生理上的不适，会降低人们前往旅游区游玩、休闲的兴趣。赤潮会对沿海地区的食品产业造成很大的影响，也会导致一些海鲜餐厅和渔业企业停业或倒闭，严重影响旅游业的发展。

对人类健康的影响

有毒赤潮生物能分泌毒素，当鱼、虾、贝类生物食用了这些有毒生物后便会中毒，甚至死亡。毒素在鱼、虾、贝类生物体内大量积累，即使不会致死，也很难排出体外。当人食用了这些含有毒素的鱼、虾和贝类时，就会引起人体中毒，严重时可能导致死亡。

知识"爆料"馆

★ 福建赤潮 ★

福建南日岛周边海域于2009年曾暴发过一次大规模的赤潮灾害。海域内的夜光藻在短时间内急剧增加，波及范围之广，使整片海域变成了红褐色。再加上当时海水对流缓慢，导致这次赤潮持续了8天之久，给当地的水产养殖业造成重创，直接经济损失达上千万元。

第七章

大海的悲鸣
——海洋污染

认识海洋污染

海洋供给人类丰富的自然资源，人类在疯狂攫取的同时却给这位无私的母亲带来无情的伤害。随着现代海洋事业的发展，人们从中获取了巨大的经济利益，但伴随而来的是更加严重的海洋污染问题。

什么是海洋污染

海洋污染一般是指人类直接或间接地将污染物等有害物质排入海洋，导致海洋原有生态系统改变，造成海洋水体等的污染。人类在海上发展的产业也会给海水生态环境的质量带来不利影响。海洋污染不仅危害生物资源的生存发展，更危害到人类的健康，妨碍渔业等海洋生产活动。

海洋污染的原因

海洋污染源多种多样，大致可分为陆源污染、海上事故污染、船舶污染、海岸工程建设污染、海洋倾废污染等。导致海洋污染的情况有很多，具体表现为随意排放城市生活污水及工业废水、污染物泄漏、船舶排污、随意丢弃废弃物品等，主要污染物有重金属、石油、放射元素、化肥农药、固体废弃物等。

海洋污染的现状

海洋面积广阔，储水量巨大，是目前地球上最稳定的生态系统。海洋以强大的包容性接纳着一切。近几十年来，随着世界工业的飞速发展，海洋污染问题变得越

生活垃圾污染

工业废水污染

工业垃圾污染

原油泄漏污染

来越严重，一些海域的生态环境被破坏，甚至被彻底颠覆，而且这样的情况大有蔓延之势。

海洋污染问题在邻近大陆的海湾最为突出，这里人口密集，工业发达，人们在生产生活中产生了大量废水和固体废弃物，这些污染物因为曲折的海岸线更加不易被"消化"，因此这里的海洋污染情况最为糟糕。目前已知海洋污染最为严重的地区有地中海、波罗的海、东京湾、纽约湾和墨西哥湾等，我国的渤海、黄海以及东海、南海沿岸海洋污染情况同样不容乐观。

知识"爆料"馆

⭐ 全球最脏的海 ⭐

说到全球最脏的海，非地中海莫属。每年，地中海沿岸的国家都会把大批废水和固体垃圾倒进地中海。加之地中海沿岸的叙利亚、埃及等国都是著名的产油国，各个国家的石油港口加起来有50多个。这些港口在装卸石油的过程中对海水造成严重的石油污染，地中海受到污染的程度也因此而加深。

海洋污染的分类

　　随着现代工业和农业的发展，人口数量急剧增加，大量生活和生产垃圾被随意排入海洋，造成了非常严重的海洋污染。其中石油污染、重金属污染、有机物污染、核污染等最为突出。

石油污染

　　目前，石油、煤炭和天然气被认为是全球最主要的三种能源，而在这三种能源中，石油和煤炭应用较为广泛。然而，这两种能源在被利用的同时，导致了一系列的环境污染。科学研究表明，对海洋环境造成破坏的主要是石油污染。含油废水的直接排放、油轮泄漏、海上油田开采都会导致石油污染，给海洋生态系统带来严重的危害。

重金属污染

一些企业在生产、加工等过程中，会将汞、镉、铅、锌、铬、铜等重金属以各种形式排入海洋。而且，煤和

石油在燃烧的过程中，还会释放出大量的重金属。这些污染物通过大气和其他途径排放到海洋中，对海洋环境造成了严重的污染。

有机物污染

常见的有机物污染主要包括生活污水、工业废水和农业废水。这些污染物中含有大量有机物质，丰富的有机质与营养元素使得藻类生物大量繁衍，藻类生物会消耗海水中的氧气，导致海洋生物大批死亡，形成臭气熏天的"死海"。

核污染

核能给人类带来了巨大的经济效益，但是核电站在运转时，会产生大量的辐射，从而对周边环境造成污染。如果核设施出现了故障甚至泄漏，会导致严重的核污染。

2011 年，日本福岛核电站在一次海啸中发生爆炸，

释放出了大量的核辐射，对周边的生态环境造成了极大的破坏，甚至引发生物变异。

知识"爆料"馆

★ 墨西哥湾原油泄漏 ★

2010 年 4 月 20 日，美国南部的路易斯安那州沿海的一座石油钻井平台发生火灾，海底油井遭到破坏，导致原油泄漏。3 个月后，石油泄漏才得到修复。此次石油污染形成了上千平方千米的污染区，导致大量的鱼虾因缺氧而死亡，同时也威胁着海鸟的生存，对海洋生态环境产生了严重的影响。

海洋污染的危害

伴随着科学技术的不断进步，海上活动变得日益兴盛，但在一定程度上，也对海洋造成了各种污染，导致海洋生态系统被破坏，影响了海洋生物的生长和繁殖。

导致生态系统受损

近年来，塑料污染已经成为海洋污染中的一个严重问题。据统计，全球每年有数百万吨塑料被排放到海洋中，其中大部分最终沉积在海底或者被海洋动物吞食。塑料污染不仅会导致海洋动物窒息，还会破坏海洋生态系统。例如，海龟、海豚等动物会误食塑料袋，导致窒息或者消化道堵塞。水中含有过多的化学物质和微塑料会影响浮游生物的生长，导致整个生态系统失衡。

影响人们的身体健康

海洋污染会对人们的身体健康产生很大的影响。海洋中的污染物质可能会被鱼类等海洋生物吸收，含有重金属、有机污染物等有害物质的鱼类被人类食用后，会对人体健康产生不良影响。

带来巨大的经济损失

海洋污染对渔业、旅游业和海洋交通业等造成了重大的经济损失。例如，石油污染会破坏渔业资源，导致渔业收益减少；海滩污染会影响旅游业的发展，导致旅游业收益下降；海洋交通受到污染物的影响，导致航运成本增加。

知识"爆料"馆

⭐ 珊瑚礁褪色 ⭐

在海洋浅水区域生长着很多五颜六色的珊瑚，它们之所以拥有绚烂的色彩，很大程度上是由寄生在它们细胞上的含有多种色素的共生藻类导致的。不过，当生存环境改变时，共生藻类就不会寄居在珊瑚细胞上，导致珊瑚骨架失去了颜色。一些科学家认为，珊瑚礁褪色可能是由海洋酸化导致的。

EXPLORE 探索神秘的

海洋世界

宝贵的海洋资源

司洁◎主编

黑龙江科学技术出版社
HEILONGJIANG SCIENCE AND TECHNOLOGY PRESS

图书在版编目（ＣＩＰ）数据

宝贵的海洋资源 / 司洁主编 . -- 哈尔滨 ： 黑龙江
科学技术出版社，2024.1
（探索神秘的海洋世界）
ISBN 978-7-5719-2149-1

Ⅰ．①宝… Ⅱ．①司… Ⅲ．①海洋资源－少儿读物
Ⅳ．① P74-49

中国国家版本馆 CIP 数据核字 (2023) 第 193388 号

探索神秘的海洋世界　　宝贵的海洋资源
TANSUO SHENMI DE HAIYANG SHIJIE　BAOGUI DE HAIYANG ZIYUAN

司洁　主编

项目总监	薛方闻
策划编辑	沈福威　顾天歌
责任编辑	回　博
插　　画	文贤阁
排　　版	文贤阁
出　　版	黑龙江科学技术出版社
	地址：哈尔滨市南岗区公安街 70-2 号　邮编：150007
	电话：（0451）53642106　传真：（0451）53642143
	网址：www.lkcbs.cn
发　　行	新华书店
印　　刷	三河市南阳印刷有限公司
开　　本	880 mm×1230 mm　1/32
印　　张	3
字　　数	48 千字
版　　次	2024 年 1 月第 1 版
印　　次	2024 年 1 月第 1 次印刷
书　　号	ISBN 978-7-5719-2149-1
定　　价	138.00 元（全 8 册）

海洋是浩瀚的，我们站在海边远望，看不到边际；海洋是神秘的，海洋中有许多人类没有涉足的区域；海洋也是丰富多彩的，五光十色的海洋生物营造出一个美丽的世界。我们的生活离不开海洋，海洋为我们提供了丰富的食物、种类繁多的矿产。没有海洋，世界商品的运输将会受阻，各国间的贸易成本将会大大提升；没有海洋，我们吃不到美味的海鲜，也不能享受漫步海滩的浪漫。

人类对于海洋的探索，从来都没有停止过。从郑和下西洋到哥伦布发现新大陆，从新航路的开辟到世界海洋贸易的繁荣，从低效的海洋渔业到充满科技元素的海水养殖，从对海洋的一无所知到如今发达的海洋科技，我们对神秘海洋的探索仍在继续。孩子们对

海洋是不是也充满了好奇？我们精心编写的这套《探索神秘的海洋世界》，描绘了美丽的蓝色海域，介绍了生动有趣的海洋动物和海洋植物，让孩子们通过本套书领略奇妙的海洋景观，揭开神秘的海洋之谜，懂得海洋资源的宝贵，知晓海洋灾害带给人类的危害，最终树立开发和保护海洋的正确观念。

本套书能够满足孩子们对知识的渴望，培养孩子们的求知欲，提高孩子们的学习兴趣。希望本套书引领更多的孩子走向科学，让他们在开阔视野的同时，也能放飞梦想。

目录

第三章 海洋能资源

第四章 海洋空间资源

第一章

海洋生物资源

人类的海上"粮仓"

在茫茫大海中，可供人类利用的生物资源有 20 多万种，其中海洋动物有 16 万 ~ 17 万种，还有约 10 万种海洋植物。

种类、储量丰富

无论是海洋动物资源，还是海洋植物资源，都是人类的食物来源，海产品特别是鱼、虾、贝类，不仅肉嫩味美，而且营养丰富。它们含有大量的蛋白质、脂肪、维生素和钙、磷、铁、碘等元素，这些都是人体必需的。

如果人类能充分开发利用这些动植物资源，就能满足人类对食物的需要。

比如，在南极，人们发现了大量的南极磷虾。这种虾虽然小，但营养价值却很高。新鲜带壳的南极磷虾含有丰富的蛋白质、脂肪、糖类以及各种氨基酸，而且主要氨基酸的含量比牛肉、对虾还高。10克磷虾所含的蛋白质，相当于200克牛肉所含的量。磷虾味道也很鲜美，可以直接烹调，也可以用它制虾油、虾酱、虾糕等食品，还可用它治疗动脉硬化等疾病。这种虾的蕴藏量很大，有人估计有50亿吨，并且预计如果每年捕捞1亿～1.5亿吨，对南极磷虾资源不会有什么影响。

　　海洋中还有各种鱼类，鱼类是海洋生物资源中最重要的一类。海洋鱼类资源种类繁多，仅主要的经济鱼类就达数百种。按分布区域，栖息于海洋中层或上层的中上层鱼类，有日本鲭、竹筴鱼、鲱类等；栖息于海洋底层或近低层的底层鱼类，有鲛鳒、鳐等。海洋中的中上层鱼类的种数远少于底层鱼类，但其总渔获量远大于底层鱼类。太平洋鱼类资源非常丰富，渔获量可占世界总渔获量的一半左右。

　　根据科学家的调查和研究，海洋里的许多动植物每年繁殖的总量达几亿吨至几十亿吨。现在，人类每年只利用了其总量的2%左右。如果能对可利用的海域实行"耕作"，那么，人类就再也不用为粮食而发愁了，粮荒矛盾也可以得到缓和了。

珍惜我们的"粮仓"

自古以来，海洋生物资源就是人类食物的重要来源。数十年来，人类对水产品的需求有了很大增长。

值得注意的是，虽然海洋是一座十分宏大的食品加工厂，它日夜不停地制造着人们急需的各种各样的蛋白质、脂肪、维生素、微量元素等，但海洋生物资源也不是"取之不尽，用之不竭"的，海洋生物虽然繁殖速度快，但过度捕捞、环境恶化也会导致种群数量的急剧下降。我们应该珍惜为人类提供丰富食品的海洋生物和有利于它们生存的海洋环境，不要随意污染海洋，破坏

海洋的生态平衡，这样，人类就可以有目的、有计划地利用和开发这座宏大无比的蛋白质加工厂，为自身提供更丰富、更优质的营养食品，使海洋在未来成为人类的粮仓。

知识"爆料"馆

⭐ 养殖海藻好处多多 ⭐

科学实验证明：人工养殖海藻，1公顷海面就可以获得20吨蛋白质，相当于在陆地上种植40公顷大豆所提供的蛋白质。据统计，仅在世界近海水域，海藻的产量就比全世界小麦的产量高出20倍。

取之不尽的医药宝库

人们都知道深山老林里百草丛生、药材遍地，却很少知道海洋也是人类取之不尽的医药宝库。海洋中种类繁多的海洋动植物，也是永不枯竭的医药来源。我国早在唐代时，李珣就撰写了专门研究海洋药材的著作《海药本草》，可见大海从很早起就开始为人类贡献药材了。那么海洋里有哪些生物可助人医伤治病呢？让我们按照它们的"族谱"来简略地介绍一下吧。

细菌药材

细菌是海洋里广泛存在的微生物，从海洋表层到深海都有它们的踪迹。海洋中的细菌数量不亚于陆地。这些繁殖迅速、充满活力的微小生命很有希望成为新型抗生素的重要来源。因为目前已有科学家从中提取出了头孢霉素，其杀菌力之强，足以抑制连青霉素也奈何不了的葡萄球菌。

植物药材

海洋里有上万种藻类，海藻中含有极为丰富的钾、钙等无机盐和甘露醇、蛋白质、氨基酸等营养物质，对多种疾病有很好的疗效。比如，昆布可治高血压；紫菜能显著降低胆固醇；鹧鸪菜煎剂广泛用于驱蛔虫、鞭虫；马尾藻的提取物对金黄色葡萄球菌、大肠杆菌有抑制作用；一些海藻则对胸腺炎、流感病毒有抑制作用。到目前为止，已证明可用于制取抗生素的海藻有二三百种。科学家还认为，食用巨藻、海带和鹿角菜可以预防放射性元素锶 –90 引起的骨癌。

动物药材

具有药用价值的软体动物是很多的，如海珍品鲍鱼，壳称石决明，是重要的中药，能治疗高血压、眩晕、夜盲症、外伤出血；味道鲜美的鲍鱼肉可调经、调便；红螺、响螺、宝螺、贻贝、珍珠贝、牡蛎也有清热解毒、平肝明目的功效；蛤蜊油专治烫伤，蛤蜊粉是妇科良药；乌鱼骨（海螵蛸）和墨囊对于人体各部止血具有特效；珍珠粉治鼻咽癌、子宫癌已初见成效；从玳瑁身上可提取治肺癌的药物。

腔肠动物中的水母、海葵、珊瑚都可当药用。

棘皮动物中的一些品种如海星、海胆、蛇尾也有药用价值。海星、海胆、蛇尾含有抗癌物质，海星还能治胃肠溃疡和癫痫。

人类利用海鱼制药已有很长的历史了，比如鱼肝油就是从鲨鱼等海鱼肝脏中提取的。鱼身上还可提取脑磷脂、卵磷脂、细胞色素 C 等药物。河豚肉美，但内脏有毒。尤其是春冬生殖产卵期间的个体毒性更烈，若处理不当，食用后会有生命危险。然而，这种毒却可制成很好的局部麻醉剂。由一些鱼类的毒素制成的麻醉药甚至比常规药剂的效能高许多倍。

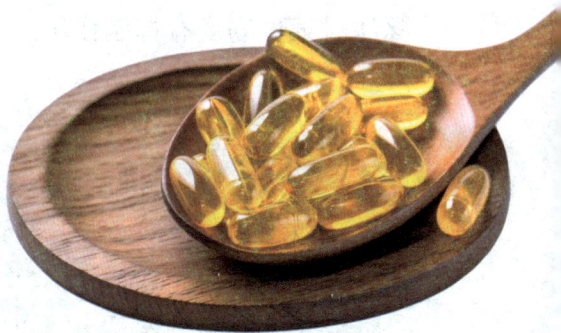

海洋中的庞然大物——鲸，以及海豹、海狮、海豚

等海兽浑身是宝，它们的肉含丰富的脂肪和蛋白质，内脏可制维生素补剂，骨可制骨粉。尤其是抹香鲸，体内能产生一种叫龙涎香的分泌物，是名贵的香料，也是医治咳喘、气结、心腹痛的特效药。据研究，龙涎香和海豚油对某种癌变有抑制作用。

知识"爆料"馆

⭐ 神奇的抹香鲸 ⭐

抹香鲸是最大的齿鲸，它的头巨大，像一个大箱子，里面充满了鲸蜡油，这是一种巨大的脂肪体。抹香鲸生活在海洋的深水区，只吃一些乌贼和鱼类。它们在吃食的时候甚至可以下潜到 400 米，待上半个多小时。

种类繁多的工业原料

海洋中的生物种类繁多，不但可以食用、药用，许多还可以广泛地应用于工业生产中，在人们的生活生产中发挥着重大作用。海洋生物的工业价值最早从海藻开始，海藻中所含的多种化学物质在化学、纺织、食品加工等工业上有着重要用途。下面就简单介绍几种常见的海洋工业原料。

琼脂

琼脂也称"冻粉""琼胶"，是从石花菜、坛紫菜等红藻中提炼出来的海藻特有多糖。琼脂不但可以直接吃，而且在食品工业、医药工业、日用化工等许多方面有广泛的用途。

琼脂是一种安全的食品添加剂，在食品工业中可用作凝固剂、增稠剂、稳定剂、悬浮剂，广泛应用于罐头、软糖、羊羹、火腿肉、饮料、果冻、冰激凌、糕点、果酱、八宝粥、面包等的制作过程中。琼脂还有多种医疗保健作用，作为膳食纤维，在降脂降糖方面的作用已经引起了人们的关注；它作为一种水溶性天然多糖，具有低热量、高纤维的特点，利于减肥。

琼脂在日用化工方面可用于化妆品、牙膏和空气清新剂的制作；在医学、农业和生物工程中也有很多用途，可用作细菌培养基、微生物载体等。

褐藻胶

褐藻胶是海带、裙带菜等褐藻体内特有的多糖。褐藻胶在食品工业中使用广泛，可作为增稠剂用于果酱、果冻、色拉、布丁、肉卤罐头等制品；可作为稳定剂用于冰激凌、巧克力牛奶、冰牛奶等制品。褐藻胶在医药工业上可作为代血浆、止血剂、烫伤纱布、牙科印模剂、药品赋形剂等，在纺织工业中可用于浆纱，还可用作耐水性假漆、干电池的隔极层媒染剂、石油工业的驱油剂和硬水染化剂的原料。

碘

碘可从海带中提取。碘的用途很广泛。碘化物可用于催化剂、颜料、着色剂、药品、动物食品添加剂等方面，如制作消毒剂（碘酒）、防腐剂（碘仿）和药物（碘甘油、碘化钾片等）。碘还可用来提取高纯度的稀有金属和半导体材料，如钛、铝、硅等。在国防工业中又可用作火箭燃料添加剂，在染料、橡胶、冶金、照相材料和人造革等方面也有重要用途。

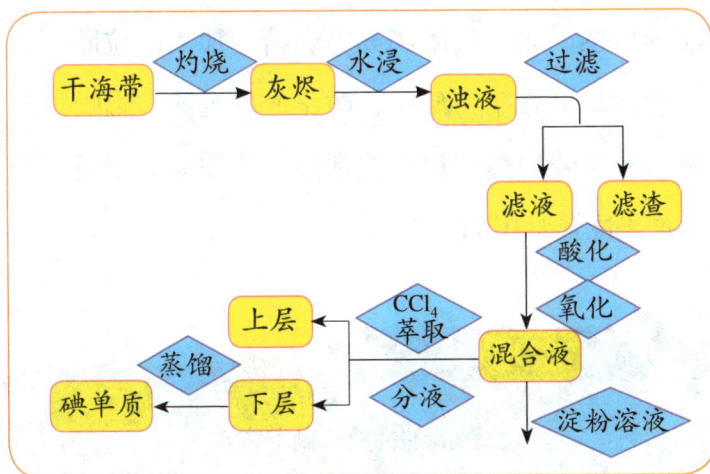

甘露醇

甘露醇可在海带与马海藻中提取。它在细菌培养基中可代替葡萄糖；生产牙膏时，可代替甘油；制作泡沫塑料时，可用作化学调和剂；在石油工业上可作为破乳剂，使石油与水分开。

卡拉胶

卡拉胶是从红藻中提取的。卡拉胶主要用于食品加工，在鱼和畜肉制品、乳制品、果汁、调味品、啤酒等食品生产中有着广泛应用。比如卡拉胶可用作乳制品的悬浮剂和稳定剂，在冰激凌、雪糕中加入卡拉胶可提高制品的口感。在可可牛奶或麦乳精中加入卡拉胶，可使可可粉均匀分布于牛奶中，防止产生沉淀，影响外观和口感。卡拉胶加热熔化后在常温下冷却即能凝固，因此是生产果冻最常用的原料。

知识"爆料"馆

★ 甘露醇的性质和制取方法 ★

甘露醇为白色结晶性粉末，在水中易溶，在乙醇、乙醚中几乎不溶。有类似蔗糖的甜味。在生产海藻酸盐的同时，可将提碘后的海带浸泡液经多次提浓、除杂、离交、蒸发浓缩、冷却，结晶而得。

新型的农业肥料

海洋是巨大的资源宝库，生长着各种各样的生物，这些生物不仅是人类食物、药物的重要来源，如今也被制作成各种新型肥料，广泛应用于农业生产中。大家了解这些海洋新型肥料吗？下面就简单介绍几种常见的吧！

鱼蛋白肥

鱼蛋白肥料是以水产品中的低值鱼为主要原料提炼的，有着丰富的有机质、鱼蛋白等，用作基肥、追肥，

可以灌根、滴灌、冲施叶面喷雾。鱼蛋白肥料施入土壤后会极大地增加土壤有机质，能迅速促进土壤微生物的繁殖，活化土壤的养分，增加土壤的肥力，提高土壤保肥保水能力；而且鱼蛋白肥可以有效改善土壤板结问题，保持土壤肥力。可以说鱼蛋白肥是一种极其高效、作用广泛的肥料。

海藻肥

海藻肥就是以海藻为原料制成的一种新型肥料，它作用大且成本低。

　　国外海藻有机肥的研究始于几个世纪前，英国人在16世纪就开始利用海藻制作肥料，日本、法国、加拿大等国也很早就有采集海藻制作堆肥的习惯。后来由于化肥逐渐增加，海藻肥料逐渐被人们淡忘。

　　传统化学肥料的推广应用对农业的增产曾经起到了关键的作用，但后来由于化肥短缺和化肥长期过量使用所带来的土壤板结、酸化，以及环境污染、生态平衡破坏等一系列问题，人们再度使用海藻肥料。

　　海藻可以浓缩相当于自身几十万倍的海洋物质，除了含有陆地植物所具有的营养成分外，还含有许多陆地植物中少见的微量元素以及数千种活性物质，营养极其丰富。这些特性使海藻具有开发成为新型生物肥料的前景和价值。

海藻肥在提高植物抗逆能力、促进作物增产、对环境友好等方面具有明显优势。相对于其他常规肥料，它不仅能显著地促进作物根系发育，提高作物光合作用，而且能促进果品早熟，特别是对蔬菜、瓜果、花卉等，可大大改善其品质。

当前大部分厂家用海带制作海藻肥，而真正质量好的海藻肥，其原材料取自深海中的野生巨型藻类，因为深海巨型藻类体内的内源活性物质含量要远比海带高，并且有害重金属含量低。

　　此外，一些海藻还可以用作饲料，用来饲养家禽、家畜。另外，还可以将海藻作为基本原料，再加上三分之一的鱼杂（鱼头、鱼尾及内脏）和三分之一的苜蓿制成优良饲料，效果更好。

甲壳素肥

　　甲壳素，是从海洋里甲壳类动物的壳中提取出来的。

　　甲壳素在农业领域不断被开发利用，人们也推出了不少甲壳素与其他原料合成的产品，如甲壳素保水化肥、甲壳素缓释化肥、甲壳素冲施肥、甲壳素智能化肥等。

　　甲壳素肥料在用作杀虫剂、杀菌剂的同时，与有机肥料混合使用，对其他农药和化肥有增效作用；甲壳素具有"植物疫苗"的作用，可以迅速活化细胞；甲壳素还有显著的整体调节作用，能够提高开花和坐果质量。

知识"爆料"馆

⭐ 为什么海洋植物适宜做肥料？ ⭐

　　海洋植物中含有农作物所必需的氮、磷、钾及其他各种盐类。如褐藻类中含有丰富的钾、1% ～ 2% 的氮和少量的磷，因钾的含量特别多，所以能使作物的根和茎粗壮、坚挺，不易倒伏，同时也能增强作物抗病、抗旱、抗冻的能力。

第二章

海洋矿产资源

"工业的血液"——石油

石油是一种重要的矿产资源和能源，被称为"工业的血液"。可以毫不夸张地说，海洋中几乎有陆地上所拥有的各种资源，其中，海底石油的储量相当丰富。据估计，世界石油的最大可采量为 3000 亿吨，其中海底石油占 45%。

成油机制

在几千万年甚至上亿年以前，有一段时期，气候比现在要暖和，海湾和河口地区生长着大量海洋生物。这些生物死后，遗体大多被泥沙掩埋。因为长期与空气隔绝，再加上岩层的压力、温度升高和细菌作用等因素，这些遗体便开始慢慢分解，逐渐变成了石油。

海洋石油产区

波斯湾是世界第一大海洋石油产区，欧洲西北部的北海是第二大海洋石油产区，委内瑞拉的马拉开波湖是第三大海洋石油产区。此外，墨西哥湾、中国的四大海也都蕴藏着丰富的石油资源。

经济影响

海底石油的开采过程包括钻生产井、采油气、集中处理、储存及输送等环节。海上石油生产不同于陆地，海上油气生产设备要求体积小、重量轻、高效可靠、自动化程度高、布置集中紧凑。

开采海洋石油给许多国家带来了经济繁荣的新局面，最典型的例子是挪威。第二次世界大战前后，挪威在欧洲是一个穷国。20 世纪 60 年代中期，北海的一些石油资源被发现，在 1971 年开始少量开采。1975 年挪威成为欧洲第一个石油出口国。1984 年挪威产石油 5900 多万吨，产值 974 亿美元，占挪威国民生产总值的 20%。这样一来，石油生产成了挪威的经济支柱。

我国的海上石油

我国近海已发现的大型含油气盆地有 10 个，已探明的各种类型的储油构造有 400 多个。根据科学家估算，我国的海洋石油储量可达 22 亿吨，而且在各个大海区不断有新的油气田被发现。据估计，我国海底石油资源储量占全国石油资源储量的 10% ~ 14%。由此可见，我国海上石油开发前景可观。

知识"爆料"馆

★ 从沿岸到深海——人类向海洋要石油 ★

海洋石油开发，经历了由沿岸、近海向更深海域发展的过程。19 世纪，人们发现陆上石油向海里延伸，就向海里打斜井，这种方法最远只能开采离岸 3000 米的海底石油。

遍及世界的海底天然气

天然气和石油可谓是一对"孪生兄弟",它们都是成分复杂的碳氢化合物的混合物。只不过,在自然界中,以气态存在的被称为天然气,以液态存在的被称为石油。如果说石油是"现代工业的血液",那么天然气则是现代工业的空气。海洋这个大宝库,也是含有很多天然气的。

什么是天然气

天然气通常指产生于油田、煤田和沼泽地带的天然气体,主要成分是甲烷等,主要用作燃料和化工原料,已在人类的生产生活中占据了重要地位。

天然气是一种高热值、高效的清洁能源,燃烧后只有二氧化碳和水,比石油或煤燃烧所造成的污染小得多,因此,被视为21世纪满足能源需求、改善能源结构、保护大气环境的主要清洁高效能源。

海底天然气的形成

首先是"原料"。几千万年甚至上亿年以前，气候温暖湿润，在海湾和河口地区，海水中的氧气充足，阳光充沛，加上入海江河带来大量的营养物和有机质，为海洋生物的生长、繁殖提供了极为有利的条件。于是海洋生物迅速繁殖，各种生物的遗体形成了大量的有机碳，这些有机碳就是生成海底天然气的"原料"。

其次是合适的环境。光有生物遗体产生的有机碳这些原料是不能形成天然气的，还需要一定的条件和过程。

入海的江河也会带来很多泥沙，这些泥沙年复一年地把大量的生物遗体一层一层掩埋起来。

这样，随着低洼地区不断下沉，堆积的沉积物和掩埋的生物遗体就会越来越厚。这些含有大量有机质的淤泥所承受的压力越来越大，温度也越来越高。到了一定程度，这些被埋藏的生物遗体如果与空气隔绝，处在缺氧的环境中，在高压、较高的温度和细菌的作用下，便开始慢慢分解。经过漫长的地质时期，这些生物遗体经过复杂的物理变化和化学变化，就逐渐变成了分散的天然气。

天然气形成后，需要被储集于合适的地层中，还需

要有盖层防止它们跑掉。这样，海底天然气才真正被保存下来，等待人们开采利用。

我国的海底天然气

我国有广阔的大陆架和大陆坡，以及众多沉积盆地，这些都是储藏海底天然气的"仓库"。据统计，我国的海底天然气储量丰富，有着巨大的发展前景。

知识"爆料"馆

⭐ 燃气为什么要"加臭"？⭐

天然气本身和它燃烧后产生的气体都是无色无味的。因此，在封闭的室内发生燃气泄漏，难以察觉，容易导致爆炸事故。于是，为了增强安全性，人们在家用的天然气里加入了一定量的臭味剂，这样一旦发生燃气泄漏，人们就能立即察觉到。

"工业的粮食"——煤矿

海底蕴藏着丰富的煤矿,其开采量在已开采的海洋矿产中居第二位,仅次于石油。英国在北海和爱尔兰开采海底煤一般在 100 米深的水下。日本是从 1880 年开始开采海底煤的,目前,日本在九州岛海底已开始了大规模的采煤作业。

形成原因

海底煤层是古代高等植物遗体堆积后在地下经碳化而形成的。这些植物大多生长在浅水沼泽区,它们死后遗体堆积在水中与空气隔绝,形成植物堆积层。植物堆积层在微生物的作用下,转变为泥炭层。

泥炭是一种质地疏松并保留着一部分植物组织的褐色物质,含碳量比植物高,但含氢、氧量较少,是最初级的煤。泥炭层发生一系列物理和化学变化,逐渐转变成煤炭。

工业价值

海底煤矿是人类最早发现并进行开发的海洋矿产。对于那些陆地上缺乏煤资源的国家和地区来说，煤就是"黑色金子"。埋藏于海底的煤田叫海底煤田，多属陆地煤田延伸到海底的部分。开采海底煤田的国家有中国、日本、加拿大、英国、智利等。

世界上有一些国家早已常年开采海底煤矿。英国从17世纪就已经开始在海底开采煤矿，至今已开采三百多年了。英国采煤总量的10%就来自海底采煤。日本海底采煤量比较多，占全国采煤总量的30%。人们从海底采的煤有褐煤、烟煤和无烟煤。英国诺森伯兰海底煤田是世界上已探明的最大海底煤田。另外一些大型煤田也陆续在其他国家的海底被发现。比如，我国的渤海湾和台湾岛沿岸也发现了较大规模的海底煤田。

国内海底煤矿情况

中国的海底含煤岩层主要分布在黄海、东海和南海北部以及台湾岛浅海陆架区。这些含煤岩系厚达500～3000米，煤岩层数较多，最多近百层，在东海、南海、黄海的一般为8～25层。这些煤岩层厚度不稳定，一般为0.3～2.5米，最厚达3～4米。主要煤类型为褐煤，其次为泥煤、长褐煤和含沥青质煤等。

知识"爆料"馆

⭐ 煤炭蕴藏量 ⭐

煤炭是地球上蕴藏量最丰富、分布地域最广的化石燃料。根据世界能源委员会的评估，世界煤炭可采资源量达 4.84×10^4 亿吨标准煤，占世界化石燃料可采资源量的66.8%。

可以燃烧的"冰"

冰很常见，由透明的水冻结而成。然而世界上还有一种冰，人们对它所知甚少，它就是"可燃冰"。它还有另一个名字，叫作"天然气水合物"。

可以燃烧的"冰"

可燃冰并不神奇，它是由水和天然气组成的一种新型矿藏。可燃冰广泛分布于海底。这种天然气水合物的外表同冰非常相似，为白色固态结晶物质。从物质结构上看，它是一种非化学计量的笼形物质，它的分子结构像灯笼一样，具有极强的吸附气体的能力。当这种晶体吸附到足够多的可燃气体时，便可以作为能源使用了。可燃冰含有多种可燃物质，甲烷占多数，约为90%，其余是乙烷、乙炔等。可燃气体分子处于紧密压缩状态，为固态结晶体，由于这种固态结晶体可以燃烧，因此被称为"可燃冰"。

可燃冰普遍存在于海洋中，已经探明的储量极为丰富，是陆地上石油资源总量的百倍以上。可燃冰清洁、高效、能量密度高，目前，世界各国正努力开发以作为国内的新型替代能源。

形成原因

关于可燃冰的形成，专家们意见不一。一般认为，可燃冰是水和天然气在中高压和低温条件下混合时产生的晶体物质。可燃冰与一般的天然气具有明显的区别。一般的天然气是海洋中的生物遗体在地下经过若干地质年代生成的，而固态天然气——可燃冰，则不是由生物遗体形成的。可燃冰可能是在数十亿年前，即地球形成之初的某个时期，在海下 500～1000 米的岩层中，保存在水圈中的处于游离状态下的甲烷在适宜条件下与水结合而形成的结晶矿。

环境隐患

要点燃"海底火种"——可燃冰，可不是件容易的事。如果在开采、运输过程中造成大量的可燃冰中的甲烷气体泄漏，会造成无法想象的后果。要知道，甲烷引起温室效应的能力比二氧化碳高得多。

而且，如果甲烷从水合物中释出，会使海底沉积物的物理性质改变，造成海底软化，毁坏海底工程设施，如海底石油钻井平台和海底电缆等，甚至出现大规模的海底滑坡，引发海啸。

知识"爆料"馆

★ 能量大大的可燃冰 ★

可燃冰能量密度极高，1立方米可燃冰一般可以分解出160～170立方米的天然气。对于一辆天然气汽车来说，如果10升天然气能使其行驶30千米，那么相同体积的可燃冰释放的能量能使其行驶5000千米。

海滩上的"宝石"

很多人认为海滩上除了沙子还是沙子，哪有什么宝物可取？其实海滩上的宝物多着呢！

海滨宝物

海滨砂矿就是海滩上的矿床，那里面含有许多贵重的金属，都称得上"宝"。比如黄金，有一部分黄金就是从海滨砂矿中挖掘出来的。海滨砂金一般产于近岸海区的沉没河床和古海滩沉积物中，含金的沉积物就藏在细砂、粗砂和砾石的交互层中。

金刚石算不算宝？算宝。有的金刚石也是从海滨砂矿中开采出来的。金刚石产量最大的地方在非洲西南奥兰治河的河口上，那里金刚石储量最多，大约有2100万克拉。其他如金红石、钛铁矿等是提炼金属的主要矿石，锆石是制造高级耐火材料和特种玻璃的配料，都广泛存在于海滨砂矿里。

有的海滨砂矿富含石英，由石英提纯出来的多晶硅和单晶硅，应用十分广泛，钟表上少不了它，精密仪器上少不了它，玻璃、陶瓷、水泥、冶金、机械、化工等许多领域都少不了它，但是最重要的还是在半导体领域。硅晶管的特点是体积小、重量轻、耐用、省电、灵敏度高，广泛应用于无线电、电子计算机自动化技术等方面。

形成海滨砂矿的条件

虽然海滨砂矿价值重大，但并不是所有的海滩都能开采，形成海滨砂矿是有条件的。首先在海滩附近，特别是离入海口不远的地方，要有含这些矿的岩石。其次，这些岩石要裸露在地面上，它们经过长时间的日晒夜露、风吹雨淋和冰雪冻蚀，慢慢崩裂成碎块，再破碎成粗细不同的砂粒。大量的砂粒经风吹水洗，散落海底，极少量比重大的坚硬矿物则保留在海滩上。只有符合这些条件的海滩，才有可能取出上面所说的宝物。

我国的海滨砂矿储量十分丰富，各类砂矿床 191 个，总探明量达 16 亿多吨，矿种达 60 多种，世界上所有海滨砂矿的矿物在我国沿海几乎都能找到，如具有工业开采价值的钛铁矿、锆石、金刚石、独居石、磷钇矿、金红石、磁铁矿和砂锡等。

知识"爆料"馆

⭐ 锆石的特殊作用 ⭐

锆石是提炼锆金属的主要矿石。锆金属除了具有抗高温、耐腐蚀等优点外，还有一个特性，即热中子很难穿透它，所以常用在原子工业上，原子反应堆、核潜艇中轴棒外的保护壳就是用它做成的。据统计，96％的锆石、90％的金刚石和金红石、80％的独居石、30％的钛铁矿都是从海滨砂矿中开采出来的。

大海深处的"金银库"——热液矿

海洋是一个巨大的矿产资源宝库。从海岸到大洋深处，遍布着人类所需要的丰富的矿产，海洋深处蕴藏着金、银、铜、铁、锡等重要矿藏。

"金银库"的形成

20 世纪 60 —70 年代，美国在红海首先发现了深海热液矿藏，又称"重金属泥"，它是由海脊（海底山）裂缝中喷出的高温熔岩，经海水冲洗、析出、堆积而成的，能以

每周几厘米的速度像植物一样飞快地增长。由于这种热液矿藏含有金、铜、锌等几十种稀贵金属，而且其中的金、锌等金属的品质、含量非常高，所以又有"海底金银库"之称。

分布位置

经过数十年的调查和研究，科学家们发现，海底热液硫化物主要分布在中低纬度大洋中脊的中轴谷和火山口附近，位于水下 2600 米左右。由于热液矿处于地形扩张部位，加上这些地区有比较频繁的热液活动，由此能够确定海洋构造活动区是海底热液矿发育的主要场所。这种调查结果使得热液矿的探索方向得以明确，为日后的科考和开采提供了有利指导。

1978 年，美国、法国和墨西哥联合用深潜器在东太平洋好几处海底发现了巨大块状热液矿床。其中一个矿体长 1000 米，宽 200 米，高 35 米。铁的平均含量为 35%，铜为 10%，矿床总量为 2500 万吨，每吨价值 155 美元，总计 39 亿美元。从此以后，各国纷纷出动，四处探查，前后在太平洋、大西洋和印度洋发现 30 多处热液矿床。

众多优点

与多金属结核相比，热液矿床有很大的优越性。因为热液矿床在海洋中的储藏深度不深，而且分布比较集中，因此开采难度较小。更为重要的是，热液矿床的增长速度是多金属结核的上百倍。而且，热液矿床含有贵重金属，如金、银等。这些优点都是多金属结核所不能比的。

虽然在现有技术条件下，海底热液矿藏还不能立即开采利用，但是它作为一种海底资源宝库，具有很大的潜力。如果某一天能够进行工业性开采，它将同海底砂矿、海底石油和深海多金属结核一起，成为 21 世纪海底四大矿之一。

知识"爆料"馆

★ 为什么锰结核又称海底金属团？ ★

锰结核是一种深海海底矿产资源。因其中锰金属含量较高（15%～30%），所以叫锰结核，其实叫"多金属核"更确切一些。有的锰结核含几十种金属，因此人们又叫它"海底金属团"。

海洋微生物电池

在可再生能源开发领域，海洋微生物电池占有相当重要的地位。科学家希望能够利用海洋微生物的天然食性，在海洋产生可持续的能量来源。

生物电池原理

科学家做过这样一个实验：把酵母和葡萄糖的混合液放在装有半透膜壁的容器里，将这个容器浸在另一个较大的容器中，较大的容器中盛有纯葡萄糖溶液，其中有溶解的氧气。在两个容器中都插入铂电极，连接两个电极便得到了电流，这说明在微生物分解有机化合物的时候，就有电能随之释放出来。根据这个原理制造出来的电池叫生物电池。

生物电池优点

生物电池与电化学电池相比有许多优点：生物电池工作时不发热，不损坏电极，不但可以节约大量金属，而且寿命比电化学电池长得多。

海洋是天然的生物电池

从生物电池的工作原理，科学家们想到了海洋。

有一种用细菌、海水和有机质制造的生物电池，被用作无线电发报机的电源，它的工作距离已达到10千米，用生物电池作为动力的模型船也已在海上游弋。

海洋是生命的摇篮。在海洋的表层，生长着许许多多的单细胞藻类：绿藻、褐藻、红藻等。它们从海水中吸取了二氧化碳和盐类，在阳光下进行着光合作用，形成有营养的碳水化合物，同时释放出氧，在海水中形成过多的带负电的氢氧离子。海洋的底层是海洋动植物残骸的集聚地，也是河流从陆地带来丰富有机质的沉积场所。在黑暗缺氧的环境下，细菌分解着这些海底沉积物中的动植物残体和有机质，形成了多余的带正电的氢离子，于是在海洋表层和底层之间产生了电位差，实际上这是一个天然的巨大的生物电池。为此，科学家提出了在海洋上建立天然生物电站的设想，充分利用海洋表层水和海洋底层水的电位差产生电流。可以预料，随着科学技术的发展，未来人们将会在海洋上建立起大型的天然生物电站，以便从海洋中取得大量电能。

海洋生物电池发展前景

海底生物燃料电池是一个崭新的领域，它的研究内容涉及诸多学科，如电化学、海洋环境、材料科学、海洋微生物、海洋化学和海洋地质等。海底生物燃料电池有望用于深远海水下仪器的电源补给、海洋环境污染治理、海泥微生物菌种筛选等诸多方面。生物电池作为电源已试用于海上信号灯、海上航标和海上无线电设备，其中一些经过长期使用后，质量仍然很好。

海底沉积层可谓是一个巨大的能源库，取之不尽，用之不竭，海底生物燃料电池则为人类开发利用它提供了一把钥匙。对此类电池的研究符合新型能源材料技术在低碳、环保方面的发展趋势，在化石燃料日渐减少而环境污染越来越严重的今天，人们越来越注重可持续发展和健康，而海洋生物燃料电池以其良好的性能向我们展示了一个美好的发展前景。

知识"爆料"馆

⭐ 安全、无污染的生物燃料电池 ⭐

使用生物燃料电池，资源利用率高、无污染，不但可以减轻因化石燃料燃烧导致的空气污染问题，而且安全性高，可避免因交通事故而引发的汽油燃烧乃至爆炸事件。

丰富的铀资源

铀这一金属元素，让很多国家既十分畏惧，又十分向往。人们对它为何又恨又爱？因为铀除了可以制造超级武器之外，也能用于核电站发电。

海水中铀的总量

原子弹是杀伤力很大的武器，它可以产生冲击波、光辐射和放射性污染等多种破坏因素，使人胆战心惊。那么你知道它里面装的"炸药"是什么吗？是铀。核潜艇的推进功率高达 3 万瓦，可潜航二三个月，航程可达 20 万海里，它用什么做燃料呢？还是铀。铀裂变时能释放出巨大的能量。

陆地上铀的贮量极其有限。据测试，陆地上有开采价值的铀总共不过 100 万吨。海水里含铀浓度虽然不高，但海水中铀的总量相当可观，达 45 亿吨。如果能从海水中提炼铀，把这个"宝"取出来，造福人类，那该有多好啊！对海水中铀的研究，可以追溯到 1935 年，当时有人测定了海水中的含铀量，但没有方法从海水中将铀提取出来。到 20 世纪 70 年代，能源危机日趋严重，铀价上涨，铀生产国限制输出，那些缺铀国家急于扩大铀的来源，海水提铀的研究才被重视起来。许多国家相继成立了研究机构，制定了研究规划，进行了实际操作，大力研究海水提铀的系统工程。

海水提铀的难题

近年来，海水提铀课题已成为各国研究的热点。虽然海水中铀的总含量很高，研究有很好的发展前景，但是海水中铀的浓度很低，因此制定一个具有成本效益的海水提铀方法面临巨大的挑战。

科学家研究过一种萃取法，它是以磷酸二丁酯做萃取剂，使其在旋转的圆形柱中与酸化的海水接触进行抽铀，每20升海水可获60微克铀。这种方法在技术上是可行的，但溶剂耗费量太大，生产困难。后来科学家还研究了起泡分离法、生物富集法、吸附法等，把水中微量的铀富集起来，但因技术复杂，或因成本太高，或因机械强度不够，正式投入大规模生产的条件还不成熟。相信在科研人员的不断努力下，海水提铀工业化一定会实现。

中国海水提铀

中国因为建造了 50 多座核电站，对于铀的需求量比较大，所以经常会出现铀供不应求的情况。中国一直很关注海水提铀，因为中国虽然幅员辽阔，但偏偏是一个"贫铀国"，"贫铀"比"贫油"的程度还高。近年来，虽然困难重重，但我国科学家在此领域从未停止探索的步伐。相信在不远的将来，中国有望将海水提铀的成本压低到每千克 100 美元以下，这将为中国核工业在军、民领域的发展带来巨大帮助。

知识"爆料"馆

★ 1 千克铀的能量有多大？ ★

1 千克铀的能量等于 2000～3000 吨优质煤燃烧时所释放出来的能量。随着核武器及和平利用原子能工业的飞速发展，人们对铀的需求与日俱增。

第三章

海洋能资源

源源不断的潮汐能

潮涨潮落，每天都会发生。涨潮时，海水就会淹没大片的海滩；落潮时，大片的海滩又会裸露出来。古人将白天的海水涨落称为潮，夜晚的海水涨落称为汐。

什么是潮汐能

潮汐形成的动力主要来自太阳和月球对地球表面海水的吸引力，我们称其为引潮力。由于太阳离地球太远，所以引潮力主要来自月球。潮汐不仅可供人们观赏，而且对人们的生活也有深远的影响。最显而易见的是，它能提供给人们丰富的海产品。每当潮水一落，海滨附近的人们就赶到海滩上去捡鱼虾、螃蟹和贝壳等海洋生物。潮汐还能为人类提供能源。潮汐能就是指海水潮涨和潮落形成的水的势能，其利用原理和水力发电相似。潮汐能的能量与潮量和潮差成正比，或者说，与潮差的平方和水库的面积成正比。

潮汐能的特点

永不休止的海水涨落运动（潮汐），蕴藏着巨大的能量。潮汐所蕴藏的能量实在有着诱人的魅力。据估算，全世界海洋的潮汐能发电的资源量有 10 亿多千瓦。潮汐能优于煤、石油等燃料，在供人类利用时，不会排出大量的废气和废物，污染极少，所以世界各国都很重视对它的开发和利用。和水力发电相比，潮汐能的能量密度很低。世界上潮差的最大值为 13～15 米，我国的最大值（杭州湾澉浦）为 8.9 米。一般来说，平均潮差在 3 米以上就有实际应用价值。

潮汐发电要比河水发电优越。它不受天气干旱的影响，不会因建造水库而占用耕地，也不会进行移民拆迁。所以，潮汐是继煤、石油、水电之后的"第四能源"。河水发电有"白煤"之称，潮汐发电则被誉为"蓝色煤海"。

发电机的问世，为人们提供了利用潮汐发电的条件。世界上第一座发电厂建立以后 30 年，即 1912 年，德国就在石勒苏益格—荷尔斯泰因州的布苏姆建成了世界上第一座利用潮汐发电的潮汐电站。此后，随着能源需求量的增加，研究潮汐发电的国家也逐渐多了起来。潮汐发电的发展在世界各国中是不平衡的，其中法国、俄罗斯、英国和加拿大等国发展较快，并取得了一些成就。在建造潮汐电站、筑坝、筑水库时，应注意合理安排，做到综合开发。

潮汐发电站

潮汐发电站大体上由三部分组成：坝体、引水系统和以水轮发电机组为主体的发电设备、输电线路。

我国潮汐资源

我国的潮汐动力资源十分丰富，若按 20 世纪 50 年代末的统计，我国潮汐能的理论蕴藏量达 1.1 亿千瓦，可供开发的约 3580 万千瓦。一旦开发出来，每年可提供电力 8700 亿度。在我国沿海，特别是东南沿海有很多能量密度较高，平均潮差 4 ~ 5 米，最大潮差 7 ~ 8 米，且

自然环境条件优越的站址。其中已做过大量调查勘测、规划设计和可行性研究工作，具有近期开发价值和条件的中型潮汐电站站址，有福建的大官坂、八尺门和浙江的健跳港、黄墩港等。已做过规划设计，有较好的工作基础，还需要进行前期综合研究论证的大型潮汐电站站址，有长江口北支、杭州湾和乐清湾等。

知识"爆料"馆

★ 潮涨潮落，各地不同 ★

地球上绝大部分地方的海水，每天总有两次涨潮和落潮，这种潮称为"半日潮"。而有些地方，因为地域差异，一天之内仅有一次潮起潮落，这种潮称为"全日潮"。

取之不尽的波浪能

到过海边和坐过海轮的人都会发现，辽阔的海洋几乎没有平静的时候。即使在风平浪静的日子里，大海也是微波粼粼，不会真正静下来。至于惊涛骇浪，那种汹涌澎湃的力量，则更是令人叹服。

波浪的力量

在美国西部太平洋沿岸的哥伦比亚河入海口附近，有一座高高的灯塔，旁边的小屋里住着一个灯塔看守人。1894年12月的一天，一个黑色"怪物"突然击穿屋顶并迅猛地撞了下来。吓坏了的看守人，哆哆嗦嗦地走近一看，原来是一块重达64千克的大石头。

经过勘察和研究，专家发现这块石头是被巨大的海浪卷到40米的高空后，又不偏不倚地砸到了看守人居住的小屋上，上演了飞石穿屋顶的惊险一幕。

海浪能有那么大的力气吗？海洋学家的回答是：有。

据测定，海浪拍岸时带给海岸的冲击力每平方米可达20～40吨，大的甚至可达50～60吨。巨浪冲击海岸时，能激起60～70米高的浪花。在英国苏格兰的威克港，一次大风暴中，巨浪曾将1370吨重的混凝土块移动了10多米；斯里兰卡海岸上的一座高60米的灯塔，也曾经被印度洋袭来的海浪打坏；有人看到过一个巨大的海浪甚至把13吨重的巨石抛到10米高的空中。

当大多数人赞美波涛和涟漪的美的时候，科学家却在思考如何利用巨大的波浪进行发电。在科学家的不懈

努力之下，人类已经突破之前利用波浪发电受到的各类技术的限制，波浪发电已现雏形。我国自主研发的独立稳定的波浪能发电系统在广东汕尾市遮浪半岛第一次实海况试验获得成功，使在我国一直受到怀疑的波浪能发电的商用前景展示出诱人的曙光。

我国海浪能发电前景

作为海洋能中最主要的能源之一，波浪能是指海洋表面波浪所具有的动能和势能，是海洋能的一种具体形态。汹涌的海浪产生取之不尽的、具环保价值的巨大能量，虽然现阶段很难被利用，但如果一旦被充分利用起来，则世界能源的前景会相当广阔。所以它的开发和利用对缓解能源危机和减少环境污染是非常重要的。

中国陆地海岸线长达 18000 多千米，有大小岛屿 11000 多个。根据波浪能能源密度及各地的自然环境条件，我国首选浙江、福建沿岸为波浪能的重点开发利用地区，其次是广东东部、长江口和山东半岛南岸中段。如嵊山岛、南麂岛、大戢山、云澳、表角、遮浪等处，这些地区具有能量密度高、季节变化小、平均潮差小、近岸水较深、均为基岩海岸、岸滩较窄、坡度较大等优点，是波浪能能源开发利用的理想地点，应作为优先开发的地区。根据海洋观测数据，我国沿海流域年平均海波高度在 2 米左右，波浪周期平均 6 秒左右。而且台湾、

福建、浙江、广东沿海的沿岸波浪能的密度可达5~8千瓦/米。我国波浪能虽然分布不均，但总的来说资源十分丰富，总量约有5亿千瓦，可开发利用的约为1亿千瓦。

知识"爆料"馆

★ 无风也能起浪 ★

我们通常看到的海浪是由风力使海水产生波动而形成的。但是，地球自转、公转，以及太阳、月亮之间的位置变化也可以产生海浪。另外，海水密度的变化、温差以及地壳运动，也可以产生海浪。

前景广阔的海流能

海流，有的宽几百千米，有的流量比密西西比河泛滥时还大千倍。浩大的海流能量大得惊人，像巨犁般在海里"耕耘"，把丰富的矿物质、营养盐从海底翻起。

海流能简介

海流能是指海水流动的动能。海流主要是指海底水道和海峡中较为稳定的流动以及由于潮汐导致的有规律的海水流动。海流能的能量与流速的平方和流量成正比。相对波浪能而言，海流能的变化要平稳且有规律得多。海流能随潮汐的涨落每天两次改变大小和方向。一般说来，最大流速在 2 米 / 秒以上的水道，其海流能均有实际开发的价值。

海流能发电

海流能的利用方式主要是发电，其原理和风力发电相似，几乎任何一个风力发电装置都可以改造成海流发电装置。但由于海水的密度约为空气的 1000 倍，且装置必须置于水下，故海流发电存在一系列的关键技术问题，包括安装维护、电力输送、防腐、海洋环境中的载荷与安全性能等。此外，海流发电装置和风力发电装置的固定形式和透平设计也有很大的不同。海流装置可以安装固定于海底，也可以安装于浮体的底部，而浮体通过锚链固定于海上。

我国海流能资源分布

根据对 130 个水道的计算统计，我国沿岸海流能资源理论平均功率为 13948.52 万千瓦。这些资源在全国沿

岸的分布，按省区分以浙江为最多，有 37 个水道，理论平均功率为 7090 万千瓦；台湾、福建、辽宁等省区的海流能资源也较多，约占全国总量的 42%；其他省区较少。

根据沿海能源密度、理论蕴藏量和开发利用的环境条件等因素分析，舟山海域诸水道开发前景最好，如金塘水道（25.9 千瓦 / 平方米）、龟山水道（23.9 千瓦 / 平方米）、西侯门水道（19.1 千瓦 / 平方米）；其次是渤海海峡和福建的三都澳等，如老铁山水道（17.4 千瓦 / 平方米）、三都澳水道（15.1 千瓦 / 平方米）。以上海区均有能量密度高、理论蕴藏量大、开发条件较好的优点，应优先开发利用。

知识"爆料"馆

⭐ 暖流和寒流 ⭐

海流有暖流和寒流之分：流入这个海区的海流温度低于当地水温就是寒流；反之就是暖流。从世界范围说，是寒流降低了非洲西北部的湿度，使撒哈拉沙漠的面积扩大到整个北非；俄罗斯摩尔曼斯克港地处高纬而成为不冻港就是受暖流的影响。

储量丰富的盐差能

我们都知道海水里含有盐分，但不同海域含盐量有所差别。可别小瞧这点，这种差别也是可以利用的哟。

小实验蕴含大道理

小实验：把一个水箱用半渗透膜（水能通过，盐不能通过）分开，一边放盐水，另一边放淡水，开始盐水面和淡水面齐平。过了一会儿，盐水面升高，淡水面逐渐降低。可见，淡水分子通过半渗透膜进入盐水里了。这个升高的水柱，具有一定的势能，而势能能够转化为动能。

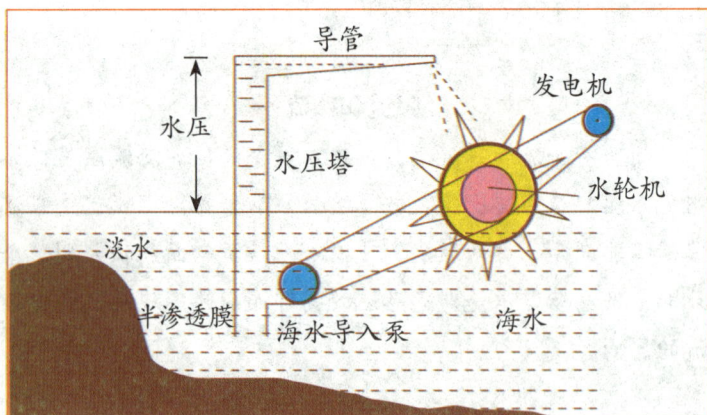

盐差能是指海水和淡水之间或两种含盐浓度不同的海水之间的化学电位差能，主要存在于河海交接处。同时，在淡水资源丰富地区的盐湖和地下盐矿也可以利用盐差能。盐差能是海洋能中能量密度最大的一种可再生能源。通常，海水（35‰盐度）和河水之间的化学电位差有相当于 240 米水位差的能量密度。这种位差可以利用半渗透膜在盐水和淡水交接处实现。利用这一水位差就可以直接由水轮发电机发电。

转换方法

目前，科学家提出的渗透压式盐差能转换方法，主要有水压塔渗压系统和强力渗压系统两种。

我国的盐差能资源

我国海域辽阔，海岸线漫长，入海的江河众多，入海的径流量巨大，在沿岸各江河入海口附近蕴藏着丰富的盐差能资源。据统计，我国沿岸全部江河多年平均入海径流量为 1.7×10^{12} ~ 1.8×10^{12} 立方米，各主要江河的年入海径流量为 1.5×10^{12} ~ 1.6×10^{12} 立方米。据计算，我国沿岸盐差能资源蕴藏量约为 3.9×10^{15} 千焦耳，理论功率约为 1.25×10^{8} 千瓦。

我国盐差能资源特点：（1）地理分布不均。长江口及其以南的大江河口沿岸的资源量占全国总量的92.5%，理论总功率达 1.156×10^8 千瓦，其中东海沿海占69%，理论功率为 0.86×10^8 千瓦。（2）沿海大城市附近资源最富集，特别是上海和广东附近的资源量分别占全国的59.2% 和20%。（3）资源量具有明显的季节变化和年际变化。一般汛期4～5个月的资源量占全年的60%以上，长江占70%以上，珠江占75%以上。（4）山东半岛以北的江河冬季均有1～3个月的冰封期，不利于全年开发利用。

研究现状

虽然海洋盐差能的绝对量很可观，不少国家对这方面的研究也很关注，但整体上看这方面的研究还处于初期的原理研究和试验阶段。

知识"爆料"馆

★ 为什么波罗的海海水的含盐量低？★

波罗的海之所以是世界上盐度最低的海，主要是因为波罗的海海区闭塞，盐度高的海水不易进入；再加上纬度高，气温低，雨水多，还有大量淡水河流注入，所以波罗的海海水含盐量低。

清洁的温差能

早在 1861 年，法国著名的科幻小说作家儒勒·凡尔纳，就幻想利用海水中储藏的太阳能了。

温差能发电实验

法国是最早利用海水温差能的。1926 年 11 月 15 日，法国物理学家克劳德和工程师布射罗当众进行了温差发电的实验。他们取来两个烧瓶，在其中一个烧瓶中装入 28℃ 的温水，代表表层温热的海水，作为热源；另一个烧瓶里则盛放冰和水的混合物，使温度恒定在 0℃，代表深层的低温海水，作为冷源。在连接两个烧瓶的一段粗玻璃管中，安装着一台十分精巧的汽轮发电机，组成了一个封闭的发电系统，连着三个小灯泡。当克劳德打开抽气机抽出温水烧瓶中的空气时，灯亮了。

那么，克劳德为什么要用抽气机把实验系统中的空气抽光呢？原来，水有一个特点，就是压力不同，沸腾时的温度也不同。压力降低，水沸腾的温度低于 100℃。

压力越低，水的沸点越低。比如，在1/8个气压下，水的沸点是50℃；而在1/80个气压下，水的沸点是10℃。

克劳德抽光了实验系统里的空气，使系统内部压力大大降低。于是，尽管温度只有28℃，海水却沸腾起来，大量的蒸汽成了可以做功的动力，三个小灯泡也因而能够亮起来。这个实验的成功，为人类利用温差能指明了方向。温热的海水已为寻找新能源的人们带来新的希望。科学家预测，全球热带海洋的水温只要下降1℃，就能释放出1200亿千瓦的能量。

温差能发电站使用实例

1979年5月29日，世界上第一座海水温差发电站在美国的夏威夷成功投入运行，为岛上居民、车站和码头供应了照明用电。夏威夷岛在太平洋中部，地处北纬20度，附近海域的表层海水常年保持较高温度，冬季为24℃，夏季为28℃。在离岸只有12千米的地方，水深400米处就可获得10℃的冷海水，水深800米处就有5℃

的冷海水，为海水温差发电提供了极为优越的自然条件。这座海水温差发电站安装在驳船型的海上平台上，平台锚系在夏威夷岛东部约 24 千米的海上，装机容量达 1000 千瓦以上。

世界上第一座海水温差发电站的建成和正常运行，不但证明了海水温差发电技术的可行性，并且提供了大量的实践经验，这标志着海水温差发电已经开始从实验性发电转向大规模开发利用的阶段。夏威夷的海水温差发电站是海水温差发电史上的又一里程碑，它为下个世纪新能源的开发指明了方向。

利用海水温差发电将使人类生活更加方便快捷。

温差能发电副产品

利用海水温差发电，不仅可以获得电能，还可以获得很多有用的副产品。如海水蒸发后留下的浓缩水可用来提炼许多化工产品，水蒸气冷凝后可以变成大量淡水或廉价的冰，这些副产品可以满足沿海工农业生产的需要。

知识"爆料"馆

⭐ 海水温度随着深度变化 ⭐

海水温度是随着水深而变化的。这种变化可分为3层。第一层是从海面到深度60米左右，称作表层，水温在26.7℃左右。第二层是水深60～300米，海水温度变化较大，称作主要变温层。第三层深度在300米以下，称为深层海水，温度降低到4℃左右。在1500米以下，水温几乎就没有变化了，常年维持在 -1～2℃。

总量丰富的重水资源

你知道在原子能工业中"重水堆"的"重水"是指什么吗？为何叫"重水"？它跟水有什么区别？

重水解密

重水是由氘和氧组成的化合物，在外观上和普通水相似，是无色无味的透明液体，不能燃烧，只是密度略大，因此被称为重水。

要制造威力巨大的核武器，就需要重水作为原子核裂变反应中的减速剂，因此重水在原子能技术应用中有着特殊价值。而且电解重水可以得到重氢，重氢是制造氢弹的原料，重氢的核聚变反应可以释放出巨大的能量。

重水的提取

海水中虽然含重水比例不高，但总量丰富，因此从海水中提取重水的想法一经实现，海洋就能为人类提供相当大的能量。

要想把混在海水中的重水分离出来是一件很难的事，因为重水可以按任意比例与普通水混合，因此从海水中提取重水往往要经过同一分离过程的多次重复才能实现。

目前已经实现大规模工业生产的分离方法有水蒸馏法、氢－水交换法、液氢蒸馏法、电解法和双温交换法等。与此同时，许多国家也在不断探索新方法获得重水，如生物浓缩法、冷冻法、光解析法等。

知识"爆料"馆

⭐ **重水虽贵，但不能喝** ⭐

虽然重水在尖端技术上是宝贵的资源，而且和普通水很相似，但人是不能饮用的，鱼类、微生物在纯重水或含重水较多的水中，只要数小时就会死亡。但如雪水这种含重水特别少的轻水，却能刺激生物生长。

第四章

海洋空间资源

生产生活空间

开发和利用海洋空间资源，已成为各国重视的项目，对海洋空间资源的开发也将成为世界科技发展的大趋势，这一点对那些陆地面积狭小的国家来说更是如此。假若对占地球总面积71%的海洋加以充分利用，人类居住面积不足的问题将得到较好的改善。

人工岛简介

人工岛是人工建造的、非自然形成的岛屿，大多数建在近岸海域，大小不一，有的是扩大已有的小岛、建筑和暗礁而形成的，有的是合并数个自然的小岛而形成的。人工岛可用作海上作业的场所，或用于建设海上公园等，大多有栈桥和海底隧道与岸相连。在人工岛上可建深水港、飞机场、大型电站、核电站、废品处理厂、水产加工厂、选矿厂、冶炼厂、造纸厂、水文气象观测站和危险品仓库等。

建筑人工岛的施工方法，有先抛填石块或混凝土块等之后护岸的，这比较适用于风平浪静的海域；也有先围海后填沙土和构筑物的，这适用于风浪较大的海域。我国香港地区的许多土地就是这样制造的。

填海造陆

荷兰有填海造陆的悠久历史。荷兰在欧洲西部，西滨北海，面积狭小，全国约有 1/4 的土地低于海平面，被称为"低地国"。由于人口稠密，土地紧张，增加国土面积一直是该国的主要国策。自 13 世纪以来，荷兰人充分利用自己国家靠海的特点，积极填海造陆，通过抽干

海水或填海的方式获得了 5200 平方千米的土地，使得领土面积增加到 4.15 万平方千米，达到了原来的 1.25 倍，有效缓解了土地危机。

新加坡是另一个填海先锋。新加坡作为一个东南亚岛国，在 1965 年独立的时候领土只有 581 平方千米，人口密度巨大，通过多年的填海造陆，2022 年国土面积已经达到 730 多平方千米。

海上造城

人类在建设海上人工岛的同时，也在不断尝试拓展人工岛的利用范围。如日本在 20 世纪 70 年代，曾利用一个海中的小岛，通过移山填海建成了长崎机场。除此之外，人们还可以利用海上人工岛建造大型居住区，即海上城市。

海上造城，为沿海国家拥挤的城区提供了新的发展空间，增加了人类活动空间，但同时我们也应该注意到，海上造城也有它的弊端。比如岛屿的构成材料有很多是居民废弃的垃圾和工业基地排出的污染物，这些材料若处理不好会直接危害海洋环境，长此以往，人类也会受到大自然的惩罚。因此人们在海上造城的同时应该注意保护环境，先处理好垃圾再"变废为宝"。

知识"爆料"馆

⭐ 张巨河人工岛 ⭐

我国第一座海上人工岛——张巨河人工岛坐落在河北省黄骅市南排河镇张巨河村东南方距海岸 4125 米的海面上。张巨河人工岛具有勘探、开发、海上救助和通信等功能。

交通运输通信空间

人们最初乘船通过海湾、海峡时，体验到了科技的进步。但乘船渡海也不可避免地有诸多缺点，比如水面轮渡不仅费时，还容易受到天气的干扰。如何更加省时而且排除天气干扰的烦恼呢？为此，人类想到了修建海底隧道和建设海上桥梁。

海底隧道

海底隧道可以通火车、汽车，不但运输速度大大提高，还免除了恶劣天气的影响，避免了水面轮渡会发生的种种意外。而且海底隧道不占陆地，不妨碍航行，影响生态环境较小，是一种非常安全的全天候的海峡通道。因此，开辟海底隧道是众多临海国和岛屿国的选择。

英法海底隧道横贯多佛尔海峡，位于英国多佛港与法国加来港之间，把英伦三岛与欧洲大陆连接起来。隧道由两条火车隧道和一条工作隧道构成。通过隧道的火车有长途火车、专载公路货车的区间火车、载运其他公路车辆（如大客车、一般汽车、摩托车、自行车）的区间火车。这条海底隧道的开通，使得由欧洲其他国家往返英国的时间大大缩短。

海上桥梁

跨海大桥是跨越海湾、海峡、深海、入海口或其他海洋水域的桥梁，一般只用于狭窄海域的交通。跨海大桥有较长跨度和线路，短则几千米，长则几十千米，一些比较长的跨海大桥，通常由多个桥中桥组成；有些跨海大桥中的某一部分采用海底隧道工程，集"桥、岛、隧"为一体，这是为了避免影响水上航道或空中航线。

　　港珠澳大桥连接香港、珠海和澳门，桥长55千米，是我国最长的跨海大桥。港珠澳大桥对桥、岛和隧三种不同结构进行了融合，桥上采用的是双向六车道的道路设计，设计速度为每小时100千米，可容纳巨大的车流量。它还全程覆盖了高速网络，途中可上网。它让香港、澳门和珠海之间的出行时间缩短至半小时，加快了物资、人力、技术等要素的良性流动，可以说是一座复兴桥和崛起桥。

　　东海大桥是连接上海浦东新区和浙江舟山的跨海大桥，2005年正式通车，大桥全长32.5千米，桥的外观采用"东海长虹"的设计理念，就像位于东海上的一道彩虹。

厄勒海峡大桥，连接丹麦的哥本哈根和瑞典的马尔默，是一座由桥梁、人工岛、海底隧道构成的世间罕见的大桥，全长 16 千米。这一海上走廊的建成将欧洲大陆的中部和北欧的斯堪的纳维亚半岛连成一体，从而把整个欧洲连接起来，促进了欧洲的经济发展和文化交流。

海底电缆

海底电缆用绝缘材料包裹，铺设在海底，用于电信传输。现代的海底电缆以光纤作为材料，传输电话和互联网信号。

相较于陆地电力传输系统，海底电缆不会受到地形

的限制，铺设方式也较为简单，不需要架设在半空中，施工速度很快。而且，电缆铺设在海底，除非遇到重大的自然灾害，一般不容易损坏。

海上运输

海上运输是使用船舶通过海上航道运送货物和旅客的一种运输方式，简称海运，包括远洋运输、近海运输和沿海运输。海上运输的货物运输量在全部国际货物运输量中占比极大。它利用天然海洋通道，船舶吨位一般不受限制，具有运量大、成本低等优点，随着政治、经

贸环境的变化，可随时调整航线完成运输任务。但海运受地理条件限制，有时也受季节影响。

海上机场

现代社会，人们对出行、物流的要求越来越高，很多地方修建了新的机场或者不断扩建已有的机场。但城市用地紧张、价格高昂，使得陆地机场建设阻碍重重。因此，人们想到：海洋那么广阔，人烟稀少，如果能在海上建机场多好啊。

现实中，人们确实把目光投向了海洋，并且已经在全世界建立了 10 多座海上机场。

海上机场主要有填海式机场、围海式机场、浮动式机场、栈桥式机场。

填海式机场即填海造陆，然后在上面建造机场，如日本的东京国际机场。围海式机场，就是用堤坝把一部分浅海围起来，抽干海水，覆盖少量土石构筑的机场。这种机场造价低，但是缺点很致命，一旦围堤损毁，机场就会被海水淹没，因此建设这种机场前需要严格论证。浮动式机场是漂浮在海面上的一种机场，是利用半潜式海洋建筑物的特点修建的机场。栈桥式机场则先将桩基打入海底，机场本体支持于钢管桩墩上，如美国纽约拉瓜迪亚机场。

知识"爆料"馆

⭐ 不可或缺的"主动脉" ⭐

海底通信电缆的使用始于1850年，当时，英国和法国修建了一条海底通信电缆，传输效果很好。后来，各个国家都开始修建海底通信电缆，截止到2019年，全世界一共有420条海底电缆，总长度达上百万千米，承载着世界95%以上的国际数据通信流量，是名副其实的互联网数据"主动脉"。

海洋旅游休闲空间

海洋面积辽阔，空气质量好，灰尘极少，有利于人体健康，适于开展各种活动。

海洋旅游

海洋旅游是以海洋资源为基础，以观光、度假等为目的的旅游活动形式的总称。

在海上旅行与在陆地上旅行趣味迥异，游客可在海上观看日出日落，泡海水浴，以及参加各种体育和探险项目，如游泳、潜水、冲浪、钓鱼、赛艇等；还可以大饱口福，品尝各种海鲜。

海洋经济的发展，离不开海洋旅游业的发展，海洋旅游业已成为世界海洋经济的最大产业之一，并且随着世界经济的发展而不断壮大。海洋旅游业在海洋经济发达的国家起着非常关键的作用。在西班牙、希腊、印度尼西亚等国，海洋旅游业已经成为国民经济的重要产业或支柱产业；在热带、亚热带的一些岛国，海洋旅游业是其主要的经济收入来源，占到国民经济比重的一半以上。

世界知名的海岛旅游度假胜地有塔希提岛、夏威夷群岛、马尔代夫群岛、巴厘岛、普吉岛、塞班岛、斐济群岛、冲绳岛等。这些海岛因其优越的自然条件、独特的文化背景、科学的开发理念，吸引着世界各地络绎不绝的游客，带给他们美好难忘的体验，在世界范围内产生影响。

我国是一个海洋大国，海岸线绵长。随着近些年人们越来越热衷海洋旅游，青岛、秦皇岛、海南岛等都成为人们追捧的旅游目的地。

体育娱乐项目开发

浩瀚的海洋有着十分广大的空间和丰富的水体，这为许多娱乐项目的开展提供了条件。如今，深受人们喜爱的海上娱乐项目有"海上飞鱼""水上飞龙""疯狂沙发""拖曳伞""动感飞艇""香蕉艇"等。

"海上飞鱼"的"飞鱼"本身是造型独特的皮划艇，行驶时，由快艇拉着提供动力。达到一定速度时，"飞鱼"可腾空而起；调转方向时，"飞鱼"会像汽车漂移那样完成转身。乘坐"海上飞鱼"，惊险而刺激。

"水上飞龙"，是通过喷射装置产生巨大推动力，将操控者托举在水面上，就像"飞起来"一样。操控者可以通过操控喷射装置，时而一飞冲天，时而扎入水底，也可以在空中做出一些动作，宛如游龙，体会到在海上腾空的刺激。

"香蕉艇"是一种模仿香蕉外形生产的休闲用橡皮艇，通常由快艇在前面拖行。"香蕉艇"比"海上飞鱼""温柔"，但乘坐时也需要有一定的平衡能力。

由此可见，海上娱乐项目可以丰富人们的娱乐生活，让人们感受到与陆地活动不一样的风采。

海洋体育活动

大海潮起潮落、宽广浩瀚，不仅为我们提供了丰富的物质资源、空间资源，同时也是十分令人向往的体育运动场所，吸引着众多的体育爱好者投身其中。

在海洋上，人们可以开展丰富多彩的体育活动，如帆船、帆板、摩托艇、滑水、拖曳伞、冲浪、万人横渡、潜水、海上皮划艇等。

帆船是依靠自然风力作用于帆上而推动船只前进的。帆船运动集竞技、娱乐、观赏和探险于一体，是奥运会比赛项目之一。

摩托艇运动是一种驾驶机动艇在水上竞速的体育活动，集观赏、竞技、刺激于一体，起源于19世纪末的英国、德国和美国等工业发达国家。摩托艇运动不仅要求运动员熟悉并适应水上生活，而且还要具有航海基本知识、驾驶船艇和使用小型高速发动机的技术。摩托艇运动是一种综合性的水上竞技运动，可以锻炼人的体质并培养勇于同大自然搏斗的顽强意志。国际摩托艇联盟每年都会举办各级别的世界锦标赛、洲际锦标赛和国际大奖赛等。

冲浪是以海浪为动力的极限运动，冲浪者在冲浪板上等待，当合适的海浪逐渐靠近时，冲浪者操纵冲浪板随波浪快速滑行，借助海浪做出各种惊险的动作，用全身的协调动作保持身体的平衡。现在，冲浪已被列入奥运会正式比赛项目。

想象一下，在海洋上，人们可以一边欣赏着美丽的海景，一边驾驶着帆船、帆板乘风破浪，或者开着炫酷的摩托艇在海面疾驰，或者乘坐拖曳伞低空飞行于海面之上。还可以换上装备，潜水到海底，欣赏美妙的海底世界，近距离观赏色彩斑斓的鱼类、藻类和珊瑚等。即使只有一片小小的冲浪板，也能在海浪间自由地嬉戏，更别说可以在比泳池广阔得多的空间里游泳。在观光的同时强身健体，海上体育运动实在魅力无穷。

知识"爆料"馆

★ 海洋旅游胜地——地中海 ★

地中海被亚欧大陆和非洲大陆包围着，是世界上最大的陆间海。地中海海岸线漫长曲折，海岸地貌多样，优质沙滩众多，夏季阳光充足，冬季温暖湿润，环境优美，海洋旅游市场广阔。西班牙小巴塞罗那海滩、希腊圣托里尼岛的贝里沙海滩、埃及的玛丽娜海滩都是地中海沿岸著名的海滩。

EXPLORE

探索神秘的
海洋世界

未知的海洋之谜

司洁◎主编

黑龙江科学技术出版社

HEILONGJIANG SCIENCE AND TECHNOLOGY PRESS

图书在版编目（CIP）数据

未知的海洋之谜 / 司洁主编． -- 哈尔滨 ：黑龙江
科学技术出版社，2024.1
（探索神秘的海洋世界）
ISBN 978-7-5719-2149-1

Ⅰ．①未… Ⅱ．①司… Ⅲ．①海洋－少儿读物 Ⅳ．
① P7-49

中国国家版本馆 CIP 数据核字（2023）第 193391 号

探索神秘的海洋世界　　未知的海洋之谜
TANSUO SHENMI DE HAIYANG SHIJIE　WEIZHI DE HAIYANG ZHI MI

司洁　主编

项目总监 薛方闻
策划编辑 沈福威　顾天歌
责任编辑 刘　杨
插　　画 文贤阁
排　　版 文贤阁
出　　版 黑龙江科学技术出版社
　　　　　　地址：哈尔滨市南岗区公安街 70-2 号　邮编：150007
　　　　　　电话：（0451）53642106　传真：（0451）53642143
　　　　　　网址：www.lkcbs.cn
发　　行 新华书店
印　　刷 三河市南阳印刷有限公司
开　　本 880 mm×1230 mm 1/32
印　　张 3
字　　数 48 千字
版　　次 2024 年 1 月第 1 版
印　　次 2024 年 1 月第 1 次印刷
书　　号 ISBN 978-7-5719-2149-1
定　　价 138.00 元（全 8 册）

海洋是浩瀚的，我们站在海边远望，看不到边际；海洋是神秘的，海洋中有许多人类没有涉足的区域；海洋也是丰富多彩的，五光十色的海洋生物营造出一个美丽的世界。我们的生活离不开海洋，海洋为我们提供了丰富的食物、种类繁多的矿产。没有海洋，世界商品的运输将会受阻，各国间的贸易成本将会大大提升；没有海洋，我们吃不到美味的海鲜，也不能享受漫步海滩的浪漫。

人类对于海洋的探索，从来都没有停止过。从郑和下西洋到哥伦布发现新大陆，从新航路的开辟到世界海洋贸易的繁荣，从低效的海洋渔业到充满科技元素的海水养殖，从对海洋的一无所知到如今发达的海洋科技，我们对神秘海洋的探索仍在继续。孩子们对

海洋是不是也充满了好奇？我们精心编写的这套《探索神秘的海洋世界》，描绘了美丽的蓝色海域，介绍了生动有趣的海洋动物和海洋植物，让孩子们通过本套书领略奇妙的海洋景观，揭开神秘的海洋之谜，懂得海洋资源的宝贵，知晓海洋灾害带给人类的危害，最终树立开发和保护海洋的正确观念。

　　本套书能够满足孩子们对知识的渴望，培养孩子们的求知欲，提高孩子们的学习兴趣。希望本套书引领更多的孩子走向科学，让他们在开阔视野的同时，也能放飞梦想。

目录

第一章　神秘莫测的海洋现象

第二章　匪夷所思的海洋生物

第三章　可怕诡异的未知海域

神秘莫测的海洋现象

会变色、发光的海水

在一望无际的大海里，生活着五光十色的珊瑚、种类万千的鱼，大海的神奇，一直吸引着我们去探索。其实，海水不总是蓝色的，还有其他的颜色，甚至能发光。你知道这是怎么回事吗？

海水变色

蓝色的海水为什么会变成其他颜色呢？其实这种现象多数是由海洋甲藻大量繁殖或者浮游生物爆发引起的。例如，地处亚热带的美国佛罗里达半岛沿海，海水中生活着大量的浮游生物，其中鞭毛虫等原生动物数量极多。每当海水环境适宜时，鞭毛虫便会大量繁殖。据科学家测定，一个细胞经过25次分裂后，能生出3300多条新虫，而仅一滴海水就能滋生6000条新虫。它们体内含有红色的拟脂物，一旦海底发生火山爆发或地震等灾害，这些浮游生物大量死亡，就会把海水"染"成棕红色。

海水发光

在深夜的大海上，人们时常可以看到海水发出闪闪的亮光。那么，海水为什么会发光呢？

科学家研究发现，海面上的光亮其实是由海洋生物引起的。生活在海洋中的一些生物有发光的本领，如夜光虫、多甲藻、裸沟鞭虫、红潮鞭虫和一些水母、鱼类等。这些生物体内有特殊的发光细胞或器官，内含荧光酶和荧光素，被海水搅动之后，可发生氧化作用，进而发出细小的亮光。可见，海水发光是发光的海洋生物和海水搅动共同作用的结果。其中，发光的海洋生物是重要的物质基础，而海水的搅动则是触发的外部条件。

此外，科学家还发现，海水发光与海底火山爆发引起的地震波也有着密切的关系。强大的地震波使海水激烈震荡，进而促使海洋生物发光。因此，在震荡强弱不同的海域，海水发光的亮度也有所不同。拉丁美洲古巴岛附近的"夜明海"是世界上有奇异光亮的著名水域，

在那片水域里生活着种类繁多的海洋生物，这些生物死后磷质聚集，在漆黑的夜晚发出璀璨的光芒，可以照亮方圆 10 平方千米的区域。此时过往船只的船舷甲板上都亮如白昼。

知识"爆料"馆

⭐ 什么是原生动物？ ⭐

原生动物是一种由单个细胞构成的最原始、最简单、最低等的生物。它们的细胞中有细胞核和细胞器，有些能够利用光合作用制造食物。鞭毛虫就属于原生动物。

海底为什么会出现"浓烟"？

浓烟是一种常见的现象，工厂排出的废气会形成烟雾，住宅失火、森林大火也会冒出滚滚浓烟。可是有人在海底也发现了"浓烟"，你知道这是怎么回事吗？

海底"浓烟"的发现

20 世纪 70 年代，美国海洋学家巴勒带领一批科学家对墨西哥西面北纬 21°的太平洋进行了一次水下考察。当科学家们乘坐的深水潜艇"阿尔文"号渐

渐接近海底时，透过潜艇的舷窗，他们看到"浓烟"弥漫下的是一根根高达 2 ~ 6 米的粗大"石柱"，最高可达 35 ~ 40 米的"石柱"顶部喷发出滚滚"浓烟"。

"阿尔文"号向"浓烟"靠近，并将温度探测器伸进"浓烟"中。查看测试结果时，科学家们不禁吓了一跳，这里的温度竟高达约 350℃。经过仔细观察，他们发现"浓烟"原来是一种海底"喷泉"，当它遇到寒冷的海水时，便立刻析出铜、铁、锌等的硫化物，并沉积在"烟囱"的周围，堆成小丘。他们还注意到，在这些温度很高的喷发口周围竟形成了一种特殊的生存环境，这里就像沙漠中的绿洲，生活着许多贝类、蠕虫类和其他动物群落。

巴勒等人的发现引起了科学界的极大兴趣。

海底"浓烟"造成的影响

美国密歇根大学的奥温认为，这种海底"浓烟"可能与地球气候的变化有关。奥温在研究了从东太平洋海底获取的沉积物和岩样以后发现，在几千万年前的沉积物中，铁和钙的含量都要比现在高出几倍。为什么沉积物中钙、铁等的含量如此高呢？奥温认为，这可能与海底"喷泉"活动的增强有关。

据此，奥温又进一步提出，当海底"喷泉"活动增强时，所喷出的物质与海水中的硫酸氢钙发生反应，析出二氧化碳。已知现在的海底"喷泉"提供给大气的二氧化碳占大气中二氧化碳自然来源的 14%~ 22%，因此，当钙的析出量增大时，大气中二氧化碳的含量必将大大增加。众所周知，二氧化碳含量的增加会导致明显的温室效应，从而使全球的气温上升，导致极地地区变得更加暖和。

海底"浓烟"还会导致哪些可能的现象呢？人们期待着科学家能有新的发现。

知识"爆料"馆

★ 浓烟是小液滴吗？★

烟是固体小颗粒，不是小液滴，更不是气体。因为其重量很轻，所以飘浮在空气中。烟，一般是由物体燃烧产生的。

能"粘"住船的海水

100多年前，有一艘渔船在大西洋上进行捕捞作业，当渔船上的水手把网撒到海里并向前行进时，船的速度突然降了下来，船被海水"粘"住了。这到底是怎么回事呢？科学家们通过仔细研究，最终查明了真相。

内波

不同的海域，海水的密度是不同的。一般来说，温度越高，海水的密度越小；温度越低，海水的密度越大。同时，海水的密度也跟海水的含盐量有关，盐度越低，海水密度越小；盐度越高，海水密度越大。如果同一海域存在两种密度的海水，那么，密度小的海水就会集聚在密度大的海水上面，使海水分层分布。这上下层之间的屏障就叫"密度跃层"，厚可达几米。这种稳定的"密度跃层"作为界面，将海水分成上下两种水团。如果有某种外力（如月球、太阳的引潮力，风、海流的摩擦力等）作用在界面上，界面就会产生波浪。因为这种波浪处于海面以下，在海面上无法看到，故被称为内波。

在海岸附近，江河入海口处，常常形成"冲淡水"，它的盐度和密度都比其他水域的要低。如果冲淡水下面是密度大、盐度高的海水，就会形成"密度跃层"。此外，夏季时，寒冷地区海上的浮冰融化，其海水盐度就会降低，当这些海水浮动到密度大、盐度高的海水之上时，也会形成"密度跃层"。一旦上层水的厚度跟船的吃水深度相等，且船的航速较慢时，船的螺旋桨的搅动就会使"密度跃层"产生内波。当内波的运动方向同船的航行方向相反时，内波的阻力就会迅速增大，船速就会变慢，船就像被海水"粘"住似的，很难动弹。

内波对现代舰船的影响

科学家研究发现，内波的速度一般在 2 节左右。如果船只的航速能远远大于内波的速度，那么海水就"粘"不住船了。现代舰船的速度远超内波的速度，所以再也没有出现海水"粘"船的现象。

虽然现代舰船已经摆脱了"密度跃层"的困扰，"密度跃层"却能压住水中下潜的潜艇。一次，有一艘潜艇奉命到预定海域巡航，潜艇均衡完毕，艇长下达了下潜的命令。潜艇顺利下潜，5 米、10 米、20 米……一直到 40 米时都很正常，当潜艇下潜到 50 米时，船就被"密度跃层""托住"无法下潜了。这时无须慌乱，科学家已找到了解决办法，只要潜艇用升降舵造一个倾角，开足马力，就可以摆脱"密度跃层"。

军事价值

如今，对于"密度跃层"的研究具有很大的军事价值。厚厚的"密度跃层"就像在海中筑起了一道"墙"，声呐发出的声波碰到这堵"墙"就会被反弹回去。当水面舰艇追捕敌人潜艇时，如果敌人潜艇钻到"密度跃层"下面，水面舰艇声呐发出的声波无法穿透"密度跃层"，潜艇就会趁机脱逃，甚至可以出其不意地发起反击。

知识"爆料"馆

★ 什么是海水密度？ ★

海水密度，是指单位体积海水的质量，一般在 1.02 ～ 1.07 克 / 立方厘米。海水密度的大小取决于海水的温度、盐度和压力等因素。一般两极海域的海水密度要大一些，赤道附近海域的海水密度要小一些。

奇怪的海鸣

海鸣就是海洋发出的声响。惊涛拍岸的轰鸣，地震和火山引起的噪声，以及鱼类和其他海洋生物发出的声音都属于海鸣。可是，有些地方发生的海鸣，其原因却难以捉摸。

砀洲岛的海鸣

每逢暴风雨即将到来的时候，广东省湛江市砀洲岛东南方向的海面上便会发出阵阵有节奏的声音，就像沉闷的雷声，高低错落。

根据砀洲岛很多当地人的说法，这种海鸣现象是因为放置在海内的水鼓发出了响声。他们说很多年前，法国人在砀洲岛构筑了国际灯塔，水鼓便是在那个时候被安置在周围的大海里的。灯塔起到为来往船舶引领方向的作用，水鼓是对海况进行探测和报警的仪器，可以随时将风浪的动态信息传递给人们。然而，没有任何人看到过水鼓真实的样子，也没人知晓水鼓究竟被放置在了大海的哪片区域。

海鸣成因

相关部门的专家曾经搭乘考察船前往硇洲岛东南方向的海域巡查，结果一无所获。1969年，人们曾在这片海域见到一些正在活动的海兽，有人认为它们是海豚。因此，有人认为海鸣现象并不奇怪，只是海兽发出的叫声罢了。

有人推断，海兽能敏锐地感知到海况和天气的变化，并对此产生焦躁不安的情绪，从而发出叫声。有人猜测，海兽彼此间为了保持联络，会一边游动一边发出叫声。还有人猜想，海洋底部时常发生轻微地震。若是硇洲岛周遭的海底有沉船的残骸，那么出现地震时，地震引起的巨大冲击力可以快速移动沉船的残骸，进而产生奇异的海鸣声。

后来，科学家们经过考察研究发现，硇洲岛是由海底火山爆发形成的火山岛。众所周知，海底火山爆发会引发海底地震，由此可见，硇洲岛周遭的海域的确有可能发生地震。然而，这也无法断定这一区域的海鸣声和海底地震有关联。

实际上，硇洲岛的海鸣在 1976 年之后便出现了减弱的迹象。有人认为，那是因为水鼓建造的年代过于久远，其功能逐渐衰退。还有人认为是人们增加了在这一海域的活动，打乱了海兽的作息规律，令其不得不另寻其他海域生活。

时至今日，科学家依然不明白大海里为什么会发出奇怪的声音，这个问题还需要他们深入研究。

知识"爆料"馆

⭐ 什么是海底火山？ ⭐

在大洋底部形成的火山，叫海底火山。绝大部分海底火山位于构造板块运动的附近区域。海底火山喷发的熔岩温度非常高，即使表层在海底就被海水急速冷却，但其内部仍是高热状态。这些喷出物具有丰富的生物活性。

神秘的厄尔尼诺现象

自 20 世纪 50 年代起，特别是 70 年代后，全球气候变得异常，世界各国灾情不断。美国的夏威夷岛遭受罕见的飓风袭击；秘鲁等地洪水泛滥；非洲大陆出现了百年不遇的大旱灾。在这一时期，我国也出现了类似的洪涝、干旱等灾害，给农业生产和人民生活造成了重大损失。面对大自然给人类带来的种种灾害，科学家们通过对 50 年来的海洋和气象资料的分析发现，全球气候异常与厄尔尼诺现象有着密切的关系。肖特首先提出：厄尔尼诺是一股沿秘鲁沿岸南下的暖流，可一直到达南纬 12° 以南地区。它是一种大规模的海洋和大气相互作用的现象。2016年，我国受厄尔尼诺现象的影响，防汛抗旱的形势非常严峻。

对厄尔尼诺现象的研究

厄尔尼诺现象引起沿海许多国家的重视，特别是海

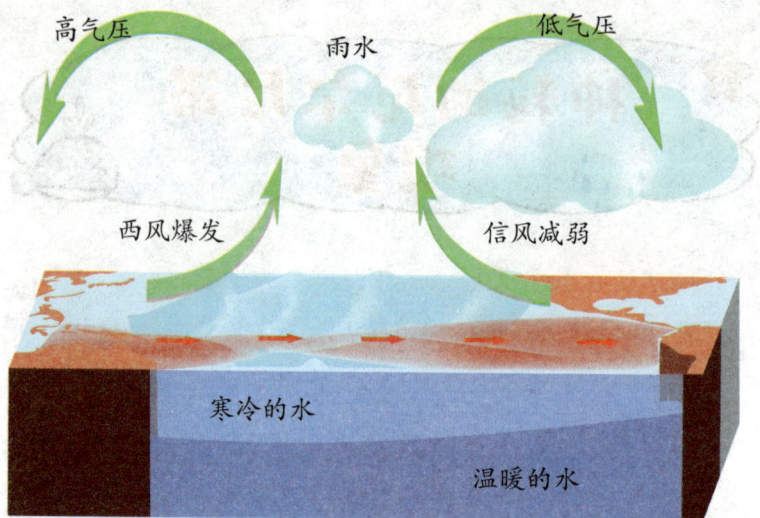

高气压　　　雨水　　　　低气压

西风爆发　　　　　信风减弱

寒冷的水

温暖的水

洋和气象科学家，都把对这一灾害性现象的研究放到首位。在研究过程中，科学家最伤脑筋的是，厄尔尼诺暖流是怎样产生的。

有学者认为，它是赤道太平洋信风减弱，热带辐合带向南移动，越过赤道而形成的产物；也有学者说，它是大气压和风系的大幅度移动所致；还有科学家认为，它是大气环流减弱的结果；等等。

科学家们还发现，东南太平洋上的高压带和北澳大利亚到印度尼西亚低压带之间海平面的气压波动——南方涛动也与厄尔尼诺现象密切相关。

有学者认为，前期西太平洋赤道东风带持续增强使西太平洋聚集暖水，造成太平洋西部相对于东太平洋下倾，产生回复力；随后东风气流减弱，形成自西向东传播的开尔文波，从而导致东太平洋水温异常升高。

也有人认为厄尔尼诺和南方涛动是一种短周期的全球变化。在它们发生期间，海气间相互作用，大气对海洋的作用主要表现为风应力效应，而海洋对大气的作用主要表现为热力效应。赤道东太平洋海温升高可使南方涛动减弱，而后者又可使赤道信风减弱而引起赤道海温升高。

厄尔尼诺现象的未解之谜

到目前为止，人们对行迹无定、出现无常的厄尔尼诺现象进行了种种研究，结果仍然是众说纷纭、难有定论。

太平洋发生厄尔尼诺现象有没有其自身的规律？例如，它发生周期的长短受什么制约？它的发生、生长与消衰以及强度有哪些代表性的信号？

无论是厄尔尼诺现象，还是反厄尔尼诺现象，都是大洋内暖水的大范围运动，那么，这种暖水的运动和北太平洋中发生的顺时针大洋环流，以及在南太平洋中发生的逆时针大洋环流是什么关系？特别引起海洋、大气科学家们注意的是，厄尔尼诺现象与黑潮的大弯曲、摆动有联系吗？

大洋中发生的厄尔尼诺现象的特点之一是发生范围大、时间长，这给我们监视、监测带来了极大的困难。如何确定厄尔尼诺现象的发生时间、结束时间，以及监

测位置等？如何预报厄尔尼诺现象？

　　大洋中出现厄尔尼诺现象为什么能影响全球气候？人们能不能通过预测厄尔尼诺现象的发生来预报异常气候？

　　今天人们对厄尔尼诺现象的认识比过去深入多了，随着海洋科学技术的发展，特别是卫星遥感技术的应用，我们有理由相信，在不远的将来，人们会对厄尔尼诺现象的生成机理有更深刻的认识，从而实现对厄尔尼诺现象的预报。

知识"爆料"馆

⭐ 大洋中的暖流和寒流有哪些影响？ ⭐

　　洋流按照温度可以分为暖流和寒流。暖流是从低纬度流向高纬度的洋流，寒流是从高纬度流向低纬度的洋流。暖流的水温比它所到区域的水温高，可以增加所经过地区的温度，使水流上升；寒流的水温比它所到区域的水温低，能使其经过的地区温度下降，水流下沉。

海底风暴之谜

大部分人觉得海底没有风浪，十分平静，然而实际情况并不是这样，海底终年活跃着各种各样的激流。这些名为"海底风暴"的激流，就好像陆地上的龙卷风，威力巨大。

消失的跳水运动员

20世纪80年代，一场引人注目的跳水表演在挪威海岸某个岛屿上举行。然而，令人意想不到的是，几十位运动员跳入海水中后就失去了踪迹。主办方意识到大事不妙，马上安排潜水员入海寻找，并用救生船接应他们。潜水员潜入距离水面5米深的地方时，被一股湍急的水流拽进海底，他们发出求救信号。接到潜水员的求救信息后，人们立刻派出瑞典的微型探测潜艇前去救援。然而，微型探测潜艇也遇到了同样的情况。随后，一艘由地质学家豪克逊负责的美国潜水调查船也展开了救援工作。豪

克逊的眼睛一眨也不眨地注视着监测海底的屏幕，他发现船员失踪的地方存在一股强劲的潜流，他还在那个地方的附近找到了失踪的运动员、潜水员的尸体和瑞典微型探测潜艇。难道这场灾难是海底风暴造成的？

认识海底风暴

美国海洋地质学家霍利斯特在 1963 年的旧金山学术会议上就推断了海底风暴的存在，然而当时人们对这个假说不屑一顾。

之后，在墨西哥湾 300 ~ 1000 米深的海底，专家们观测到了强劲的水流，也确定了海底风暴假说的真实性。每年都会有一些海域出现海底风暴，其破坏力甚至大于飓风。海底风暴的力量能掀起海底的淤泥，其所到之处的动植物、礁石及海底通信电缆，都难以逃脱被掩埋的结局。这种现象非常罕见。

海底风暴的成因

海底风暴究竟是如何产生的呢？对此，科学家们的观点各不相同。

有的科学家认为，当海水和大气运动的能量积聚到一定程度时，海底就会形成海底风暴。也有专家觉得，在复杂的海洋地形环境下，极地冷海水飞速流进海底，搅动海底水体，就形成了海底风暴，这种海底风暴如同大陆上的季风。北大西洋和南极洲附近经常发生海底风暴，可能就是这个原因。目前，科学家们还不能完全解释海底风暴的形成原因，这一问题有待进一步研究。

知识"爆料"馆

⭐ 海底风暴有哪些好处和坏处？ ⭐

海底风暴能把营养物质从海底带到海面上来，为各种海洋生物提供重要的生命元素，这是其好处。但是海底风暴也会在海下形成奇异的旋涡，把小鱼从大陆架带走，使海洋渔业遭受损失。

海底"铁塔"是谁建造的?

1964 年 8 月 29 日,"艾尔塔宁"号科学考察船航行到智利的合恩角以西 7400 千米左右时抛锚停泊,按照南极考察计划开始工作。他们把一台深水摄像机下潜到 4500 米深的海底,进行水下拍摄工作。一天的考察工作结束后,当技术人员对当天拍摄的胶片进行显影处理时,他们在一张胶片上发现了奇特的东西。在将该胶片放大并洗成照片后,他们清晰地看到了一个顶端呈针状的水下"铁塔"。从塔的中部延伸出 4 排芯棒,芯棒与铁塔之间成精确的 90° 夹角,每个芯棒的末端都有一个白色小球。综合来看,照片上的东西很像是一座塔式发射天线。

关于"铁塔"建造者的几种猜测

有人认为,这座"铁塔"是由智能生物建造的,并认为摄像机能拍到这个神奇的水下建筑物,简直是天大的幸运，因为海底如此浩瀚，而摄像机已输入电脑程序，它只有间隔固定的时间才开机拍摄。

1964年12月4日，"艾尔塔宁"号科学考察船完成使命，驶入新西兰的奥克兰港。船员登陆后，把这张海底"铁塔"照片拿给一位记者看。记者问随船的海洋生物学家托马斯·霍普金斯："这是什么东西？"生物学家回答说："显然，它既不是动物，也不是植物……我不想说这座海底'铁塔'是人建造的，否则会产生无法回答的问题：什么人以何种方式到达如此深的海底，是出于什么目的去建造它的。"

不久，新西兰的UFO研究者把照片寄给美国从事月球遥控器指令研究的航天专家C·霍尼，请他对此做出

解释。

霍尼说，凭他多年从事航天研究的经验，这个神秘的海底"铁塔"是测量地球地震活动的传感器和信息转发器，建造者可能是来自太空的外星人。他们借助这套先进的仪器，及时而准确地把地球上的某些信息传送到他们的星球上；与此同时，也可能以地球某个学术团体的名义将情报传给各国政府。

从拍摄到海底"铁塔"至今已过了许多年，可是关于海底"铁塔"这个神秘事件却一点儿消息也没有了。

知识"爆料"馆

★ 科学考察船是什么样的船？ ★

科学考察船，是指执行调查研究海洋水文、地质、气象、生物等特殊任务的船舶。2022年5月18日，我国研发的全球首艘智能型无人系统母船在广州下水，它是全球首艘具有远程遥控和开阔水域自主航行功能的科考船，将为我国开展海洋科考开辟新的空间。

威力巨大的悉尼大旋涡

旋涡是一种十分常见的自然现象，在很多水域都出现过。然而，悉尼附近的海面上却出现过一个巨大的旋涡。它的直径约为 200 千米，旋转速度极快，它把接近于 10 个丹麦海峡海底瀑布的水量裹挟其中，周围的海水和各种海洋生物都被它"吞噬"了。这个旋涡就像巨大的猛兽一样令人畏惧。

大旋涡

随着科技的发展，人们从 20 世纪 70 年代起就陆续发现了许多大旋涡。与悉尼大旋涡类似，它们的直径大多在 2 ~ 400 千米的范围内，基本上都位于人迹罕至的大洋深处。它们的旋转方向既有顺时针的，也有逆时针的；有的中心温度很高，有的中心温度较低；有的持续长达数月，有的出现不久便消失了；旋涡中心处的海平面既有上升的，也有下降的。随着对大旋涡的不断研究，学术界出现了一股"旋涡热"，很多科学家竭力寻找大旋涡的成因。

一些科学家认为，洋流紊乱是大旋涡产生的原因。如果两股洋流恰好在海底的狭窄通道或者海岸处相遇，那么在狭小的空间中，海水会激烈地碰撞，从而形成大旋涡。

也有科学家表示，潮水才是大旋涡产生的原因。如果涨潮水与落潮水恰好相遇，那么二者会互相争斗，从而形成大旋涡。

这个问题目前尚无定论，科学家们仍在努力寻找更加科学合理的解释。

旋涡的影响

旋涡具有极强的破坏性。由于旋涡的力量非常强大，许多深海物质会被带到海面，导致上层海水营养过剩，因此，一些海洋生物会因无法适应环境突变而死亡，人类的渔业生产也会受到影响。此外，由于海水高速旋转，旋涡能产生许多热量，导致局部海域的气温发生突变。

一些专家认为，海洋旋涡可能是厄尔尼诺现象的成因之一。有时，一些小旋涡会被大旋涡"吞噬"，使得大旋涡更加庞大，破坏力更强。一些科学家认为，许多海难其实都是由旋涡导致的，这或许为原因不明的海难提供了一个解谜思路。

知识"爆料"馆

⭐ 你了解悉尼吗？ ⭐

悉尼是澳大利亚新南威尔士州的首府，是澳大利亚面积最大、人口最多的城市，拥有发达的金融业、制造业和旅游业，很多国际著名公司都设立于此。它还是多项重要国际体育赛事的举办城市。

第二章

匪夷所思的海洋生物

珊瑚礁是如何消失的？

近年来，在大西洋和太平洋的广大海域中，科学家们发现有大批珊瑚礁突然消失了，这是一种不同寻常的现象。那么，是什么导致了珊瑚礁的消失呢？

认识珊瑚礁

珊瑚礁是珊瑚虫死亡后的骨骼形成的一种结构。珊瑚虫生活在温暖的海洋里，成群地固着在岩礁上。它们是腔肠动物门里的一个大家族，称为珊瑚虫纲。珊瑚虫的形状各种各样，有的像蘑菇，有的像树枝，有的像鹿角，有的像喇叭，有的像人的大脑；颜色也各不相同，有粉红、橙黄、浅绿、紫、白蓝等，五彩缤纷，很是漂亮。

珊瑚虫长着小巧的触手，这些触手均长在口的附近。当有海水流经时，触手将由海水裹挟而来的食物送入口中，然后这些食物经过珊瑚虫消化腔的消化而被吸收。珊瑚虫能够从海洋里吸收钙质来形成自己的骨骼。老的

珊瑚虫死去了，新的珊瑚虫很快又长了出来，就这样世代繁衍下去。它们的石灰质骨骼不断地积累，慢慢就形成了珊瑚礁。因此，一个珊瑚礁的形成，依赖于亿万个活着的珊瑚虫。一旦出现意外情况，如珊瑚虫大量死亡，那些珊瑚礁也就不再有生机，海水会不断地冲击它们，使其慢慢分化、瓦解，最后消失在无边的海水中。

珊瑚礁消失的真相

但是，珊瑚虫大批死亡的原因是什么呢？

有的专家认为，珊瑚虫大批死亡是因为海水遭到了污染。科学家研究发现，珊瑚虫与一种海藻类植物有着共生关系，珊瑚虫可以从海藻身上得到氧、碳水化合物和氨基酸，而海藻能够通过珊瑚虫获取所需要的二氧化碳。但当珊瑚礁周围的海水被污染后，海藻就难以生存。一旦海藻死亡，与海藻共生的珊瑚虫也逃脱不了死亡的命运，于是珊瑚礁就渐渐分化、消失了。

但有的专家持不同的观点。他们认为，珊瑚礁的消失是气候变化引起的，而非海水污染。理由是在一些没有遭受污染的海域，也有珊瑚礁消失的现象发生。他们进行了一系列的实验，发现珊瑚虫和海藻生存的最佳海水温度为26℃左右。而发生厄尔尼诺现象时，一些海域海水温度快速升高，有的海域水温可达30℃以上，海藻和珊瑚虫因在高温中无法生存而死亡，珊瑚礁也就渐渐消失了。

以上说法仅仅是专家的推测，目前，对于珊瑚礁消失的具体原因，还没有定论。相信在专家的调查研究下，珊瑚礁消失之谜很快就会被解开。

知识"爆料"馆

⭐ 珊瑚礁有什么作用呢？ ⭐

珊瑚礁就像是一道天然的堤坝，对沿海城市有着非常重要的作用，它们可以保护脆弱的海岸线免受海浪侵蚀。珊瑚礁是大自然赐予人类的宝贵财富，它们还为渔业和旅游业的发展提供了支持。

经历了 4.5 亿年的舌形贝

舌形贝也称"海豆芽"，是世界上现存生物中最长寿的一个属，至今已有 4.5 亿年的历史。舌形贝虽然有两个壳，但它并不属于贝类，而是腕足类。

舌形贝的生活习性

舌形贝的肉茎粗大，能在海底钻孔穴居，肉茎还能在孔穴内自由伸缩。舌形贝大多生活在温带和热带海域水深不超过 30 米的地方。它们赖以栖身的潮间带，是一个环境变化剧烈、海洋生物众多的区域。舌形贝能安然地生活在这里，和它们特有的生活方式是分不开的。

舌形贝一生中绝大部分时间都在洞穴中隐居，仅靠外套膜上方的三根管子呼吸空气、摄取食物等。它们的胆子非常小，只有在万无一失的情况下才会小心翼翼地从洞穴里探出头来。一有风吹草动，它们便十分敏捷地躲进洞中，紧闭双壳，一动不动。舌形贝在不会移动而又无坚固外壳保护的情况下，运用这种穴居方式来保护自己，是它们能够在生存竞争中取得成功的重要因素。

舌形贝的进化之谜

生物学界普遍认为，一个物种从起源到灭绝，平均生存时间不到300万年；一个属从起源到灭绝，平均生存时间为800万~8000万年。可是，舌形贝却生存了4.5亿年！在地球的沧桑巨变中，许多庞大而强悍的动物都灭绝了，而小小的舌形贝却生存至今。这种情况在生物史上是极为罕见的。是什么原因造就了生物界的这些"老寿星"？除了独特的生活方式，它们在生理、生化方面有什么与众不同之处呢？这至今还是一个谜。

生物界有一个最基本的进化规律，即任何物种都是由其祖先物种，从低级到高级、从简单到复杂演化而来的。而舌形贝是一个例外，它们的形体及生活方式在漫长的历史中居然没有发生什么明显的变化。因此，欧美的一些学者提出，舌形贝显然违反了进化原则。目前有一点可以肯定：舌形贝的体形与大小在4.5亿年中基本没有变化。为什么会这样呢？这又是一个难解的谜。

大多数动物的形体在进化过程中总是由小变大，大到一定程度后，就不能适应变化了的环境，于是渐渐灭亡。而舌形贝经历了4.5亿年，一直是那么小，没有变大，这是否也是它们延续至今的原因之一呢？目前舌形贝的进化之谜仍未能解开，还需科学家们进一步研究。

知识"爆料"馆

⭐ 什么是腕足动物？ ⭐

腕足动物是海生底栖固着动物。它们有两枚介壳，大的介壳叫腹壳，小的叫背壳。多分布在浅海，是最古老的动物类群之一。

章鱼为什么有超强的记忆力？

2010年，一条名为"保罗"的章鱼红遍了全世界。它在南非世界杯上成功"预测"了多场比赛的结果，一时舆论哗然。

超强的记忆能力

事实上，章鱼被认为是最聪明的无脊椎动物，它们甚至拥有超过一般动物的思维能力。以色列的霍奇纳博士对章鱼进行研究后，揭示了章鱼大脑存储和读取记忆的机制。

章鱼等头足类动物具有较大的脑，并能被训练完成各种学习和记忆任务。章鱼的行为体系和学习记忆能力的复杂程度甚至与高级脊椎动物相当。科学家们试图通过研究这种独特的生物来解释现代神经科学最吸引人的问题之一：大脑是怎样存储和读取记忆的。

在此前的研究中，霍奇纳博士发现章鱼大脑中有一处对学习和记忆很重要的区域，它表现出兴奋性、活性依赖的突触长时程增强（long-term potentiation，LTP）过程，并与脊椎动物大脑的突触长时程增强过程十分相似。LTP过程能够在几天甚至整个生命周期内，通过增强突触的电信号传递而达到促进神经细胞信息转换的作用。人们相信，大脑存储记忆区域的神经细胞间的突触连接，在执行某种特定的学习行为中，会因为活性诱导的LTP过程而变得更活跃。霍奇纳博士说："你可以把这描述为在神经网络中用来存储长期记忆的'记忆痕迹雕刻'。"

LTP对产生记忆的重要性

霍奇纳博士在验证章鱼的大脑记忆原理时，使用了人造LTP和电击阻断大脑的LTP过程。当在指定训练前使用这些技术阻断LTP时，实验组的章鱼在第二天的长期记忆测试中并不能很好地回忆起任务。通过破坏章鱼大脑中的特定线路连接来阻止感官信息到达学习记忆区也得到了类似的实验结果。这些结果证明了LTP对产生记忆确实十分重要。

无脊椎动物身体中存在 LTP 过程的这一事实说明，LTP 过程是一种十分有效的调节学习记忆的机制，对章鱼的研究实验以及揭示记忆系统是怎样组织的有所帮助。霍奇纳博士说，即使承认 LTP 对于学习记忆很重要，我们仍然需要通过进一步的实验来理解人类和其他动物的大脑是怎样利用这一分子层面的过程存储和重新读取记忆的。他认为这项研究还暗含着与学习记忆的组织相关的问题。

同包括人类在内的哺乳动物一样，章鱼的短时和长时记忆也是两个分离的系统，位于大脑不同的区域。目前，人们还不清楚这两个系统是否关联以及是怎样相互关联的，章鱼的记忆能力仍是一个谜。

知识"爆料"馆

⭐ 章鱼是鱼吗? ⭐

章鱼虽然名称中带"鱼"字，但是它不属于鱼类，而是软体动物。它的头上长有长短不一的八个腕，且腕间有膜相连，所以通称"八带鱼"。以瓣鳃类和甲壳类（虾、蟹等）为食，有些种类吃浮游生物。

会变颜色的鱼

有些鱼不但具有和环境相适应的保护色，而且由于种种原因，其体色还会发生巨大的变化。

多变的石斑鱼

生活在热带海洋中的石斑鱼，能很快地由黑色变为白色、由黄色变为绯红色、由红色变为淡绿色或浓褐色等。它们还能使很多的点、斑纹、带和线变得忽暗忽明。据观察，这种鱼能在极短的时间内变化出6种不同的体色。为什么石斑鱼能迅速地变换体色呢？其实，这是由鱼体皮肤细胞内含有的色素决定的。

色素细胞

色素细胞种类比较多，如黑色素细胞、红色素细胞、黄色素细胞和彩虹色素细胞等。由于色素含量不同，色素的转化及分布就形成了色彩各异的鱼类体色。另外，

鱼类色素细胞的形状极易改变，形状不同也会导致显示出的色彩不同。色素细胞在鱼体皮肤中一般呈双层：上层的色素细胞分布在表皮下的疏松结缔组织中，下层则在皮肤的紧密结缔组织中。上层的色素细胞对鱼体颜色的改变起着重要作用。

研究表明，鱼体黑色素细胞附近分布着丰富的神经末梢，神经系统控制着黑色素细胞的生理活动；同时，脑下腺分泌的激素通过血液控制黑色素细胞的生理活动，但作用的速度比神经控制的速度要慢得多。而黄色素细胞和红色素细胞则是由激素控制的，它们与神经系统无关。形态学的研究表明，这两种色素细胞附近未发现有神经末梢。

鱼类体色变化的原因

鱼类之所以能够变色，主要是受环境的刺激。这些刺激包括眼睛看到的、耳朵听到的、鼻子嗅到的，以及一些感觉器官所感受到的。刺激所引起的神经冲动是通过神经纤维传给大脑的，促使脑的相适应的反应下传至一定部位，或通过脑下腺分泌激素经血传至一定部位，最后各种色素细胞得到信息而分泌适量的色素。刺激不同，分泌色素的种类与量也不相同，从而呈现出不同的体色变化。这种体色的变化是与环境刺激相统一的。有人曾以人类面部颜色的变化来类比这种变化，人突然受到刺激，面部颜色可以很快变红或变得苍白。

知识"爆料"馆

⭐ **石斑鱼为什么又叫"美容护肤之鱼"？** ⭐

石斑鱼的体内脂肪含量低，蛋白质含量高，不仅含有人体代谢所需的氨基酸，还含有多种无机盐、磷、钙、铁以及各种维生素。另外，石斑鱼的鱼皮胶质对促进胶原细胞的合成和增强上皮组织的完整生长具有重要作用，所以石斑鱼被称为"美容护肤之鱼"。

能改变性别的鱼

在海洋中有一种很有趣的现象，有些鱼能够由雄性变为雌性，也可以由雌性变为雄性。这是为什么呢？有关专家对此各执一词，至今依旧没有定论。但无论怎么说，鱼的雌雄之变都是低等动物在残酷的物种竞争中，为了生存和繁衍而演变出的一种特殊的本领。

善变的石斑鱼

石斑鱼是一种很奇怪的鱼类，当一个海域的雌性石

斑鱼多于雄性石斑鱼时，一部分雌性石斑鱼就会转变成雄性；当这个海域的雄性石斑鱼多于雌性石斑鱼时，一部分雄性石斑鱼就会转变成雌性。它们来回转变的目的就是繁衍更多的后代。

更加神奇的是，生活在巴西沿海和美国佛罗里达州的蓝条石斑鱼，一天之内可以变性好几次。每当傍晚，雌性和雄性的蓝条石斑鱼就会发生性别变换，有时一天之内发生性别变换的次数竟超过 5 次。

科学家们表示，也许是因为石斑鱼卵子的体积比精子大，如果只让雌性产卵，负担过重，代价过高。而如果雌性和雄性都既能排精又能排卵，就会有助于繁殖更多的后代。

"一夫多妻"的红鲷鱼

红海的红鲷鱼是"一夫多妻"制，一般一个家庭由20 多条红鲷鱼组成，其中只有一条雄性鱼，是"一家之主"。一旦家庭中唯一的雄性鱼失踪或不幸死亡，就会有一条体力强健的雌性鱼转变成雄性鱼，承担起之前那条雄性鱼的责任来管理这个家庭。如果这条雄性鱼也消失了，就会有新的雌性鱼转变为雄性鱼。随着鱼的不断消失，不断变性，直至最后一条变成雄性。

事实上，性别转换在低等海洋动物中十分常见。生活在珊瑚礁上的大鳍鱼、隆头鱼、鹦嘴鱼等都有由雌变雄的本领，而小丑鱼、细鳍鱼等又都有由雄变雌的本领。

知识"爆料"馆

⭐ 鱼类是如何繁殖的？ ⭐

鱼类的繁殖方式一般有卵生、卵胎生和胎生。其中以卵生较为常见，这种方式通常是体外受精，受精卵在水流中孵化出仔鱼；卵胎生的鱼则不同，这些鱼在体内完成受精过程，产出卵后，再将其排出体外；除了部分鲨鱼品种，很少有鱼是胎生的，胎生的鱼受精卵会在母体中生长发育。

不会迷失方向的海龟

海龟是一种比较庞大的海洋爬行动物，主要分布在我国浙江、福建、台湾、海南等地的沿海和南太平洋、印度洋中。海龟是由陆生的祖先徙移入海变化而来的，虽身栖海洋，但它们在繁殖季节仍需返回陆地，在沙滩上产卵繁殖。海龟的乡土观极强，每当南海诸岛的西南风盛行时，海龟便顺西南海流从印度洋中的印度、斯里兰卡、马来西亚一带海域到南海诸岛礁石上交配产卵；当东北风盛行时，又南返至印度洋一带海域。年复一年，年年如此。

海上"旅行家"

海龟可是号称万里航行不迷路的海上"旅行家"。它们从出生开始，便在海洋里四处游荡。令人称奇的是，它们一旦长大，不论游到哪里，游出多远，总能准确地按原来的路线返回自己的出生地，绝不会走错方向。在

桨状前肢 —————

椎甲

前额鳞

退化的爪 —————

侧甲

毫无标记的大海中，海龟究竟是依靠什么来准确完成长途往返的呢？它们是如何辨别方向的呢？目前，科学家们还无法给出足够的证据，只是进行了一些推测。

科学家的推测

一些科学家认为，海龟是依靠感知地球的磁场来辨别方向的。他们以刚孵出的海龟为实验对象，进行人工控制磁场实验，结果发现，年幼的海龟有朝磁北与磁东之间方向前进的本能。如果用人为的方法使磁场方向倒转，那么幼龟游动的方向也将相应倒转。这一事实表明，刚孵化出的海龟能够感知地球磁场，并且能够据此确定自己的前进方向。

有些科学家发现，年幼的海龟在离开海岸到别处栖息时，有朝着波浪涌来的方向前进的习性。因为海浪进入靠近岸边的浅水区后会发生偏转，会朝着海岸线方向前进，因此朝着波浪游一般都能游离岸边，进入外海。幼海龟这一习性的形成，看来正是长期适应环境的结果。当幼海龟进入深海后，该处波浪的方向已经不那么固定了，此时幼海龟对磁场的感知能力取代了对波浪的感知能力，成为最重要的定向依据。

针对以上两种解释，有学者质疑，海龟能够准确地完成长途往返，仅有方向就足够了吗？

也有研究人员认为，海龟可能是通过感知化学物质来找到归途的。阿森松岛的绿海龟就是个典型的例子。这种化学物质是该岛的特有物质，会溶解在海水中，海龟就是将这种化学物质作为化学信号，通过这种信号找到自己的出生地的。

除此之外，还有人认为，海龟有自己的"罗盘"，它们白天能根据太阳的方位和高度辨别方向，晚上能通过天上的繁星导航。也有人认为，海龟对出生时第一次接触过的海水气味有着超强的记忆力，它们就是靠灵敏的嗅觉来寻找出生地的。

如此看来，海龟辨别方向之谜还有待科学家们继续研究证实。

知识"爆料"馆

⭐ 海龟在哪里产蛋？ ⭐

我们都知道海龟经常生活在海里，但是它一定不会在海里产蛋。它通常把蛋产在海滩上。雌海龟在沙滩上挖个洞，把蛋产在洞里，然后用沙子覆盖好，便会游回海洋里。在阳光的照射下，小海龟孵化出壳，之后便会游到海洋里，这样可以避免被海鸟捕食。

海豚智慧之谜

海豚是一种小型齿鲸动物，身体呈纺锤形，具有长长的口鼻部，短短的、用以掌握方向的前鳍和大大的月牙形尾鳍。全世界共有约 40 种海豚，从温暖的赤道到寒冷的北极海域均有分布。

大脑构造

从解剖学的角度来看，海豚的脑部非常发达，不但大而且重。海豚大脑半球上的脑沟纵横交错，形成复杂的皱褶，大脑皮质每单位体积的细胞和神经细胞的数量非常多，神经的分布也相当复杂。

识别能力

当人接近海豚时，海豚一开始并不愿意靠近人类。但当察觉人类并无敌意后，海豚会逐渐放下戒备心，甚至距离能近到伸手就可以摸到它们，它们会一边摇动头部，一边观察人。只要一条海豚不经意地靠近人，其他海豚也会慢慢地游过来。

见义勇为

海豚有着"海上救生员"的美誉。一旦遇上溺水者，海豚就会把他们推上岸去，从而使人得救。有人认为，海豚的救人行为是一种无意识行为，纯属巧合；有人则认为海豚救人完全出于自觉。

知识"爆料"馆

★ 海豚是鱼吗？ ★

海豚属于体型较小的鲸类，是哺乳动物。海豚没有鳃，无法直接在水中呼吸，所以要浮到水面，借助肺来呼吸。而鱼类是有鳃的，可以直接在水中呼吸。除此之外，海豚的繁殖方式与鱼类也有很大区别，海豚是胎生的，小海豚靠吃母乳长大，而鱼类大部分是卵生的，所以海豚不是鱼类。

大白鲨之谜

海洋中最为凶狠残暴的动物是大白鲨，它们会攻击人类。其腹部的皮肤呈白色，所以沿海地区的居民叫它们"白色死神"。

独特的胃

大白鲨体型很大，成年大白鲨体长为 3 ~ 4.9 米，大的甚至能长达约 6 米。大白鲨的牙齿很多，并且十分锋利，因此，它们又被叫作"海中狼"。大白鲨的胃具有独特的功能，这也是它们能在海中称霸的原因之一。它们的胃分为贲门胃和幽门胃，还没有消化的食物能在贲门胃里存放很久。所以它们并不需要每天都进食，常常是三四天才吃一顿饱饭。但是它们在吃饱之后又碰见猎物，也绝不会将其放过，而是会毫不犹豫地吞下猎物，贮存在贲门胃中，当饥饿时就会用其充饥。

隐秘的掠食者

　　大白鲨由于体型庞大，灵活性不如其他鲨鱼，但捕猎能力十分出色，总能对猎物展开突然袭击。它们上半身与下半身的颜色有明显的区别，上半身颜色比较暗，下半身的颜色却十分明亮，这种保护色能帮助它们悄无声息地靠近猎物。当它们从猎物的下方过来时，由于身体的颜色和深海颜色相近，所以直到它们发动攻击时，猎物才会发现自己处在危险之中，但是为时已晚。它们有时也会从上方攻击猎物，这时白色的下半身和映透到海水中的明亮天色融为一体，猎物也很难发现它们。另外，大白鲨还有一种特殊的功能，它们能把自己的体温维持得比环境温度高，所以即使在寒冷刺骨的海水中，它们也能自在地生活。

身边的小鱼

专家们发现，在大白鲨的身边常常簇拥着很多小鱼，就像是大白鲨的仆人一样。仔细察看，你就会发现，围在大白鲨身边的都是一些身上有条状花纹的小鱼。这些小鱼为什么会围在凶狠残暴的大白鲨周围呢？难道它们不怕被大白鲨一口吞下吗？一些科学家认为，大白鲨极爱干净，之所以让这些小鱼围在身边，目的是让它们吃掉自己的食物残渣，即帮自己"打扫卫生"。但是后来科学家证实，这些小鱼对大白鲨的食物残渣并不感兴趣，它们会用自己的方式去寻找食物。那到底是什么原因促使大白鲨把这些小鱼留在身边，而且对小鱼很友好呢？至今，科学家们还无法解答。

知识"爆料"馆

★ 大白鲨一般会出现在哪里？ ★

大白鲨，又称噬人鲨，是最大的食肉鱼类，具有很强的攻击性，一般分布在各大洋热带及温带区，喜欢捕食海豹、海狮。现在大白鲨的数量正在不断减少，已经成为世界保护动物，禁止人类猎杀。

齿鲸是靠什么来捕食的?

齿鲸是鲸类亚目之一,抹香鲸、突吻鲸、海豚等都属于这一类别。齿鲸牙齿数量不一,最少的只有一颗。按理说牙齿应该是齿鲸捕食的最好工具,但是大多数齿鲸的牙齿形同虚设,如抹香鲸只有下颌有牙齿,独角鲸长有一枚长长的獠牙,而且它的这枚牙齿并不是用来捕食的,而是用来争夺配偶和其他用途。那么齿鲸是如何捕食的呢?

齿鲸捕食的猜测

13世纪,有研究人员认为,鲸会产生一种特别的气味,以此引诱鱼类进入自己的嘴里;后来,又有人认为鲸会发出强大的声波,这种强大的声波会震昏猎物,以达到捕食的目的。事实研究证明,海豚和其他齿鲸能够发出超声波进行定位,但是靠声波震昏猎物也还是有困难的。再说,鲸是没有声带的,通常认为它是由前额部

位发声的，但发声的原理还是一个谜；并且由于大多数齿鲸在深水中捕食，很难观测到它们捕食的具体情况。因此，齿鲸是如何捕食的，至今还是一个未解之谜。

知识"爆料"馆

⭐ 鲸为什么会喷水？ ⭐

鲸属于哺乳动物，它们是用肺呼吸的，所以每隔一段时间，它们会将头露出水面来呼吸。鲸的鼻孔位于身体的正上方，当鲸的鼻孔张开吸气时，假如在水下，水就会进入鼻腔，这时鲸可能有窒息的危险。鲸在露出水面呼气时，由于体内气体的温度比外界的高，加上鼻孔外围难免会有少量的水，所以当我们看到鲸喷水雾柱时，其实那是它们在呼气。

鲸鱼为什么会集体自杀？

鲸鱼是动物世界中的巨无霸，它体型巨大，在海洋中很难遇到天敌。但是有一个现象令人很不解，那就是鲸鱼集体自杀。

鲸鱼自杀事件

1979 年，加拿大欧斯峡海湾的沙滩上出现了 130 多条鲸鱼的尸体；1980 年，58 条抹香鲸死在了澳大利亚新南威尔士州北部海岸的海滩上；1985 年，约 450 头鲸鱼在新西兰北岛奥克兰附近搁浅；2008 年 8 月 30 日晚上，一头重达 1500 千克的成年日本喙鲸在青岛开发区金沙滩海域搁浅；2012 年 3 月 16 日，4 头抹香鲸搁浅在盐城新滩盐场附近滩涂；2017 年 2 月，400 多头领航鲸在新西兰南岛附近搁浅，大约 300 头已死亡，100 头获救……

为了阻止这些鲸鱼自杀，人们想尽了办法：驾着渔船，开足水龙头，阻挡它们冲上海滩；或者用绳索、驳船等把它们拖回大海……可这一切努力都是徒劳，水龙头阻挡不了它们冲上沙滩，被拖回深水里的鲸鱼又游了回来，重新冲上沙滩。人们只能眼睁睁地看着它们死去。

不同的说法

鲸鱼集体自杀现象成了海洋学家们研究的重要课题，对其原因，有很多种说法。

一种说法是，鲸鱼是因为丧失了听力才冲上海滩的。鲸鱼的鼻部和咽部有能发出一种独特的高频声波的气囊，鲸鱼分辨方向和捕食靠的就是反射回来的声波。但是平坦多沙或泥质的浅海水域只能反射低频声波，鲸鱼一旦进入，便不能很好地判断周围的环境，从而无法分辨方

向。也有人认为是寄生虫影响了鲸鱼耳朵的功能，结果酿成了悲剧。

还有一种说法是，鲸鱼接二连三地冲上海滩是一种救助行为。鲸鱼一般都是以集体形式活动，一起寻找食物，共同抵御敌害，相互之间团结友爱。倘若集体中的某个成员不小心搁浅了，其他成员便会不顾一切地冲上去救助，由此便导致了大量鲸鱼搁浅。

更有人猜测，之所以会发生大量鲸鱼搁浅的情况，是因为领头的鲸鱼没有辨明方向，从而使后面的鲸鱼也都跟着来到了错误的地方。因为鲸鱼喜欢成群结队地活动，并且对首领非常忠诚，所以不管领头的鲸鱼往哪里游，其余成员都会坚定不移地跟随。因此，如果首领判

断错了方向，整个鲸群就会遭殃。

　　总之，关于鲸鱼集体搁浅的原因众说纷纭，到现在仍没有定论。

知识"爆料"馆

⭐ 如何营救搁浅的鲸鱼？ ⭐

　　鲸类搁浅一般是指鲸鱼出现在了近岸的浅水区，而不能重返海洋。根据鲸鱼搁浅情况的不同，可以采用以下方式对其进行救助：条件允许，可以直接放生的，直接放回海洋；无法及时将其送回海洋的，要对搁浅鲸鱼进行保持水分等护理，待涨潮后使其自行游走；受伤严重的搁浅鲸鱼，要转移至人工环境，待其康复后再放归海洋。

血液也透明的鱼

在南极的大海中生活着一种透明的鱼，它除了呼吸用的鳃是白色的，其他都是无色透明的，包括它的血液。这种鱼叫带䚡鱼，体长可达60厘米，重达2000克。

透明的血液

血液是透明的，这是一种正常的现象吗？我们都知道，常见的血液都是红色的，这是因为血液中有很多红细胞，而红细胞中又有很多血红蛋白，血红蛋白就是红色的。海水中的氧与血红蛋白结合，然后被血液运输到

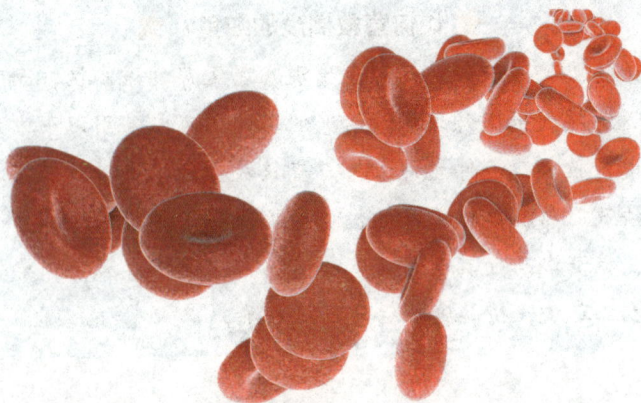

动物体的全身各处，供动物呼吸使用。那么，这种透明的鱼的血液中没有血红蛋白，它是怎么呼吸的呢？

带腭鱼的代谢能力

科学家研究发现，带腭鱼的代谢能力相比其他鱼类较低，对氧的消耗量比较少。虽然它没有血红蛋白来协助携带氧，但是它的鳃和皮肤从水中吸取氧的能力很强。大量的氧进入它体内的血液之后，就开始在体内迅速传输。由于它的各组织间的血管十分发达，血液流量比较大，所以溶解在其中的氧也足够多，能满足它自身的需要。

知识"爆料"馆

⭐ 南极地区都生活着哪些动物？ ⭐

生活在南极的动物主要包括南极大陆沿岸、附近岛屿的鸟类、海兽类和附近海洋中的磷虾、鱼类等。企鹅是南极最常见的动物，此外，还有信天翁、雪海燕、巨海燕、南极燕鸥、南极鸽、海鸥、南极贼鸥等，它们主要以磷虾等海洋生物为食。

抹香鲸的大脑袋之谜

齿鲸中体型最大的就是抹香鲸，它的头非常大，前端钝，因此又叫"巨头鲸"。至今，科学家对抹香鲸依然知之甚少。例如，抹香鲸的脑袋为什么那么大呢？有什么作用呢？

抹香鲸简介

抹香鲸不但体型大、性情凶猛，其外形也很奇特，就像一只巨大的蝌蚪，光脑袋就占了整个身体的四分之一，看上去有点头重脚轻的感觉。

　　抹香鲸具有很高的经济价值，它那颗大脑袋可不是空的，里面装满了鲸油，一头大抹香鲸脑袋里的油可重达 1000 千克。鲸油是一种非常有用的润滑油，对于天文钟、手表，甚至火箭等来说都是不可或缺的。抹香鲸肠道中有一种异物，是非常好的保香剂，著名的龙涎香便来源于此，抹香鲸也正是由此得名。

奇特的大脑袋

　　科学家们对抹香鲸最感兴趣的，还是它奇特的大脑袋。它长那么大的脑袋是干什么用的呢？人们提出了各种不同的看法。有人认为，抹香鲸脑袋里面的油脂起着回声探测器的作用。

　　抹香鲸的食量很大，平均每天需要捕食近 1 吨的食物。它不仅白天要进食，晚上也要进食。抹香鲸的食物主要是章鱼和大乌贼。在嘈杂的海洋世界里，如果不用回声定位法来探测猎物的方位和数量，就无法很好地进行捕猎行动。而抹香鲸大脑袋里的脂肪就像声学中的透镜体，能把复杂的回声折射成灵敏的探测声束传入耳中，这样便可让大脑快速而准确地做出判断。

　　有人不同意这种说法，认为抹香鲸的脑袋里面装那么多油是为了潜水。因为抹香鲸的食物——章鱼和大乌贼都生活在深海区，为了捕捉到更多的食物，抹香鲸必须延长潜水时间，大脑袋里面装的那些油脂就起着浮力调节器的作用。

这两种说法孰是孰非，还有待进一步研究。

知识"爆料"馆

⭐ 抹香鲸是"潜水冠军"吗？⭐

抹香鲸头重尾轻，是潜水"能手"。另外，由于要捕食巨大的头足类动物，因而抹香鲸更多的时候是在深海中生活的。据观测，抹香鲸在捕猎巨型乌贼时，屏气潜水的时间可达 1.5 小时，甚至能够潜到深度达 2200 米的海域。因此，它被视为哺乳动物中的"潜水冠军"。

第三章

可怕诡异的未知海域

"魔鬼三角"之谜

在世界上，有一片广阔的海域，像一个巨大的等边三角形，每条边长约为 2000 千米。它的顶点在百慕大群岛，底边的两端分别在佛罗里达海峡和波多黎各岛附近。

神秘事件

1956 年，一架美国飞机航行在大西洋的上空，在离百慕大不远处突然失踪，并下落不明。1963 年 8 月 23 日，两架美国喷气式空中加油机在这里陆续失事；随后，又有两架大型四引擎飞机在此区域不知去向。1973 年，一艘载有 32 人的摩托船驶入这片三角海域，突然消失得无影无踪。另外，还有更为离奇的事情。1970 年，美国一架大型客机在飞越三角区上空时，突然从跟踪导航的地面雷达荧光屏上消失了 10 分钟。等飞机着陆后，飞机上所有的钟表同时慢了 10 分钟。

在这片三角海区中，船舰经常会瞬间沉没，船员下落不明；经此上空飞行的飞机突然失事，找不到任何残片痕迹。据不完全统计，在这片海域失事的船只有 100 艘以上，飞机 30 架以上，死亡人数达 1000 人以上，而且大多不留任何痕迹。所以，人们把这片海域称为"魔鬼三角"或"百慕大三角"。

探索研究

　　百慕大三角的奇怪之处在于海洋和大气层。此处的海洋和大气层发出的波段与其他海洋区域不同，因此很多船只和飞机在此消失。卫星记录的数据显示，在南大

西洋存在地磁异常带，这里只存在地球内部辐射，这条辐射带被命名为"范艾伦带"。科学家表示，正是因为百慕大三角存在这样一条地磁带，才发生了种种罕见的情况。

数据显示，当出现长时间的太阳活动时，例如耀斑、太阳黑子，地球有时候会发生变化，出现第三个波带。太阳状态稳定的时候，这层波带会自然消失，有人推测这也是导致地磁异常的重要原因。

知识"爆料"馆

⭐ 遇到沉船事件如何自救? ⭐

万一不幸遇到沉船事件，可以采用如下措施进行自救：（1）保持镇静，听从船上工作人员的指挥。（2）迅速穿好救生衣，带上救生圈或其他能作为救生用具的漂浮物。（3）若船已翻沉，要分散撤离船只。（4）如果在海里遇到这种情况，不要喝海水。

海上"鬼门关"——好望角

好望角是大西洋和印度洋之间航运的必经之路，西欧和美国所需要的石油，有一半以上需用超级油轮经过好望角运送。但是好望角一带风急浪高，船只航行到这里经常发生意外，这引起了人们的重视。

长久以来，一批又一批科学家来到好望角，调查这里风急浪高的原因。经过研究，科学家对造成好望角附近海域风浪大的原因进行了归纳，主要有以下两种观点。

"西风带说"

一种观点认为，好望角附近海域风浪大是由西风带造成的。因为好望角恰恰位于西风带上，当地经常有大风，大风激起了巨浪，经过的船只也就时常遭遇巨大的海风，海难也就在所难免。

"西风带说"的理论固然得到了一些人的赞同，但它解释不了这个问题：一年365天，并非天天刮西风，刮西风时海浪可能被风激得很高，但不刮西风时，海浪还是那么高，这又是怎么回事呢？

"海流说"

美国一位科学家提出了另一种观点——"海流说"。这位科学家分析了多起在好望角附近海域发生的海难事件。他发现，每次发生事故时，海浪总是从西南扑向东北方向，而遇难船只的行驶方向是从东北向西南。也就是说，船航行的方向正好和海浪袭来的方向相反，船只是顶浪行驶的，这样，当很大的海浪拍来时，船只是很危险的。

　　科学家在调查当地的海流情况时发现，好望角附近水下的海流与船只行驶的方向是相同的。换句话说，就是海底的海流推动船只顶着海浪前进，几股力量共同作用，就会造成船只失事。

　　然而，"海流说"和"西风带说"一样，也有解释不了的现象。比如，海水是流动的，很难断定究竟来自哪个方向。科学家们很难自圆其说，好望角为什么如此危险，至今仍然没有一个能够完全令人信服的解释。

知识"爆料"馆

⭐ 海风是怎么形成的？⭐

　　海风的形成与气压有关。气压受空气密度的影响，空气密度变大，气压升高；空气密度变小，气压降低。海水温度升高，海水表面的空气受热膨胀，空气密度会变小，气压降低，空气上升，其他地方气压较高的冷空气会过来补充，这样就形成了海风。

被称为"死神岛"的塞布尔岛

塞布尔岛位于距北美洲北半部、加拿大东部的哈利法克斯约 100 千米的汹涌澎湃的北大西洋上。这座岛被称为"大西洋的墓地"，它为什么会有如此恐怖的称谓呢？

基本特征

据科学家考证，几千年来，由于巨大海浪的猛烈冲蚀，塞布尔岛的面积和位置不断发生变化。最早它是由

沙质沉积物堆积而成的一座长 120 千米、宽 16 千米的沙洲，但现在其东西长 40 千米，宽度不到 2 千米。如今的塞布尔岛外形酷似狭长的月牙，全岛一片细沙，没有高大的树木，只有一些沙滩小草和矮小的灌木，十分荒凉。

"死神岛"

塞布尔岛位于从欧洲通往美国和加拿大的重要航线附近。历史上有很多船舶在此岛附近的海域遇难，近些年来，船只沉没的事件又频频发生。从一些国家绘制的海图上可以看出，此岛的四周，尤其是东西两端密布着

各种沉船符号，先后遇难的船只不下 500 艘，其中有古代的帆船，也有现代的轮船，丧生者总计在 5000 人以上。因此，一些船员怀着恐惧的心情称它为"死神岛"。在西方广泛流传着许多有关"死神岛"离奇古怪的神话传说，令人不寒而栗。

沉船真相

"死神岛"给船员们带来的巨大灾难，促使科学家们努力去探索它的奥秘。为了解释船舶沉没的原因，不少学者提出了种种假设和论断。

有的学者认为，"死神岛"附近海域常常掀起威力无比的巨浪，因此能够击沉猝不及防的船舶。有的学者认为，"死神岛"的磁场迥异于其邻近海面，且变化无常，这样就会使航行于"死神岛"附近海域的船舶上的导航罗盘等仪器失灵，从而使船舶失事沉没。也有不少学者认为，由于此岛的位置和面积经常发生变化，岛的附近又大都是大片流沙和浅滩，许多地方水深只有 2～4 米，再加上气候恶劣，风暴常见，因此，船舶很容易在这里搁浅沉没。但沉船真相到底是什么，目前科学家还无法给出准确的答案。

知识"爆料"馆

⭐ "死神岛"上有人居住吗？⭐

虽然塞布尔岛因为海上事故很多而被称作"死神岛"，但是仍然有人在这里生活。1802 年，英国政府在塞布尔岛上建立了第一个救生站。如今岛上已具有现代化的救生站，设有电台、灯塔和气象台等设施，以保证船只安全航行。

地中海上的魔鬼水域

　　地中海是指介于亚、非、欧三洲之间的广阔水域，是世界上最大的陆间海。最早的犹太人和古希腊人简称其为"海"或"大海"，因为此海位于三大洲之间，故被人们称为"地中海"。

　　地中海是一个被陆地环绕着的水域，一直被人们视为风平浪静的内海，但它也有个魔鬼三角区。这个三角区位于意大利本土的南端与西西里岛和科西嘉岛三座岛屿之间，处于北纬30°附近，叫泰伦尼亚海。在这个三角区域里，曾有不少船只和飞机不明不白地被吞没。

地中海的海难

　　1980年的一天，一架意大利班机准时从布朗起飞，目的地是西西里岛的巴拉莫城，预计航程所需时间为1小时45分钟。当该飞机飞行了37分钟后，机长向塔台报告了自己的位置，此时他们正处于庞沙岛上空。之后，就再也没有消息了，谁也不知道这架飞机是怎么失踪的，飞机上的81名乘客和机组人员也踪迹全无。

更奇怪的是，在风平浪静的海上，一些船只会突然失踪，即便是大船也不例外。载有11名船员的"加萨奥比亚"号和载有8名船员的"沙娜"号渔船在庞沙岛附近捕鱼，一开始，两船之间联系正常，甚至相互看得见灯光。但是拂晓时分，"加萨奥比亚"号发现"沙娜"号不见了。起初，"加萨奥比亚"号的船员以为"沙娜"号

开走了，但渔情如此之好，没有作业完毕的"沙娜"号为什么要开走？为此，"加萨奥比亚"号船长向基地做了报告。3小时后，一架意大利海岸巡逻直升机来到了这一海域。

令人惊奇的是，这时不仅看不见"沙娜"号，就连不久前刚刚汇报"沙娜"号失踪的"加萨奥比亚"号也不见了踪影。直升机仔细搜索了每一片海域，直到飞机油箱里的油料只够返回基地时，该直升机才在通知了附近海域的一艘大型捕鱼船协助搜索并留意情况之后离开。这艘名叫"伊安尼亚"号的捕鱼船的船长说，他们的船

在 3 个小时以内即可抵达该海域，将会留意那里失踪船只的求救信号，并在那里过夜。

第二天清晨，3 架直升机来到这一区域搜索。奇怪的是，不要说最初失踪的两艘船只找不到了，就连"伊安尼亚"号也不见了。从此，这 3 艘船连同船上的 51 名船员就这么不明不白地在风平浪静的海上失踪了，而且一点痕迹都没有留下。

对此，人们只能认定这里有"魔鬼"把守，船只一旦进去，几乎无法把握自己的命运。然而，这个"魔鬼"到底是什么东西，没有人能给出答案。

知识"爆料"馆

★ 什么是海上搜救？★

海上搜救是指国家或者相关部门针对海上事故等意外进行的搜寻、救援等工作。海上搜救跟陆地搜救相比，难度更大，需要较强的技术支持和多位专业人士协同起来才能进行。及时制订快速准确的搜救方案，对海上搜救工作来说意义重大。

"泰坦尼克"号是怎么沉没的?

1912 年 4 月 12 日是一个悲惨的日子——这一天,英国豪华客轮"泰坦尼克"号在驶往北美洲的途中不幸沉没。这次沉船事件致使 1523 人葬身大海,是人类航海史上最大的灾难,震惊了世界。这么多年来,"泰坦尼克"号沉没的真正原因一直是人们探索的焦点。

"泰坦尼克"号的沉没

1985 年,人们在纽芬兰附近海域发现了沉没的"泰坦尼克"号残骸。紧接着,科学家们利用各种先进技术,甚至潜入冰冷黑暗的深海,企图找到"泰坦尼克"号沉没的原因。然而,潜入水中的人只能看到"泰坦尼克"号的外观,却无法探查由于冰山撞击造成的"创伤",因为轮船的裂缝已被厚厚的泥沙深深掩埋起来了。这个状况一直到 1996 年才得以改变。该年 8 月,一支由多个国家的潜水专家、造船专家及海洋学家组成的国际考察队深入实地进行了探测。此次探测后，一个全新的说法打破了因著名电影《泰坦尼克号》的剧情而广为人们所接受的猜想。

各种不同的说法

在电影《泰坦尼克号》中，这艘近 275 米的豪华客轮被迎面漂来的冰山撞开了约 92 米长的裂缝后，船舱进水，很快沉没在纽芬兰附近的海域。然而，这次探测的结果表明："泰坦尼克"号并不是因被迎面漂来的大冰山撞开一个大裂口而沉没的。国际考察队的声波探测仪找到了船的"伤口"。"伤口"并没有 92 米那么长，而是有 6 处小"伤口"。

为了增强这种说法的可信度，研究人员利用那些数据在计算机上模拟了灾难发生的过程，结论是肯定的：当时进水的 6 个舱室的进水量并不相同，有的进水量大，有的进水量小，这说明撞开的洞口有大有小。其实，当时该船的设计师爱德华·威尔丁就提出了这个问题，可是这个非常重要的提议被有意或无意地忽略了。因为当时的人们很难接受这样一个事实：一艘如此精良的巨轮只被撞了 6 个小洞就沉没了！

该船的"受伤"与船体钢板也有很大关系。1992年，俄罗斯科学家约瑟夫·麦克尼斯博士在文章中写道："敲击声很脆的船体钢板，或许使人感到它可以在撞击下被分解成一块一块的，实际上口子是从船的侧面被打开的。"美国科学家对船体钢板的研究结果也证实了他的看法，制造"泰坦尼克"号的钢板含有许多降低钢板硬度的硫黄夹杂物，这是船体钢板非常脆的原因。因此，专家们普遍认为，冰山撞击可能并不是关键原因。冰山撞击来得太突然，而且轮船的速度较快，再加上钢板很脆，才是这一悲剧发生的真正原因。

　　2004 年，一个耸人听闻的言论出现了，吸引了人们的注意力：英国的罗宾·加迪诺和安德鲁·牛顿在接受英国电视台采访时，提出了"泰坦尼克"号沉船阴谋论——"泰坦尼克"号沉没事件中遇难的 1523 名乘客和船员并不是死于天灾，而是人祸！

　　他们称，在"泰坦尼克"号开始它的处女航行前，1911 年 9 月 11 日，"泰坦尼克"号的姊妹船——"奥林匹克"号在离开南安普顿出海试航时，船舷被严重撞毁，勉强回航并停靠到了贝尔法斯特港。不幸的是，保险公司以碰撞事件的责任方是"奥林匹克"号为由拒绝赔偿，

而"奥林匹克"号的修理费用又异常高昂，因此当时的白星轮船公司陷入了严重的经济困境。更糟糕的是，如果6个月后"泰坦尼克"号不能按时起航，那么白星轮船公司将面临破产。

于是，白星轮船公司决定把已经损坏的"奥林匹克"号伪装成"泰坦尼克"号，并安排了那场海难来骗取一笔巨额的保险金。一开始白星轮船公司安排了一艘"加利福尼亚"号停靠在大西洋的冰山出没区，准备在事故发生时及时救援"泰坦尼克"号上的所有人。但导致灾难成为事实的关键是，"加利福尼亚"号竟然搞错了

"泰坦尼克"号的位置和求救信号，因此没有及时赶到沉船地点进行抢救。加迪诺、牛顿和其他阴谋论者都认为白星轮船公司的主人——美国超级富翁摩根是这起保险诈骗阴谋的幕后策划者。

言之凿凿，石破天惊，但是许多英国人对阴谋论嗤之以鼻，其中包括"英国泰坦尼克协会"的专家。"英国泰坦尼克协会"发言人斯蒂夫·里格比在接受记者采访时说："我毫不怀疑，躺在北大西洋海底的船只正是'泰坦尼克'号。"

这样看来，"泰坦尼克"号沉没的真正原因依然是难解之谜！

知识"爆料"馆

⭐ 冰山是如何形成的？ ⭐

冰山并不是真正的山。它是大陆冰川在海浪的猛烈冲击下断裂而滑到海洋中的巨大冰块。这些冰块漂浮在海洋里，只有它的顶峰露出海面，所以如果在海上看到一个小小的冰块，它的真面目很可能是一座巨大的冰山，因为它的吃水深度一般超过200米，深者可达500米。

恐怖的骷髅海岸

在古老的纳米布沙漠和大西洋冷水域之间，有一片金色的沙漠。这条绵延的海岸线被人们称为"地狱海岸"，现在被叫作"骷髅海岸"。

恶劣的自然环境

这条长几百千米的海岸是世界上最危险又最荒凉的海岸，失事船只的残骸杂乱无章地散落在这里。

从空中俯瞰，骷髅海岸是一大片褶痕斑驳的金色沙丘，它是从大西洋向东北延伸到内陆的沙砾平原。这里经常刮起8级大风，再加上令人毛骨悚然的海雾和深海里的暗礁，经常使来往船只失事。传说有许多失事船只的幸存者跌跌撞撞地爬上了岸，庆幸自己还活着，但由于迷失方向，慢慢地被风沙折磨至死。因此，海岸上布满了各种沉船残骸和船员遗骨，"骷髅海岸"由此得名。

令人惊恐的事故

1933 年，瑞士飞行员诺尔驾驶飞机从开普敦飞往伦敦时，飞机失事，坠落在这片海岸附近。有一位记者认为，诺尔的骸骨终有一天会在这里被找到。可是，诺尔的骸骨一直没有被找到。

1943 年，人们在这片海岸的沙滩上发现了 12 具无头骸骨，附近还有一具儿童骸骨，不远处有一块久经风雨的石板，上面有一段话："我正向北走，前往 60 千米外的一条河边。如有人看到这段话，照我说的方向走，神

会帮助你。"这段话刻于 1860 年。至今没有人知道遇难者是谁，也不知道他们是怎样暴尸海岸的，又为什么都没了头颅。

知识"爆料"馆

★ 沙子都有哪些颜色？★

沙子的组成成分是二氧化硅，通常存在的形式是石英，石英是无色透明的。沙子在形成沙滩的过程中，由于其中掺杂不同的物质，所呈现的颜色会有所不同。富含磁铁矿的沙子，颜色会显得较黑；含有氯酸盐及海绿石的沙子，其颜色则会偏绿。